D-1929

Wilhelm Fischer
Februar 2002

Geschenk von Hartmut.

DORNIER Do X

Quellennachweis: Für die Bereitstellung von Dokumenten und Illustrationen zu diesem Buch gilt großer Dank Frau Helga Burgmaier, der Leiterin des Dornier-Unternehmensarchivs, Friedrichshafen. Weitere wertvolle Informationen stellte Franz Preuschoff †, Chefflugingenieur der Lufthansa, zur Verfügung. Das Lufthansa-Zentralarchiv (Herr Werner Bittner) sowie die Lufthansa-Bildstelle (Herr Gerd Rebenich) gaben mit ergänzenden Fotos und Informationen wertvolle Hilfe.

Peter Pletschacher

Großflugschiff Dornier Do X

Authentische Bilddokumentation des ersten Großraumflugzeugs der Welt 1929

AVIATIC VERLAG

Die Abbildungen auf dem Einband zeigen
auf dem Titel die Dornier Do X beim Start,
auf dem Rücktitel im Flug.
Der vordere Vorsatz stellt eine perspektivische Zeichnung
der Do X dar, der hintere Vorsatz einen
Querschnitt durch die drei Decks des Flugschiffes

ISBN 3-925505-38-5

3. Auflage 1997

Völlig überarbeitete, durchgesehene und erweiterte Auflage.

Graphische Gestaltung und Satz:
Michael Bauer, Weißenfeld

Gesamtherstellung: freiburger graphische betriebe
Printed in Germany.

INHALT

ZU DIESEM BUCH

Zu den eindrucksvollsten Flugzeugen der Luftfahrtgeschichte gehört zweifellos das zwölfmotorige Flugschiff Dornier Do X, das am 12. Juli 1929 auf dem Bodensee zum Erstflug startete. Wie groß der Sprung nach vorne war, den die Do X in der Luftfahrt der damaligen Pionierjahre darstellte, zeigt sich schon allein in der Verdreifachung der Zuladung gegenüber zeitgenössischen Land- oder Wasserflugzeugen, und die Abmessungen dieses Flugschiffs erreichten mit 48 m Spannweite, 40 m Länge und 10 m Höhe bereits die Werte heutiger großer Strahlverkehrsflugzeuge.

Schon die Konstruktion, der Bau und die erfolgreiche Erprobung der Do X wurden damals als technische Meisterleistung bewundert, wenn auch begleitet von der Skepsis vieler Fachleute. Eine Sensation wurde dann vor allem die vielbeachtete Demonstrationsreise durch Europa, über den Südatlantik nach Südamerika, von Rio de Janeiro bis New York und zurück über den Nordatlantik. Die Do X bewies dabei, fern vom heimatlichen Herstellerwerk, eine erstaunliche Betriebssicherheit und Leistungsfähigkeit. Auf der anschließenden Tournee durch viele deutsche Städte wurde die Do X von Hunderttausenden begeistert gefeiert.

Mit diesem Buch wird eine umfassende Darstellung über Entstehungsgeschichte, Bau und Erprobung sowie die spektakulären Flüge dieses Flugschiffes vorgelegt. Leitgedanke war es dabei, möglichst nur Originaldokumente aus dem Dornier-Archiv und anderen Quellen heranzuziehen – soweit es die Qualität erlaubte in Faksimile-Abdruck-, daneben aber ergänzend auch zeitgenössische Publikationen.

Großer Wert wurde darauf gelegt, möglichst viele, zum Teil erstmals veröffentlichte Illustrationen zu zeigen. Der Firma Dornier sei an dieser Stelle dafür gedankt, daß sie in großzügiger Weise Bild- und Textmaterial aus ihrem reichhaltigen Archiv zur Verfügung gestellt hat.

Bei der Gliederung wurde zwar weitgehend der zeitliche Ablauf zugrunde gelegt, aber bei der im Vordergrund stehenden Verwendung von Originaldokumenten waren gewisse zeitliche und thematische Überschneidungen nicht zu vermeiden. Der Leser wird dafür Verständnis haben, denn nur so war es möglich, erstmals eine authentische Dokumentation über das Flugschiff Dornier Do X vorzulegen, den Vorläufer heutiger Großraum-Verkehrsflugzeuge.

Prof. Claude Dornier
** 14. Mai 1884 in Kempten*
† 5. Dezember 1969
in Zug, Schweiz

DER WEG ZUR Do X

Seit Beginn seiner Tätigkeit als Flugzeugkonstrukteur bei Graf Zeppelin im Jahr 1910 zeigte Claude Dornier großes Interesse für Flugboote und ganz besonders für größere Einheiten. Schon die ersten Flugboote RS I bis RS IV aus den Jahren 1914–1918 waren in ihren Abmessungen dem damaligen Stand der Flugzeugentwicklung weit voraus.
Nach dem Ende des Ersten Weltkriegs war die Weiterentwicklung des erfolgreich begonnenen Baus von Großflugbooten nach den Bestimmungen des Versailler Vertrages nicht mehr möglich. Im Stillen hatte sich Claude Dornier aber schon 1919 wieder mit dem Entwurf von neuen, mehrmotorigen Großflugboot-Projekten befaßt.
Noch vor Kriegsende war jedoch ein kleineres, zweimotoriges Flugboot, die Gs I in Erprobung gegangen. Dornier entwickelte dieses Konzept weiter und wich mit dem Bau des neuen Typs in das italienische Zweigwerk in Marina di Pisa aus. Dieses als »Dornier Wal« bekanntgewordene Flugboot wurde bald zu einem großen Erfolg und begründete den weltweiten Ruf Dorniers als Konstrukteur leistungsfähiger, zuverlässiger und sehr seetüchtiger Flugboote. Die Atlantikflüge von Franco und de Beires, der Nordpolflug von Amundsen, von Gronaus Weltrundflug, der Grönlandflug von Locatelli und viele weitere mit dem Wal erflogene Pionierleistungen waren der beste Beweis sowohl für die Güte der von Dornier entwickelten Metallbauweise als auch für die hervorragende Hochsee-Eignung der Dornier-typischen Flugboot-Auslegung mit flachem, einstufigem Boot und seitlichen Flossenstummeln zur Stabilisierung.
Nicht nur die Luft Hansa, sondern auch viele andere Fluggesellschaften setzten den Wal weltweit für die Erschließung von Passagier- und Postfluglinien mit großem Erfolg ein.
Nach dem gleichen Konzept entstanden außer den leistungsfähigeren zwei- und viermotorigen Superwalen in den zwanziger Jahren auch das Verkehrsflugboot Delphin, das kleine Sportflugboot Libelle und das Aufklärungsflugboot Do E.
Wie es bei Dornier zu der Enscheidung kam, ein so riesiges Flugschiff wie die Do X zu entwickeln, ist bis heute noch nicht genau geklärt. Sicher ist nur, daß die Firma Dornier selbst die Entwicklung nicht aus eigenen Mitteln hätte finanzieren können, und auch die Lufthansa kommt nicht als Auftraggeber

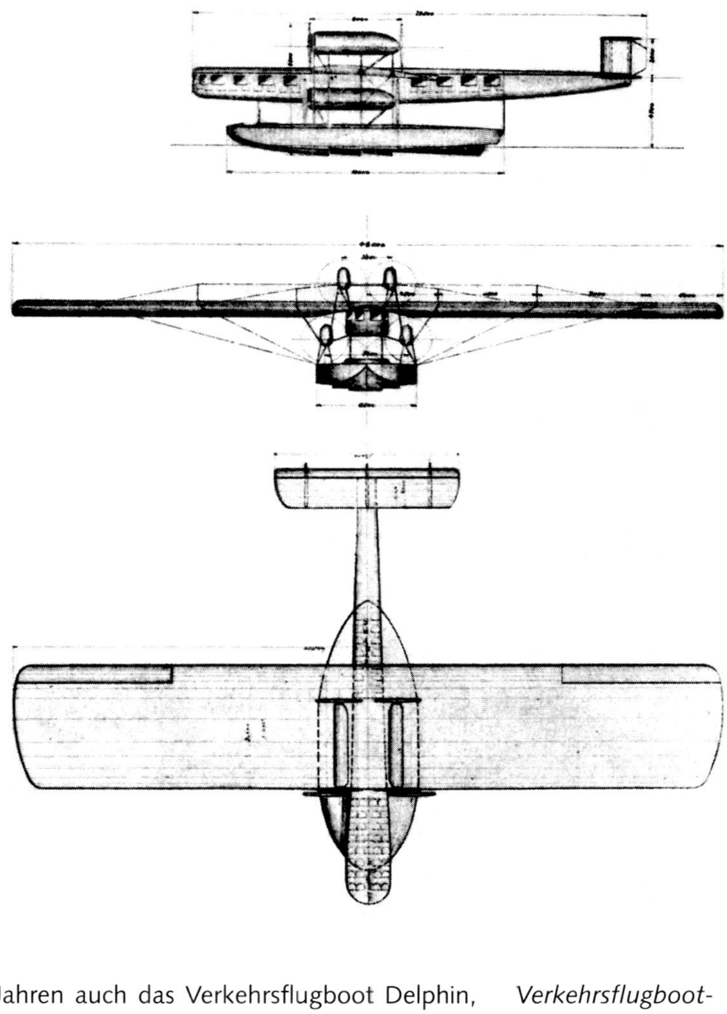

Verkehrsflugboot-Entwurf mit acht Motoren vom 24. Januar 1919, eigenstabiler Schwimmkörper und Passagierrumpf getrennt.

Projekt mit eigenstabilem Bootskörper und 12 Tandemmotoren (zwei Bilder ganz oben) beziehungsweise 10 Tandemmotoren (Bilder oben) .

in Frage. Einige Aufschlüsse gab Prof. Claude Dornier jedoch in seinem kleinen autobiographischen Werk »Aus meiner Ingenieurlaufbahn«, das 1966 im Privatdruck erschienen war. Er berichtet darin, daß er 1925 in Berlin im Büro von Admiral a. D. Lahs, dem damaligen Präsidenten des Reichsverbandes der Deutschen Luftfahrtindustrie einen Herrn traf, »dem man den Marinemann auf den ersten Blick ansah«. Dornier beschrieb diese Szene so: »Lahs stellte mich vor. Er sprach den Namen des Herrn so undeutlich aus, daß ich denselben nicht verstehen konnte. Ich nenne ihn den ›Unbekannten‹. Er beteiligte sich sofort an unserem Gespräch. ›Na, Herr Dornier‹, sagte er, ›wie viele Millionen brauchen Sie denn, um uns ein großes, schönes Schiff zu bauen«. Ich konnte diese Frage natürlich nicht aus dem Stegreif beantworten und meinte nur, daß es viel Geld und Zeit erfordern würde, um eine derartige Aufgabe zu bewältigen. ›Das Geld ist da,‹ antwortete er. ›Aber hätten Sie den Mut, sich an die große Aufgabe zu wagen?‹
Ich antwortete ihm, daß ich mir keine schönere Aufgabe vorstellen könnte und auch des Glaubens wäre, dieselbe zu bewältigen. Mit dem Geld allein wäre es aber nicht getan. Ich würde dazu auch noch Vertrauen und Zeit brauchen. ›Das sollen Sie beides bekommen,‹ meinte der Unbekannte.
Ich kam mir vor wie Hans im Glück. Es schwindelte mir etwas vor den kommenden Aufgaben, aber ich zweifelte keinen Augenblick daran, daß ich mit denselben fertig werden würde. Jetzt trinken wir einen Schnaps auf das Gedeihen des Flugschiffes,‹ schlug Lahs vor und ließ Gläser bringen. Wir tranken und stießen an: ›Auf das Gedeihen des Flugschiffes Do X‹. Der Unbekannte schüttelte mir die Hand und empfahl sich. Ich habe ihn nie wieder gesehen.
Lahs überhörte meine Frage, woher das Geld käme. ›Sie werden mit dem Verkehrsministerium einen Vertrag machen und von dieser Stelle aus fließt Ihnen das Geld zu. Fragen Sie nicht weiter‹.«
Die Do X wurde also vom Reichsverkehrsministerium finanziert, aber nach dieser von Claude Dornier geschilderten Episode ist zu vermuten, daß eigentlich das Marineministerium Interesse an einem solchen Flugschiff als »Fliegendem Torpedoboot« hatte. Wegen der vom Versailler Vertrag von 1919 diktierten Rüstungsbeschränkungen dürfte die Do X aber nicht als militärisches Projekt fi-

Prof. Dr. Claude Dornier vor der Do X in der Halle des Werks Altenrhein.

König Gustav V. von Schweden und Prof. Dornier anläßlich einer Do X-Besichtigung in Altenrhein 1929.

nanziert werden. Der Auftrag des Verkehrsministeriums diente also wohl nur der Tarnung.
Seit Herbst 1925 begannen im Dornier-Projektbüro in Manzell die ersten Vorarbeiten für das große Flugschiff. Es wurde zunächst ein Projekt mit 12 luftgekühlten Siemens-Jupiter-Motoren von je 525 PS entworfen. Die Triebwerke sollten in Dreier-Reihen zu je zwei Tandemgondeln hintereinander auf einem sehr breiten eigenstabilen Bootskörper installiert werden. Von diesem Bootskörper wurde damals schon eine Attrappe in natürlicher Größe erstellt. Außerdem wurden Standversuche mit zwei hintereinander angeordneten Triebwerksaggregaten durchgeführt, deren Abstand verändert werden konnte, um festzustellen, wie sich die Wirkungsgrade der Luftschrauben verändern. Dieses Konzept befriedigte Claude Dornier aber noch nicht. Es entstand ein neuer Entwurf, bei dem kein breites, eigenstabiles Boot mehr vorgesehen war, sondern ein schmäleres, höheres mit den beim Wal sehr bewährten Flossenstummeln. Die Triebwerke waren auf dem Tragdeck vorne und an der Hinterkante geplant. Aber auch dieses Projekt wurde nochmals geändert und schiffsähnlicher gestaltet. So entstand der Entwurf P 51 223 und nach weiteren kleineren Korrekturen, wie Änderung der Randbogenform des Tragdecks und Bootsbug das endgültige Projekt P 51 335 (siehe auch C. Dorniers WGL-Vortrag Seite 77). In einer kleinen Feierstunde wurde am 22.12.1926

König Gustav V. verläßt die Do X.

die Konstruktionsfreigabe für diesen Entwurf ausgesprochen. Oberster Grundsatz war, nach Möglichkeit nur bisher technisch erprobte Konstruktionsprinzipien anzuwenden. An dieser Stelle seien einige Gedanken zitiert, die Dr. h.c. Claude Dornier in der Schweizer AeroRevue über das Projekt veröffentlicht hatte:
»Die Ergebnisse des heutigen Seeflugverkehrs bestätigen die Erkenntnis, daß zur Durchführung eines in gleicher Weise wirtschaftlichen wie sicheren Verkehrs über größere Seestrecken viel größere Einheiten benötigt werden als die bisher verwendeten Flugzeuge. Den Anstoß zum Bau des ersten Flugschiffs gaben Erwägungen wirtschaftlicher Natur. Zunächst war der Gedanke maß-

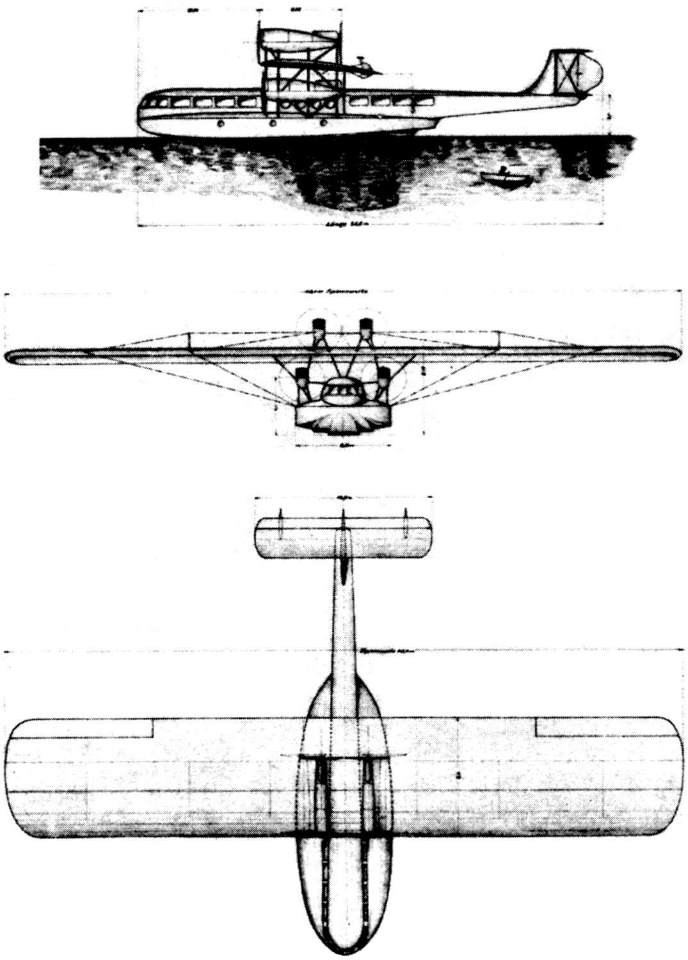

Projekt vom 6. März 1919 mit acht Motoren; integrierter Schiffs-Passagierrumpf.

gebend, daß der rentable Transport von Personen im allgemeinen nur möglich sein wird, wenn eine größere Anzahl Menschen gleichzeitig befördert werden kann, analog allen übrigen Verkehrsmitteln. Um die nötige Frequenz, welche heute fehlt, zu erreichen, muß dem Publikum mehr Sicherheit, mehr Platz und mehr Komfort geboten werden als bisher. Das führt zwangsläufig zu einer Vergrößerung der Dimensionen.

Dann hielt man es für überaus wichtig, ganz allgemein die Nutzlast wesentlich zu erhöhen. Der bedeutende Fortschritt, welcher mit der Erbauung des Flugschiffs angestrebt und erreicht wurde, beruht hauptsächlich darauf, daß mit einem Schlage die zahlende Last von Flugzeugen ganz außerordentlich gesteigert wird.

Die Mitführung der für einen sicheren Betrieb über längere Strecken nötigen Besatzung einschließlich Ablösung sowie der navigatorischen Hilfsmittel, der Seeausrüstung, Funkanlage usw. nimmt bei kleineren Flugzeugen einen so großen Teil der gesamten Zuladefähigkeit in Anspruch, daß nennenswerte Nutzlast nicht mitgeführt werden kann. Je größer die Einheit wird, desto kleiner wird der verhältnismäßige Anteil dieser Gewichtsgruppen gegenüber der Nutzlast.«

Vor dem eigentlichen Baubeginn der Do X erstellte man eine Holzattrappe im Maßstab 1 : 1, die dem Konstrukteur eine Vorstellung über die Größenverhältnisse und die Möglichkeit zur zweckmäßigen Innenraumgestaltung geben sollte. Die Attrappe war im Juli 1927 fertig .

Mit dem Konstruktionsbeginn war es wichtig, der rechnerischen Erfassung der Einzelgewichte besondere Aufmerksamkeit zu widmen, denn aufgrund der Einzelgewichte mußte neben der Gewichtskontrolle allgemein auch laufend der Schwerpunkt des gesamten Flugzeugs unter Kontrolle gehalten werden. Für eine spätere Schwerpunktermittlung des fertigen Flugzeugs fehlten nämlich die erforderlichen Einrichtungen. Den Schwerpunkt des leeren Flugzeugs zu kennen, war außerdem wichtig für die richtige Lastenverteilung für den ersten Flug.

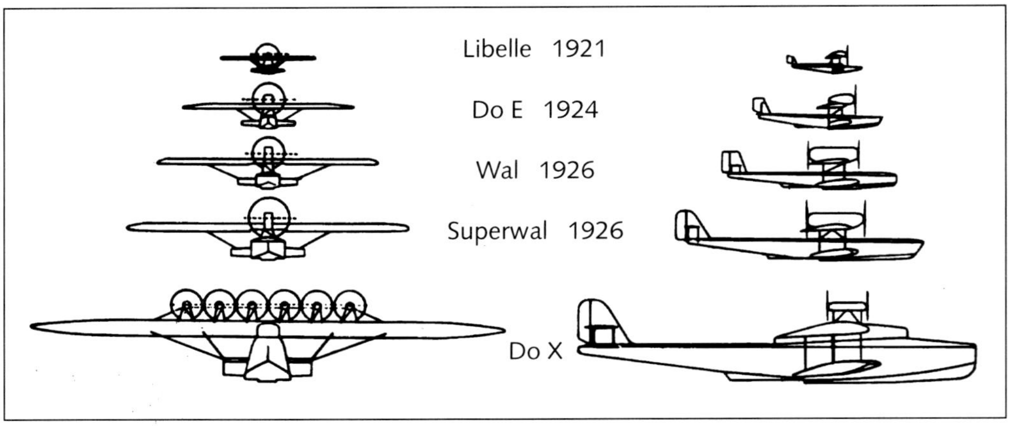

Wegen der ungewöhnlich großen Abmessungen des Flugschiffs mußte auch rechtzeitig an geeignete Herstellungs- und Montagewerkstätten gedacht werden, ebenso an Anlagen für das Zuwasserbringen der Do X. So wurde im Frühjahr 1926 damit begonnen, auf einem Gelände bei Altenrhein am schweizerischen Ufer des Bodensees eine Fabrikanlage mit einer Ablaufbahn von der Montagehalle bis zum See zu bauen.
Wie kam es damals überhaupt zur Typenbezeichnung »Do X«? Direktor Eugen Jäger, von Anfang an einer der wichtigsten Mitarbeiter im Projektbüro Claude Dorniers, schrieb dazu: »Es war bisher üblich, jedem zum Bau freigegebenen Flugzeug neben der Buchstaben- oder Zahlenbezeichnung einen Namen zu geben, wie Do J = Dornier Wal usw. Da für dieses Flugschiff noch kein geeigneter Name gefunden worden war, erhielt es vorerst die Bezeichnung Do X (im techn. Gebrauch ›die Unbekannte‹). Nun gab es in der Nachfolgezeit wichtigere Dinge zu tun als die Suche nach einem geeigneten Namen, was dazu führte, daß die Bezeichnung Do X weiter beibehalten wurde.«

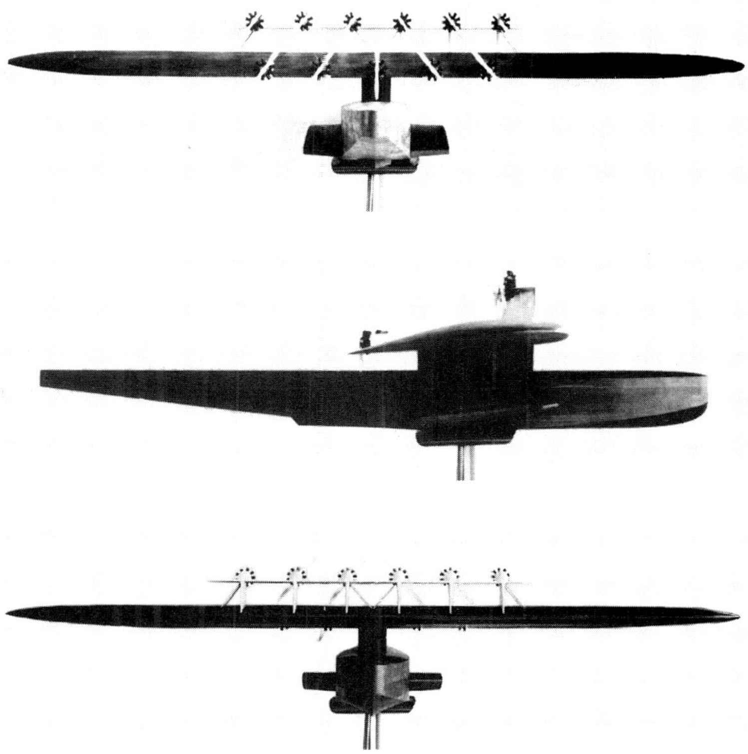

Modellfotos eines Entwurfs mit sechs Motoren über der Flügelvorder- und fünf Motoren an der Flügelunterkante mit Druckschrauben; schmaler Bootskörper mit seitlichen Flossenstummeln.

Holzattrappe der Do X im Maßstab 1 : 1 in der Luftschiffhalle Friedrichshafen-Löwental.

Der 48 m lange Holm des Flügels.

Teilweise behäuteter Rumpf von hinten gesehen; vorne erkennbar die Aufbauten des Flugdecks.

Komplett beplankter Rumpf; Bullaugen und Fenster werden ausgeschnitten.

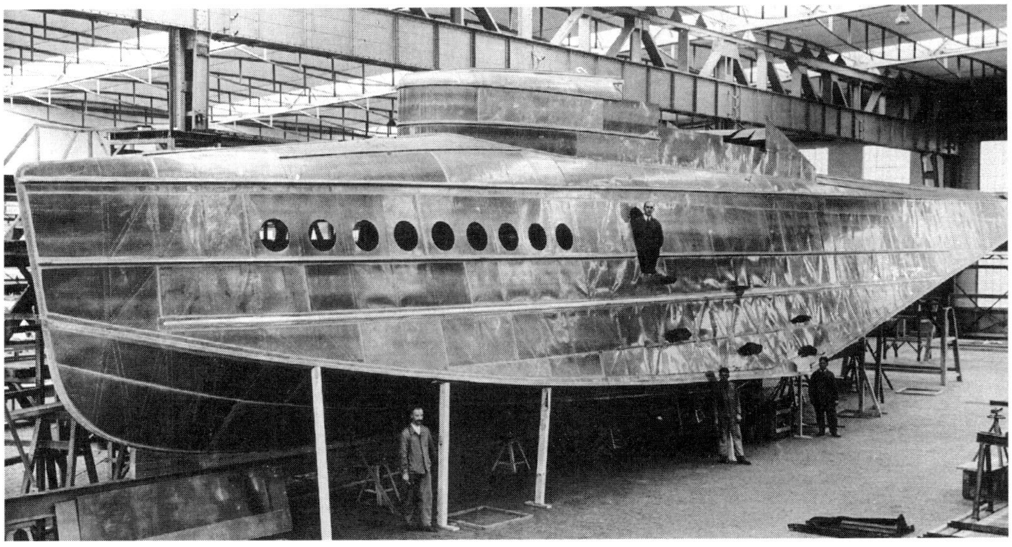

Die gewaltigen Dimensionen der Do X sind hier besonders erkennbar im Vergleich zu den Arbeitern am Boden und an den Motorgondeln.

Besichtigung der Do X durch die Presse am 9. Juli 1929; links in der Personengruppe Prof. Dornier.

Ausbringen der Do X aus der Halle im Werk Altenrhein.

Auf dem Aufschleppwagen: Do X mit 48 m Spannweite, mittlere Bootsbreite 3,50 m, Breite über die Stummel 10,00 m. Zu beachten ist die stumpfe Hinterkante der Flossenstummel.

Das Boot zeigt im Vorschiff hinter einem scharfen Bug mit ausfallendem Steven scharfe Spantformen, die allmählich in einen flacheren Boden übergehen; zu erkennen sind die Türen für die Mechaniker an den Motorträgern.

Blick über das Vorschiff und die Triebwerksanlage; am Bug der schiffstypische, große Anker.

Do X beim Zuwasserbringen auf dem Aufschleppwagen, Kameraleute im Vordergrund.

Die Werft in Altenrhein am schweizerischen Ufer des Bodensees; Do X an der Ablaufbahn.

Erstmals zu Wasser gelassen: Do X vor dem Werk Altenrhein.

Erste Rollversuche auf dem Bodensee.

Der Tiefgang der Do X betrug leer 0,80 m, bei 50 Tonnen Gewicht 1,05 m (S. 21 oben).

Ansicht von schräg hinten, deutlich sichtbar die Rumpfhautfelder und die Poller am Heckabschluß (S. 21 unten).

Prof. Dr. C. Dornier, Konstrukteur des Flugschiffs Do X (oben); mit Marine-Offizieren und seinen Söhnen Claudius und Peter bei der Besichtigung der Do X.

Wie schon erwähnt, galt bei der Konstruktion der Grundsatz, möglichst auf technisch Erprobtem aufzubauen, um Risiken zu vermeiden. So traten während der Konstruktion und in der Fertigung der Do X auch keine nennenswerten Schwierigkeiten auf. Eine Besonderheit war nur die Schaffung eines besonders großen Aufreißbodens für den Boots-Linienriß und die Bootsspanten im Maßstab 1:1, desgleichen für die Tragflügelholme mit ihren 48 m Länge, der Einrichtung für die Belastungsversuche der Tragflügelholme, sowie die Vielzahl der Triebwerke und ihre Bedienung.

Anfang Juli 1929 war das Flugschiff Do X so weit fertiggestellt, daß sein Gesamtgewicht ermittelt werden konnte. Direktor Jäger berichtet: »Es war ein spannender Augenblick, das Gesamtgewicht mit der Summe der Einzelgewichte zu vergleichen. Erfreulicherweise lag die Differenz zwischen der Summe der Einzelwägungen und der Gesamtwägung im Rahmen des vorausgesagten Gewichts.« Allerdings hatten sich gegenüber dem ursprünglich projektierten Leergewicht einige unvermeidliche Mehrgewichte ergeben, so wurden beispielsweise die Triebwerke um 400 kg, die Luftschrauben um 381 kg, die Betriebshilfsgeräte um 223 kg und die Zelle um 1996 kg schwerer gegenüber der ersten Annahme. Das Leergewicht erhöhte sich also von 25 t auf 28 t. Unter Beibehaltung der dem Projekt zugrundegelegten Zuladung von 20 t mußte das Abfluggewicht von 45 t auf 48 t heraufgesetzt werden, was durch geringfügige Verstärkungen der Zelle möglich war. Interessant ist der Aufwand an Konstruktionsstunden für die Do X von 1927 bis 1930: Es waren insgesamt 262 612 Stunden, bezogen auf ein Zellengewicht von 23 107 kg ergab sich der Wert von 11,4 Stunden pro Kilogramm.

Eindrucksvoller Größenvergleich zwischen dem Flugschiff Do X und dem kleinen 2/3-sitzigen Sportflugboot Dornier Libelle

Dornier-Chefpilot Flugkapitän Richard Wagner führte die Erprobung der Do X durch.

DER ERSTFLUG DER Do X

Mit großer Spannung wurde der erste Start der Do X erwartet: Am 12. Juli 1929 war nun der große Tag für den Beginn der Start- und Flugversuche. Programmgemäß sollten zuerst Rollversuche mit verschiedenen Geschwindigkeiten durchgeführt werden. Schon bei den ersten Rollversuchen mit höherer Geschwindigkeit hob die Do X überraschend und schneller als erwartet vom Wasser ab. Dornier-Chefpilot Richard Wagner wiederholte daraufhin die »Sprünge« und gab nach Beendigung des ersten Tages im Flugerprobungsprogramm ein erstes positives Urteil über die Eigenschaften der Maschine ab.

Wenige Meter über der Wasseroberfläche fliegt die Do X noch im Bodeneffekt.

In Begleitung von Motorbooten wird die Do X auf dem Bodensee zur Flugerprobung geschleppt.

Problemlos hebt die Do X ab: erfolgreicher Erstflug am 12. Juli 1929.

Die Do X rollt mit erhöhter Geschwindigkeit und geht auf Stufe; zu beachten ist der günstige Wasserablauf unter dem Flossenstummel.

In der Anfangsphase der Flugerprobung über dem Bodensee hatte die Do X noch keinerlei Beschriftung und Kennzeichen.

Von Schaulustigen umringt: Do X vor der Uferstraße in Friedrichshafen liegend.

Historische Begegnung zwischen dem Flugschiff Do X und dem Luftschiff LZ 127 »Graf Zeppelin«.

Über dem Hafen von Friedrichshafen (vermutlich Fotomontage).

Zur Besichtigung freigegeben: Do X in Altenrhein.

Wartung der Siemens-Jupiter-Motoren; zu beachten die ausklappbaren Arbeitsbühnen.

Dutzende von Roll- und Startversuchen wurden auf dem Bodensee durchgeführt (S. 31 unten).

Die hinteren Motoren zeigten Kühlprobleme.

Medaille zu Do X: »Triumph deutscher Technik«

Die Presse berichtete aktuell von der Erprobung der Do X.

Die zwölf Motoren wurden in drei bis vier Minuten angelassen (S. 33).

Die Erprobungsflüge verliefen ohne Probleme, an der Do X mußten keine Änderungen vorgenommen werden.

Do X Erprobung am 12. Juli 1929

Wetter: Anfangs leichter Zug,
dann windstill; Sonne.
Luftdruck: kein Barometer vorhanden.
Besatzung: 17 Mann.
Führer: R. Wagner.
Beobachter: Berner & Schulte-Frohlinde.

Das Flugboot Do X sollte mit allen 12 Motoren laufend zu Wasser gebracht werden. Nach dem Anwerfen der ersten Motore begann das Boot jedoch leicht auf dem Wagen zu schwingen, weswegen beschlossen wurde, mit nur 8 Motoren, Gondeln I und II, B.B. und St. B., ins Wasser zu gehen.

Anwerfen des ersten Motors
7.44 Uhr

8 Motore laufen
8.00 Uhr

Um 8.00 Uhr schwamm Do X vom Wagen frei und wurde von der »Altenrhein« in Schlepp genommen. Um 8.14 Uhr wurde die Schleppleine des Motorbootes losgeworfen. Der Do X fuhr in nördlicher Richtung in den See hinaus. Vor Beginn der Manöver mußten noch die elektrischen Tachometer reguliert werden, doch konnten die Sammeldrehzähler am Führerstand nicht in Gang gebracht werden. Es wurden dann die noch fehlenden 4 Motore der Außengondeln in Gang gesetzt. Um 8.59 Uhr liefen sämtliche 12 Mo-

Die Do X wird auf dem Ablaufwagen zu Wasser gelassen.

Blick zum Heck während der Rollversuche auf dem Bodensee.

tore. Da sie noch nicht vollständig einreguliert waren, blieb gelegentlich der eine oder andere Motor wieder stehen. Die Motorproben mit Vollgas wurden nunmehr einzeln durchgeführt.
Um 9.15 wurde mit der Drehkreisbestimmung begonnen. Der Flieger regelte die Motorenstärke so, daß Do X ohne Ruder geradeaus lief. Dann wurde das Wasserruder betätigt. Bei einer mittleren Drehzahl der St.B. Motore von etwa 1150 und der B.B. Motore etwa 1050 wurde ein ganzer Kreis in 2 Min. 10 Sekunden nach B.B. gefahren, während die Dauer des Kreises nach St.B. mit den gleichen Motorumdrehungen 2 Min. 30 Sekunden war.
Das Wasserruder erwies sich dabei als stark überausgeglichen.
Die Drehkreise mit dem Wasserruder in Mittelstellung ergaben folgende Zeiten:
Nach St.B. mit auf St.B ganz gedrosselten Motoren, auf B.B. mit etwa 1050 mittl. Drehzahl 3. Min
Nach B.B mit auf B.B. ganz gedrosselten Motoren auf St. B. mit etwa 1200 mittl. Drehzahl 2. Min. 54 Sek.
Aus dem Vergleich der Zeiten erkennt man die verhältnismäßig große Wirksamkeit des Wasserruders, wenigstens bei Windstille.
Um 9.30 Uhr waren diese Versuche beendet. Um einen stehengebliebenen Motor wieder in Gang zu bringen, der wegen Erschöpfung der Luftflasche nicht anspringen wollte, wurde den übrigen Motoren Vollgas gegeben, um durch die Luftgeschwindigkeit das Anspringen zu erleichtern. Gleichzeitig wollte der Führer auf der Stufe die Steuerung prüfen. Da jedoch beide Geschwindigkeitsmesser nicht anzeigten, erreichte das Flugboot eher, wie angenommen wurde, die Fluggeschwindigkeit und machte um 9.35 den ersten Sprung, wobei es etwa 3 m Höhe erreichte.
Nachdem die Geschwindigkeitsmesser nachgesehen waren, wurde der zweite Sprung um 9.41 Uhr in Richtung des Bootes der Filmleute gemacht. Da die Instrumente nicht anzeigten und das Wasser wie ein Spiegel war, wurde beschlossen, nicht zu fliegen, sondern an die Boje zu gehen. In Richtung Altenrhein wurde dann der dritte Sprung um 9.43 Uhr ausgeführt. Beim zweiten und dritten Sprung betrug die Startdauer etwa 25 Sekunden.Danach wurden um 9.50 Uhr die Motoren abgestellt und das Motorboot schleppte Do X zur Boje, woran er um 10.10. Uhr festgemacht wurde.

Die Gewichte waren folgende:

Leergewicht	27.944 kg
Oel	425 kg
Benzin	2.941 kg
Ausrüstung	139 kg
Anker und Leine	62 kg
Reservepreßluftflasche	80 kg
	31.591 kg
Rüstgewicht	
Sandballast	2.500 kg
Besatzung	1.275 kg
Abfluggewicht	35.366 kg

Die Verteilung erfolgte gemäß dem Trimmplan der D.M.B.

Eindrücke:
Die mündlichen Äußerungen der Flieger waren:
Sicht: vorzüglich.
Schätzung der Höhe beim Landen:
Ohne Schwierigkeit.
Höhenruder:
Anscheinend zu wenig wirksam, Urteil noch nicht endgültig.
Querruder:
Anscheinend gut.
Seitenruder:
Noch nicht erprobt.
Die Eindrücke der Beobachter waren günstig, besonders bezüglich des Wasserverlaufes beim Start, bezüglich der Triebwerksanlage und vor allem bezüglich der Gesamtanordnung.
Beim Rollen auf dem Wasser legte sich das Boot leicht auf den einen oder anderen Stummel, da es bei dem noch wenig beladenen Boot nur wenig tauchte.

Altenrhein, den 15. Juli 1929.
gez. H. Schulte-Frohlinde

BESCHREIBUNG VON ZELLE, TRIEBWERKSANLAGE UND AUSRÜSTUNG

Das Flugschiff Dornier Do X war mit seinen für damalige Verhältnisse gewaltigen Dimensionen ein großer Schritt vorwärts, und Professor Claude Dornier konnte damit den Beweis erbringen, daß Flugzeuge dieser Größenordnung nicht nur konstruktiv zu beherrschen, sondern auch problemlos herzustellen waren. Von manchen Kritikern wurde zwar bemängelt, daß die Do X allzu konventionell entworfen und konstruiert gewesen und nicht alle damals verfügbaren technischen Möglichkeiten voll ausgeschöpft worden seien. Aber Dorniers Grundprinzip war es, nur erprobte Konstruktions- und Bauprinzipien anzuwenden. Die nachfolgende Beschreibung der Do X erschien1931 in der Schweizerischen Aero Revue.

ALLGEMEINER AUFBAU

Das Flugschiff Do. X ist ein als halbfreitragender Eindecker ausgebildetes, eigenstabiles Flugboot. Der unmittelbar auf dem Schiffsrumpf liegende Flügel ist an jeder Seite durch 3 schräge Stiele gegen die Bootsstummel abgestützt. Das Höhen- und Seitenleitwerk befindet sich in üblicher Weise auf dem hochgezogenem Heck. Die Triebwerksanlage besteht aus 12 luftgekühlten Motoren, die in 6 Tandemgondeln über dem Flügel angebracht sind. Diese Gondeln sind untereinander durch einen schmalen Hilfsflügel zwecks gegenseitiger Abstützung verbunden. Die Bauausführung erfolgt in der bekannten Dornier-Bauweise, Spezialprofilen aus Duralumin in Verbindung mit glatten Blechen, unter Verwendung von hochwertigem Stahl für besonders hoch beanspruchte Bauteile. Die Größen-Abmessungen des Flugschiffes bringen es mit sich, daß an Stelle der früher üblichen, gezogenen Profile für die größere Kräfte übertragenden Bauteile weitgehendst gepreßte Spezialprofile aus Duralumin verwendet werden. Der Flügel ist im Bereiche der Motorgondeln mit Duralblech, im übrigen mit Stoff bespannt.

DAS BOOT

Das Boot zeigt im Vorschiff hinter einem scharfen Bug mit ausfallendem Steven scharfe Spantformen, die allmählich in einen flacheren Boden übergehen. Oberhalb der scharfen Kimm sind die Schiffswände leicht

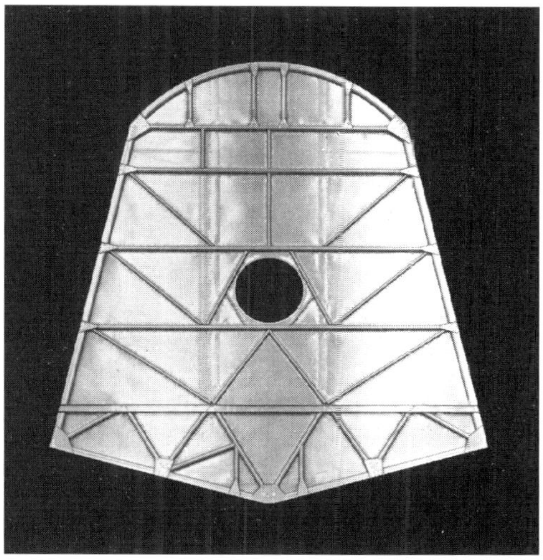

Verschiedene Spantformen und -konstruktionen des Do X-Bootes.

Heckansicht der Do X; auf der Höhenflosse die Ausgleichsflächen (»Gartenbänke«) für das Höhenruder (S. 36).

Zusammenbau des Rumpfhecks (kiel-oben liegend).

Bootsstruktur des hinteren Rumpfes (kieloben liegend).

einfallend. Der Bootsboden besitzt zur Erleichterung des Starts eine Querstufe. Außerdem zeigt er die bei früheren Dornierbooten im Seegang besonders bewährte Längsstufung, die erreicht, daß bei hoher Geschwindigkeit das Boot nicht auf der ganzen Stufenbreite, sondern nur auf dem tieferen, mittleren Stufenteil läuft, wodurch eine Milderung der im Seegang auftretenden Stöße

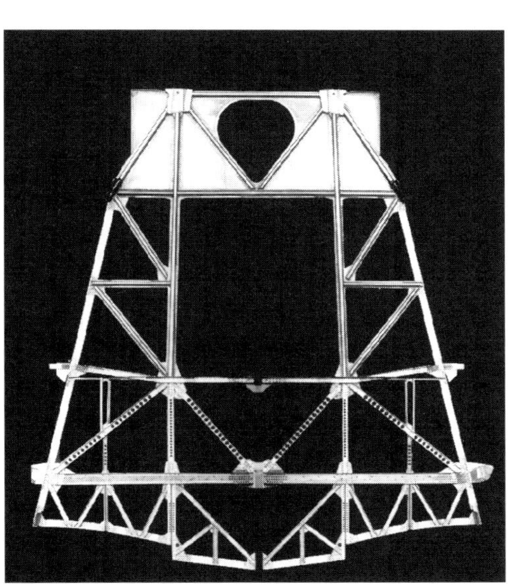

erzielt wird. Der mittlere, flache Teil der Querstufe liegt etwa 70 cm weiter nach vorne als die seitlichen, konkav ausgebildeten Stufenteile. Hinter der Stufe ist die Unterseite des Rumpfes stark hochgezogen, so daß das Heck genügend hoch über dem Wasserspiegel liegt, um das Leitwerk vor Wasserschlägen zu bewahren.
Zur Landung und Erzielung guter Manövrierfähigkeit auf dem Wasser, befindet sich hinter der Querstufe noch ein kielflossenartig ausgebildeter Verdrängungssporn, an dessen Ende das Wasserruder angebracht ist. Seitlich wachsen aus dem Rumpf die bekannten, die Stabilität auf dem Wasser sichernden Dornier-Bootsstummel heraus.
Die Gesamtlänge des Bootes ist 40,05 m. Die Breite des Bootes über die Stummel gemessen beträgt 10,0 m. Die mittlere Bootsbreite ist 3,5 m. Die größte Höhe beträgt 6,4 m. Der Tiefgang des Bootes ist leer 0,8 m, bei 50 Tonnen 1,05 m. Die metazentrische Höhe bei 50 Tonnen beträgt 4,58 m.
Das Boot hat einschließlich der Stummel ein Volumen von 400 m^3. Der Hauptspantquerschnitt ohne Stummel hat einen Inhalt von 17,2 m^2. Die Spantentfernung mißt 0,7 m. Es sind insgesamt 58 Querspanten vorhan-

Bootsstruktur fertig zum Beplanken.

Spant aus dem hinteren Rumpfbereich; deutlich sichtbar ist die Längsstufung.

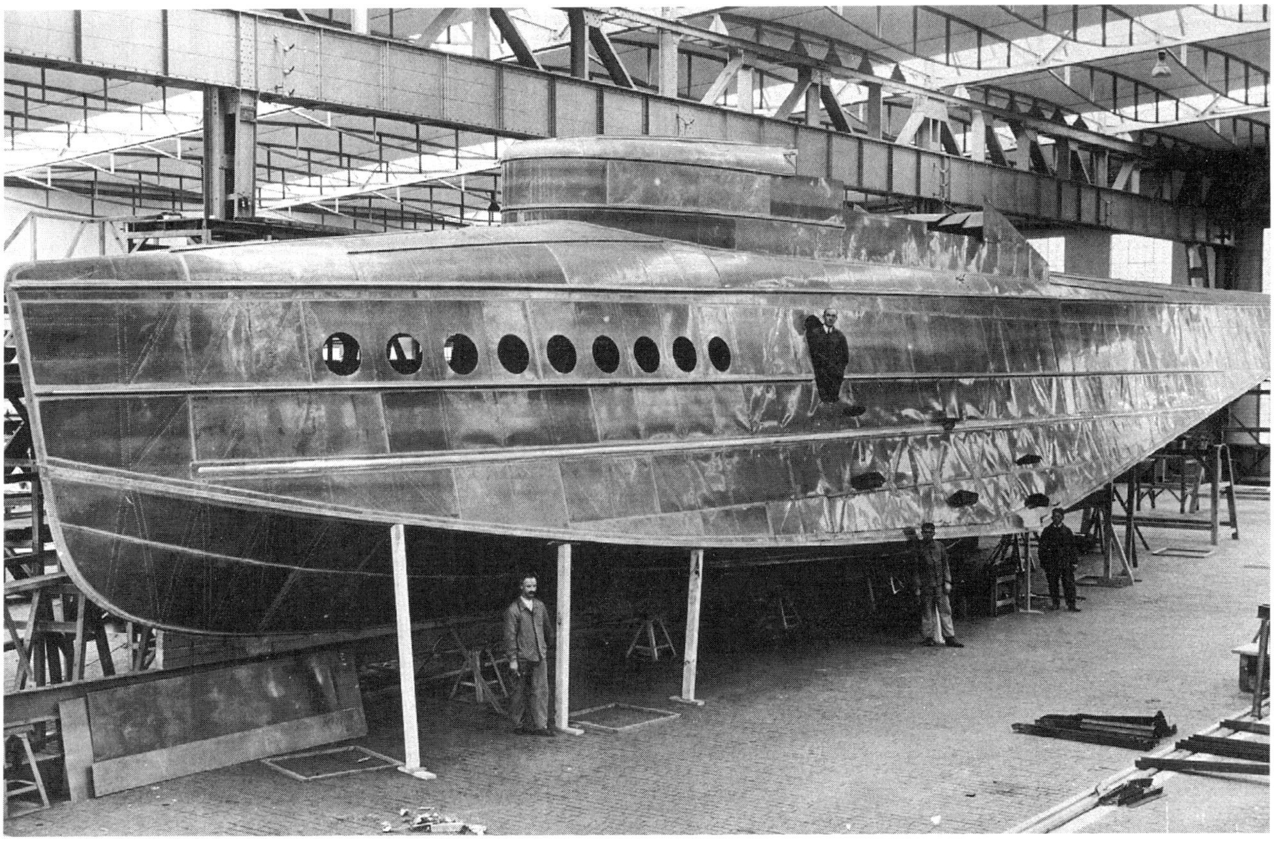

Tragwerk-Mittelholm mit Stielanschluß.

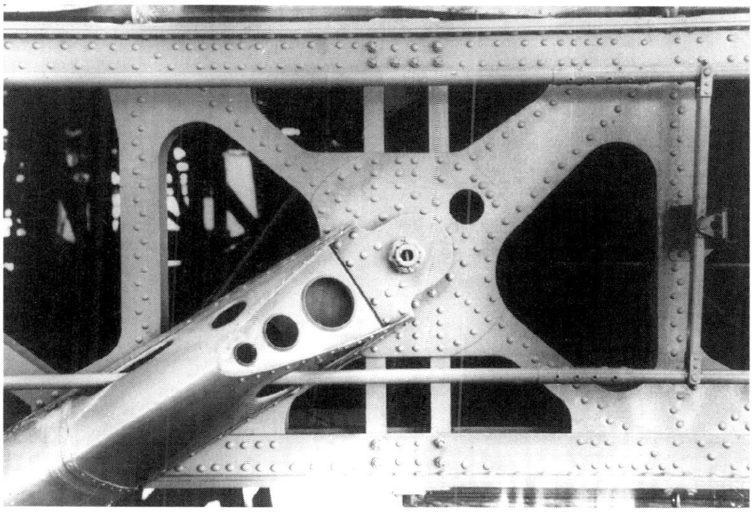

Stielanschluß am Hinterholm des Tragflügels.

Komplett beplankter Rumpf; die Bullaugen und Fenster werden ausgeschnitten (S. 40 oben).

Teilweise behäuteter Rumpf von hinten gesehen; vorne erkennbar die Aufbauten des Flugdecks (S. 40 unten).

den. Eine wesentliche Neuerung ist ein 23,3 m langer, vom Bug bis zum Ende der Heckstufe gehender, an der höchsten Stelle 2,12 m hoher Kielträger, der eine wesentliche Aussteifung des Bootes zur Folge hat.
Rechts und links des Kielträgers ist in Abständen von 0,9 und 1,58 m je ein Kielschwein angeordnet. Es ist hierdurch im Vereine mit den Querspanten eine außerordentlich wirksame Verbundwirkung erreicht. Im Bereiche des Bootbodens, der den Beanspruchungen des Seeganges direkt ausgesetzt ist, sind die ungewöhnlich starken Bodenbleche durch die sich kreuzenden Quer- und Längsspanten in Felder von etwa 0,63 m^3 abgeteilt. Die Stummel sind an der Stelle, wo sie die Bootsseitenwand durchdringen, quer zur Flugrichtung stark abgerundet. Diese neuartige Ausbildung der Stummel hat statische und hydrodynamische Vorteile. Die Bauhöhe der Stummel an der Wurzel wird erheblich größer, was eine wesentlich steifere Ausbildung der tragenden Organe ermöglicht. Beim Start wird das Wasser durch die gewölbte Form nach außen beschleunigt.
Es sei darauf hingewiesen, daß das für 1 m^3 Bootsvolumen aufzuwendende Gewicht bei dem viel kleinen Flugboot »Libelle« 29,9 kg pro m^3 beträgt, bei dem bekannten Hochsee-Flugboote »Wal« 26,2 pro m^3, während es bei dem Flugschiff Do X nur mehr 21,0 kg pro m^3 beträgt. Dabei sind die Beanspruchungen des Materials, gleiche Belastungen vorausgesetzt, bei dem Flugschiff Do. X wesentlich niedriger als bei den kleineren Booten. Besonders muß erwähnt werden, daß das Flugschiff, soweit lokale Beanspruchungen in Frage kommen, sich in einer weit günstigeren Lage befindet als kleinere Flugboote, bei welchen infolge der geringen Wandstärken der verwendeten Bleche und Profile die Gefahr lokaler Verbeulungen und Stauchungen wesentlich höher ist.
Die Raumeinteilung zeigt grundsätzliche Neuerungen und ähnelt mehr der eines Seeschiffes als der bisher bekannter Flugboote. Die großen Ausmaße geben die Möglichkeit, den Schiffsrumpf durch mehrere Decks zu unterteilen. Den eigentlichen Schiffsraum schließt das etwa 1,2 m über der Schwimmwasserlinie liegende Hauptdeck ab. Acht bis zu dem Hauptdeck reichende Schottwände unterteilen den Schiffsraum in 9 Abteilungen. Jeder Seitenstummel weist ebenfalls 4 getrennte, wasserdichte Abteilungen auf, die so bemessen sind, daß ausreichende Stabilität und volle Schwimmfähigkeit noch bei Vollaufen zweier beliebiger Abteilungen des Rumpfes oder der Stummel gesichert sind. Die Verdrängung der Stummel allein beträgt 43,5 m^3. Die Verwendung der auf dem Hauptdeck liegenden Nutzräume ist daher

Flügelstruktur, noch ohne die Flügelhautfelder, vor dem Bootsrumpf.

Tragwerk-Teilstück unbeplankt mit Anschlüssen für die Triebwerksgondeln.

durch keine Schottwände beeinträchtigt und kann vollständig der jeweiligen Zweckbestimmung des Schiffes angepaßt werden. Auf dem darüber liegenden Oberdeck sind alle für die Schiffsführung notwendigen Räume vereinigt, wie Führerraum, Kommandanten- und Navigationsraum, Maschinenzentrale, Funkraum und Hilfsmaschinenraum. Die geschlossenen Räume des Oberdecks beginnen hinter einer langen, gewölbten Back und reichen bis zur Flügelhinterkante. Während vom Führer- und Navigationsraum ausgezeichnete Übersicht nach außen vorhanden ist, liegen die weiteren Räume bereits im Innern des durchlaufenden Hauptflügels.

Durch die Anordnung der gesamten Fluggasträume auf dem Hauptdeck hat man im Gegensatz zu kleineren Flugbooten die Möglichkeit, den Schiffsraum zur Aufnahme der der Versteifung des Schiffskörpers dienenden statischen Organe zu verwenden.

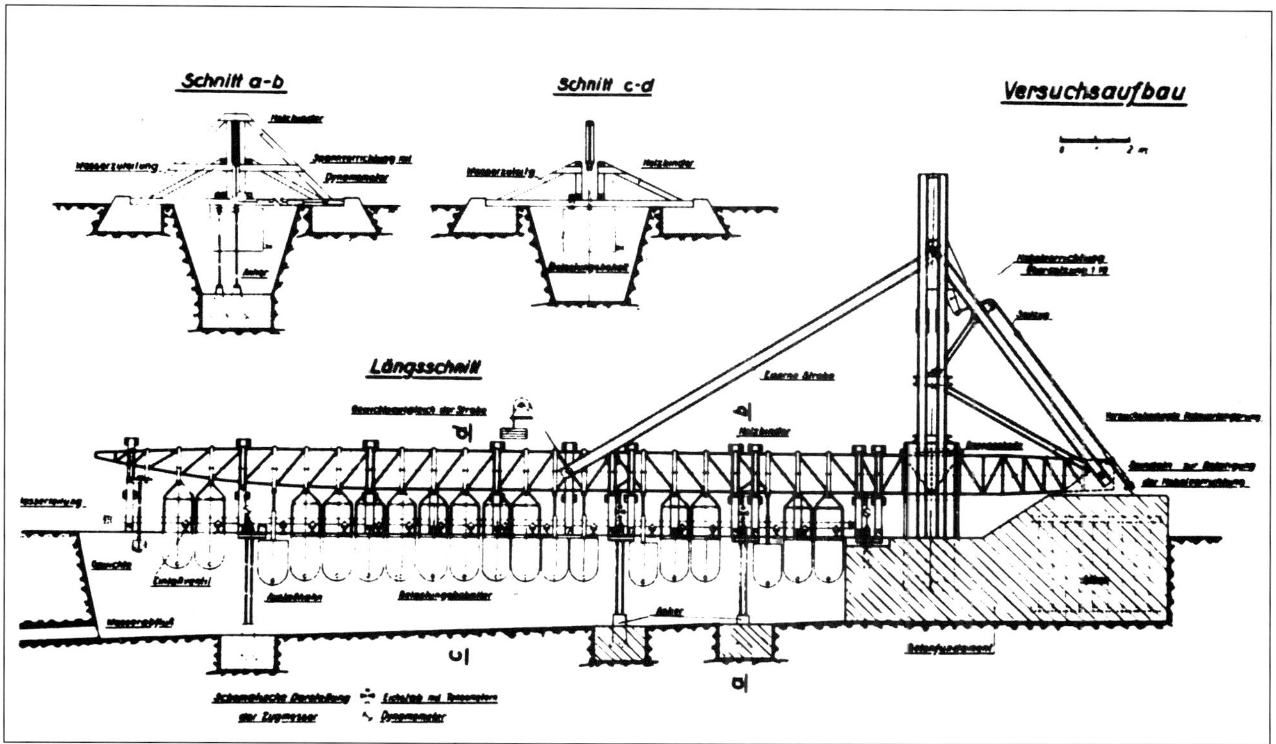

Aufbau für die Tragflügelholm-Belastungsversuche; die Last wurde mit Wasserbehältern aufgebracht (vergleiche Foto auf Seite 82).

DER FLÜGEL

Der Flügel hat rechteckigen Grundriß mit leicht abgerundeten Enden. Die Spannweite beträgt 48 m, die Tiefe des Flügels 9,5 m. Der Gesamtprojektions-Flächeninhalt des Flügels einschließlich der Querruder und des Oberflügels ist 486, 2 m^2. Der Flügel entspricht bei einem Gesamtgewicht des Flugschiffes von 52 t den zur Zeit bestehenden DVL-Vorschriften für Personentransport. Der Mittelholm liegt ungefähr an der Stelle der größten Profilhöhe. Vorder- und Hinterholm sind weit auseinandergerückt. Ihre Entfernung vom Mittelholm ist je 2,8 m. Der Abstand der einzelnen Querriegel beträgt bis zu 3,6 m. Die Gurtungen der Holme sind aus gepreßten Duralumin-Winkeln und Lamellen gebildet, ähnlich wie bei den bekannten Konstruktionen des Brückenbaues. Entsprechend dem Momentenverlauf sind zusätzliche Lamellen aufgebracht. An Stellen geringerer Gurtkräfte sind die vertikalen Stege der Winkel ausgefräst zum Zwecke der Gewichtserleichterung. Die Ausführung der Vorder- und Hinterholme ist ähnlich derjenigen des Mittelholmes. Die Querträger sind in der Hauptsache ebenfalls aus gepreßten Profilen hergestellt. An ihrer Anschlußstelle am Vorderholm war es teilweise notwendig, Rahmen einzubauen, um den Durchgang

Tragwerkholm- und Querriegelverbindungsstück.

durch den Flügel zu erleichtern. Die durch die Verschneidungen der im Abstand von 2,8 bis 3,6 m angeordneten Querträger mit den 3 Holmen entstehenden Felder sind durch biegungssteife, mit Stoff und Blech bespannte Platten, sogenannte »Flügelhautfelder«, abgedeckt. Der hinter dem Hinter-

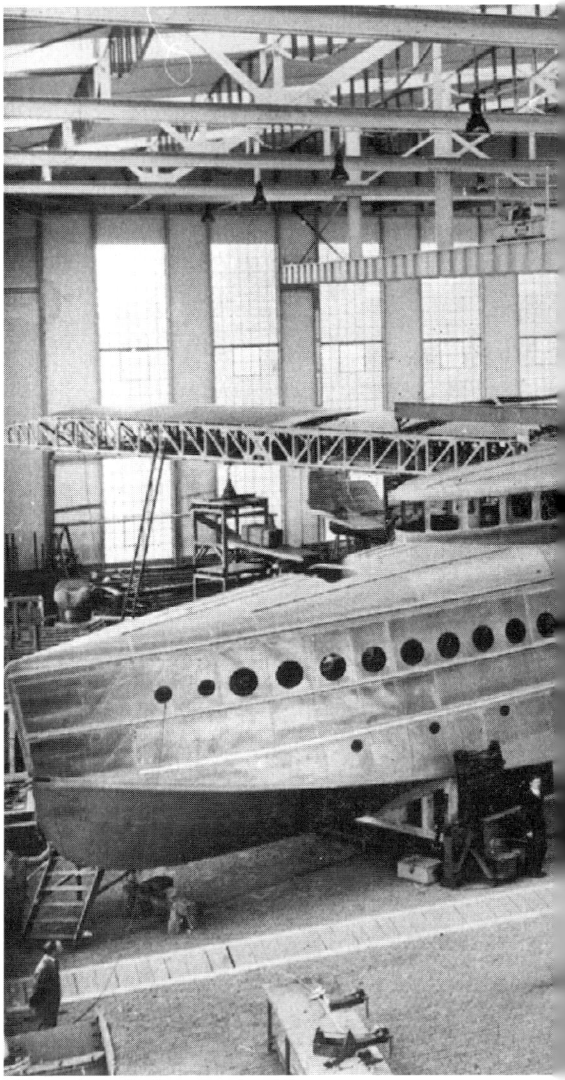

Blick in das Innere des Tragwerks.

Hauptquerriegel im Tragwerk für die Motorgondel-lagerung; rechts Aussparungen für den Kriechgang.

holm liegende Teil des Flügels ist als selbständige Scheibe hergestellt. Die Flügelnase ist vollständig in Metall ausgeführt und zur Aussteifung des Vorderholmes gegen Ausknicken herangezogen. Die Flügelhautfelder sind, wie schon erwähnt, teilweise mit Blech, teilweise mit Stoff abgedeckt. Sie sind einfach und billig herzustellen und leicht zu montieren. Ihre Befestigung am Haupttragdeck erfolgt durch vollkommen im Innern des Flügels liegende Anschlüsse mit Bolzen. Trotzdem der Flügel kein dickes Profil aufweist, ist die Höhe der Holme infolge der Gesamtabmessungen des Flugschiffes schon so bedeutend, daß man auch im Fluge beinahe alle Teile des Flügels begehen kann. Die größte Höhe des Flügels beträgt 1,28 m.

OBERFLÜGEL UND MOTORTRÄGER

Der Oberflügel dient zur gegenseitigen Versteifung der Motorträger und ist ganz in Metall ausgeführt. Er ist nicht zur Entlastung des Haupttragsystems herangezogen. Um unzulässige Zusatzbeanspruchungen des Hauptsystems auszuschalten, sind die Enden des Oberflügels zwischen den beiden äußeren Gondeln verschieblich an dem mittleren Teile angeschlossen.

Die Motorträger sind in Fachwerkkonstruktion ausgebildet und stromlinienförmig verkleidet. Sie besitzen zwecks leichterer Zugänglichkeit auf beiden Seiten große Türen.

Endmontage der Do X in Altenrhein.

Flügelhautfelder in der Fertigung.

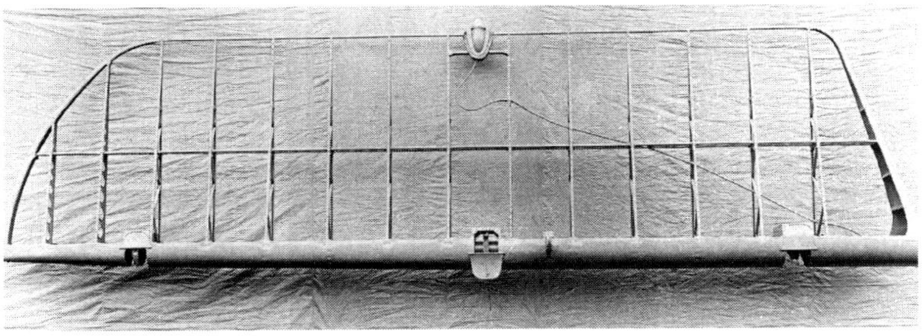

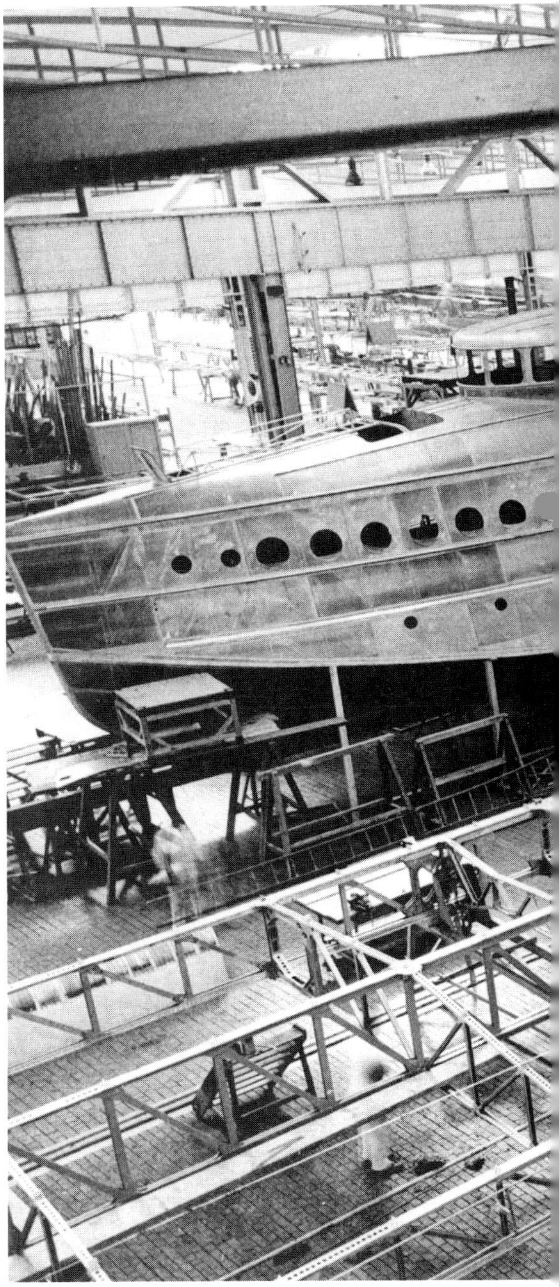

Flügelhautfelder nach Belastungsprobe.

Flügelnasen – Teilstück in der Belastungsvorrichtung.

Seitenruder, unbeplankt.

STEUERUNG

Die Betätigung der Steuer erfolgt in üblicher Anordnung durch Pedale für die Seitensteuerung und Steuersäule mit Handrad für Höhen- und Querlagensteuerung. Die Entlastungsflächen sind derart bemessen, daß auch dieses Flugzeug noch von einem Führer ohne besondere Anstrengung mit eigener Kraft gesteuert werden kann. Verschiedene Längstrimmung kann vom Führer ausgeglichen werden, indem durch ein seitlich des Führersitzes befindliches Handrad die Voranstellung der Höhenruder-Entlastungsflächen geändert wird Um die bei Ausfall von seitlichen Motoren auftretenden Drehmomente auszugleichen, kann die Voranstellung der seitlichen Seitenruder in gleicher Weise verändert werden. Ein weiteres, seitlich des Führersitzes befindliches, größeres Handrad dient zur Betätigung des Wasserruders. Die Übertragung der Steuerkräfte erfolgt grundsätzlich durch stählerne Zugstangen und Winkelhebel, die sämtliche in Kugellagern gelagert sind. Auf diese Weise wird eine außerordentliche Leichtgängigkeit erzielt.

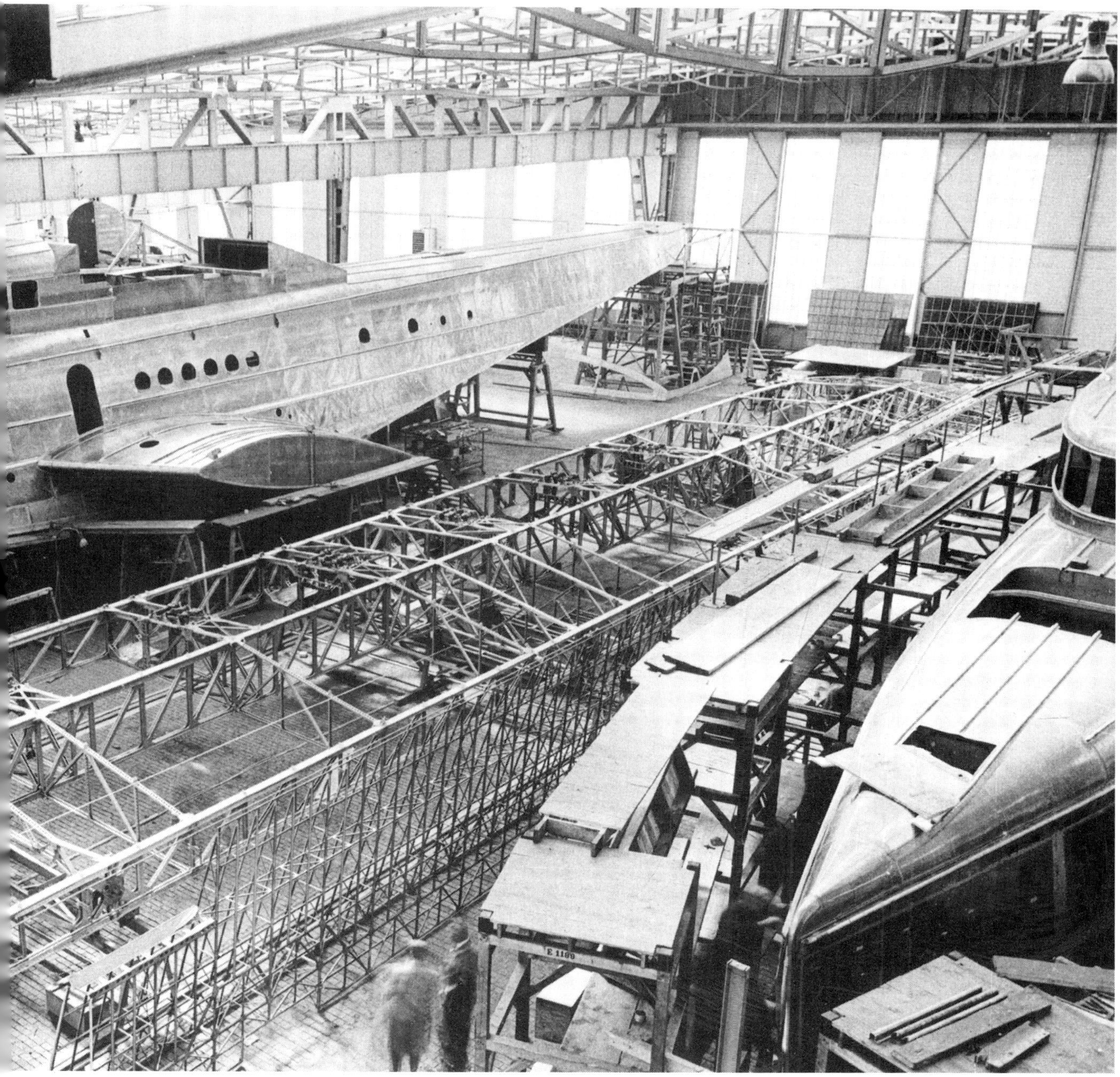

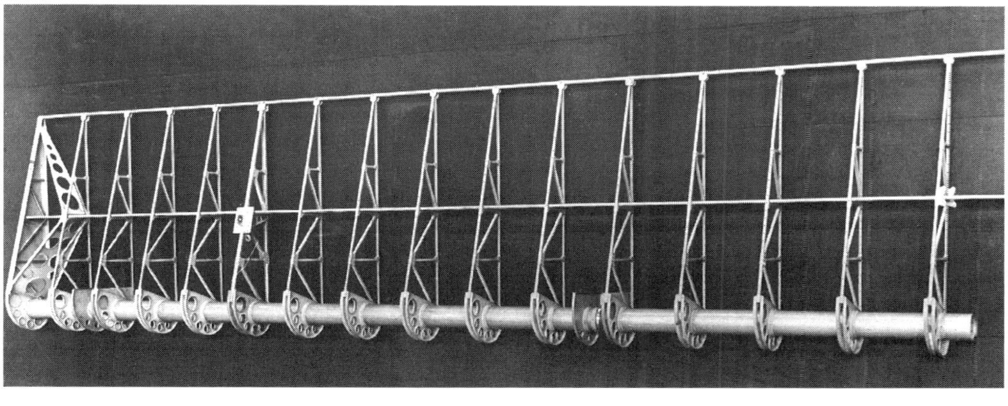

Zwei Bootsrümpfe (Do X2 und X3), dazwischen Flügelstruktur.

Unbeplankte Querruderhälfte.

Unteres Höhenflossenpaar.

Nietarbeiten an den Flügelholmen

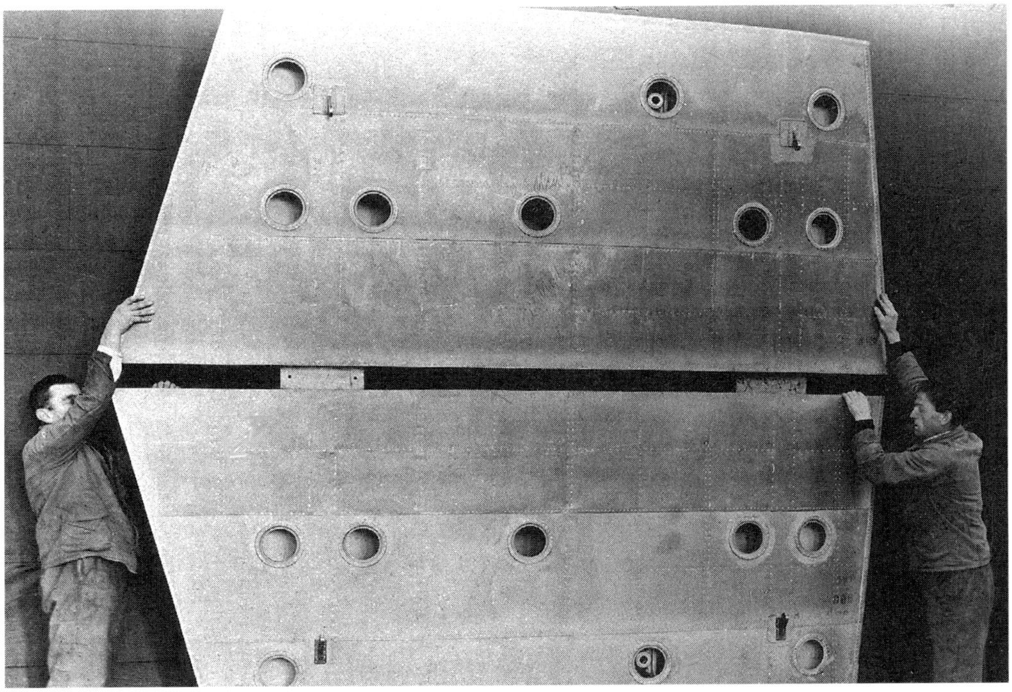

DAS LEITWERK

Die Querruder befinden sich in üblicher Weise an der Hinterkante der Flügelenden und sind durch besondere Ausgleichsflächen entlastet. Das Höhenleitwerk besteht aus einer kleinen, unmittelbar auf dem Heck liegenden, festen Flosse und der darüber liegenden Haupthöhenflosse, die am Ende die Höhenruder trägt, welche gleichfalls durch besondere Ausgleichsflächen ausgeglichen sind. Das Seitenleitwerk weist eine aus dem Bootsende herauswachsende Kielfläche und drei Seitenruder auf. Das mittlere Hauptseitenruder ist an die Kielflosse angelenkt. Die beiden seitlichen Ruder sind als Balanceruder zwischen den beiden Höhenflossen angeordnet. Ihre Drehachse ist so weit zurückver-

Leitwerksgruppe fertig montiert.

legt, daß sie gleichzeitig entlastend auf das mittlere Ruder wirkt. Die Betätigung der Ruder erfolgt durch Zugstangen, welche an Pendelhebeln aufgehängt sind. Die gesamte Lagerung des Gestänges erfolgt ausschließlich durch Kugellager. Hierdurch ist eine bemerkenswerte Leichtgängigkeit der Steuerung erreicht worden. Es ist ein Trimmausgleich sowohl in der Längslage als auch für seitliche Momente eingebaut. Die Trimmung geschieht durch Verstellung des Anstellwinkels der entsprechenden Ausgleichsflächen. Sie erfordert keinerlei Kraftaufwand und kann direkt vom Führersitz aus vorgenommen werden. Das gesamte Höhenleitwerk enthält von 53,4 m^2. Das gesamte Seitenleitwerk 19,0 m^2. Alle Ruder sind durch Hilfsflächen ausgeglichen.
Der Abstand des Höhenruders von der Wasserlinie ist 6,0 m. Zum Schutze des Seitenruders gegen Wasserschlag ist der Rumpf nach hinten verlängert.

TRIEBWERKE

Zum Antrieb des Flugschiffes sind 12 luftgekühlte Sternmotoren, Bauart Siemens-Jupiter, von je 525 PS Spitzenleistung verwendet. An ihrer Stelle können auch Motoren anderer Herkunft von annähernd gleichem Gewicht und gleicher Leistung verwendet werden. Die Motoren sind zu je 2 in 6 Tandem-Gondeln untergebracht.

Die Tandemanordnung der Motoren ergab sich zwangsläufig aus der Anzahl derselben. Sie ist uns mit allen ihren Vor- und Nachteilen seit mehr als einem Jahrzehnt geläufig. Sobald man gezwungen ist, eine größere Anzahl von Motoren zu verwenden, ist sie heute bei weitem die einfachste, leichteste und sicherste Art des Einbaues der Motoren und findet deshalb auch überall mehr und mehr Eingang. Man kann beinahe sagen:

Heck und Leitwerk der Do X; die beiden ungedämpften Ruder neben der Seitenflosse dienen zusätzlich zur Seitensteuerung.

Triebwerksaufbau mit Oberflügel, Streben noch unverkleidet.

Triebwerksanlage mit installierten Siemens-Jupiter-Motoren; zu beachten die versuchsweise angebauten Lufthutzen für die oberen Zylinder der hinteren Motoren. Links vorne im Bild Ausgleichsfläche für linkes Querruder.

Die beiden linken Motorgondeln mit Hutzen am Zylinder 5 der hinteren Motoren zur Behebung von Kühlproblemen.

Montage des Oberflügels mit der Triebwerksanlage.

Die Tandemanordnung reduziert, indem sie den »Doppelmotor« schafft, die Zahl der verwendeten Einheiten auf die Hälfte. Ein Tandemaggregat von 2 Motoren mit je 9 Zylindern ist beispielsweise kaum komplizierter als ein einzelner Motor von 18 Zylindern. Es ist aber wesentlich betriebssicherer. Erstens ist der kleinere Motor, absolut genommen, sicherer als der große Motor, dann aber ist bei auftretenden Störungen an Motor, Getriebe oder Propellern beim »Doppelmotor« nur mit dem Ausfall der halben Leistung zu rechnen. Der Widerstand einer mit Doppelmotoren ausgerüsteten Gondel einschließlich ihrer Abstützung ist nicht größer als derjenige einer Gondel für einen großen Motor. Die Schraubendurchmesser werden beim »Doppelmotor« – gleiche Wirkungsgrade

Maschinenzentrale mit Bedienanlage für je sechs Motoren links und rechts.

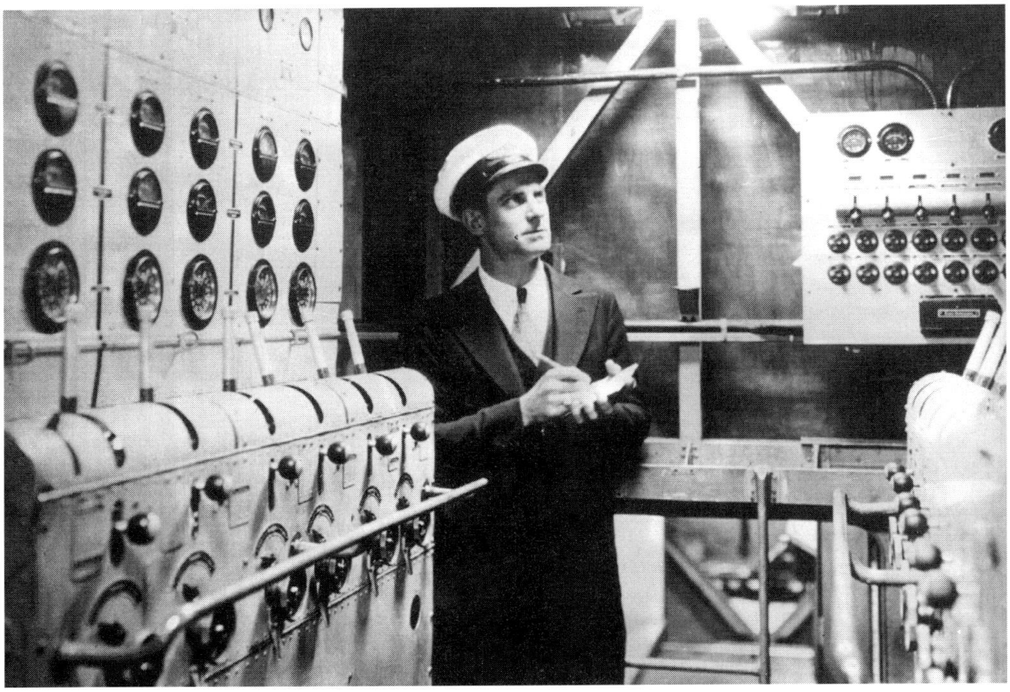

Blick von der Maschinenzentrale nach vorn in den Navigations- und Führerraum.

zugrunde gelegt – stets wesentlich kleiner als bei Verwendung eines großen Motors, hiermit bei gleichen Drehzahlen auch die Umfangsgeschwindigkeiten. Ein Motor jeder Gondel treibt eine Zugschraube, der andere eine Druckschraube an. Die Drehzahl der Schrauben ist gegenüber dem Motor im Verhältnis 2: 1 untersetzt.
Besonderer Wert wurde auf vollständige Zugänglichkeit und Wartungsmöglichkeit der ganzen Antriebsanlage gelegt. Durch einen im Flügelinnern entlang führenden Gang und die tropfenförmigen Gondelunterbauten gelangt man in das Gondelinnere. Sämtliche Betriebsstoffleitungen und Schaltungen sind daher bis zu ihrem Anschluß an die Motoren im Fluge wartbar. Ebenso können Arbeiten an stillgesetzten Motoren selbst im Fluge ausgeführt werden.

ANORDNUNG DER GERÄTE UND EINRICHTUNGEN ZUR ÜBERWACHUNG DES TRIEBWERKS

Die Gasdrosselbetätigung der einzelnen Motoren geschieht durch die Einzelgashebel (S. 54). Diese lagern auf einer Sammelwelle für je 6 Motoren und können mit dieser vermittels besonderer Kupplungshebel gekuppelt werden. Wird ein Motor von genannter Welle entkuppelt, so leuchtet im Führerraum (S. 62) die betreffende Signallampe unten zwischen beiden Führern auf und der Durchschnittsdrehzahlanzeiger der betreffenden Motorgruppe gibt nunmehr die Durchschnittsdrehzahl der noch auf die Sammelwelle gekuppelten Motoren an d. h., der Führer weiß jederzeit, wieviele Motoren ihm zur Verfügung stehen und welche mittlere Drehzahl diese haben. Es ist selbstverständlich, daß im Fluge der im Schaltraum befindliche Bordingenieur nur im Notfalle einen Motor wegnehmen, d. h. von der Sammelstelle entkuppeln darf und daß dann sofort eine nähere Verständigung mit dem Führer erfolgen muß. Die Betätigung der genannten zwei Sammelwellen, auf welche auch das auf S. 54 ersichtliche Handrad rechts und links im Vordergrunde wirkt, durch den Führer, erfolgt über Gestänge vermittelst zweier direkt nebeneinanderliegender Handhebel, deren Griffe mit einer Hand gleichzeitig gefaßt werden können, so daß normalerweise beide Hebel gleichmäßig betätigt, d. h. alle Motoren in gleichem Maße gesteuert werden. Für besondere Manöver, wie Kurvenflug oder insbesondere Kurvenrollen auf dem Wasser kann der Führer dann nach Belieben die sechs Motoren der B.B.-Gruppe denen der St.B.-Gruppe voreilen lassen oder umgekehrt, indem er den einen der beiden Handhebel dem andern gegenüber vor- oder nachstellt.

Die Verstellung des Zündmomentes von »spät« auf »früh« oder umgekehrt erfolgt mittelst kleiner Drehgriffe unterhalb der Kupplungshebel und ist nur auf die beiden Endlagen einstellbar, da zum Anlassen der Motoren Spätzündung erforderlich, sobald der Motor läuft, jedoch volle Frühzündung gegeben werden kann.

Das Triebwerk wird dann durch folgende im Schaltraum übersichtlich und sinnfällig angeordnete Geräte überwacht.

Über dem Gashebel eines jeden Motors befinden sich der Reihe nach: 1 elektrischer Ferntachometer, 1 elektrischer Fernthermometer für Öleinlauf in den Motor, 1 elektrischer Fernthermometer für Ölauslauf aus dem Motor, 1 elektrische Signallampe, die aufleuchtet, wenn die maximal zulässige Öltemperatur überschritten wird, 1 Öldruckmesser und 1 Brennstoffdruckmesser. Die elektrischen Fernthermometer können mittels kleiner Hebelschalter ein- bzw. ausgeschaltet werden. Auf dem Unterteil der zwei Triebwerksgerättafeln sind die schon oben erwähnten Kupplungshebel mit Kontakten für die Motorlampen im Führerraum, die Drehgriffe für die Zündmomentverstellung und darunter die Geräte für den Anlaßvorgang (wie oben beschrieben) und das Stillsetzen der Motoren angeordnet. Eine vor den Kupplungshebeln angeordnete Schutzstange verhindert ein ungewolltes Betätigen irgend eines Hebels oder Griffes. Um den Brennstoff bei stilliegendem Schiff auch aus den Manometerleitungen ablassen zu können, sind kleine Ablaßventile an der Stirnseite der Geräteschränke angebracht.

Über der Durchgangsöffnung zum FT-Raum befindet sich die Hauptschalttafel für die elektrische Anlage. Sie enthält die erforderlichen Strom- und Spannungsmesser, die Isolationsprüfeinrichtung, die Hauptschalter für die Licht-, Kraft- und Signalanlage und die Hauptsicherungen für diese Anlage. Kleine Sicherungs- und Schalttafeln für das Stromnetz im Unter- und Zwischendeck befinden sich dort an zweckdienlichen Stellen.

Im Führerraum sind nur die Triebwerks-Überwachungsgeräte angeordnet, die den Führer von der Drehzahl und Anzahl der ihm verfügbaren Motoren unterrichten. Im übrigen sind im Führerraum die sämtlichen Flugüberwachungsgeräte doppelt angeordnet, d. h. vor jedem der beiden Führersitze befindet sich ein vollständiger Satz Flugüberwachungsgeräte, und zwar:

1 Steuerkompaß,
1 Höhenmesser,
1 Geschwindigkeitsmesser,
1 Aufstiegmesser,
1 Querneigungsmesser,
1 Längsneigungsmesser und
1 Kurszeiger.

Die letzteren werden eingestellt durch den Kursgeber, welcher in dem hinter dem Führerraum liegenden Navigationsraum eingebaut ist. Die vorgenannten Geräte ergänzt noch ein Statoskop und eine mittschiffs angeordnete Zeituhr. Ein Funkpeilgerät und ein Echolot dienen ferner zur Lagebestimmung bei unsichtigem Wetter. Um in Gefahrsfällen

Die Maschinenzentrale im Schaltraum

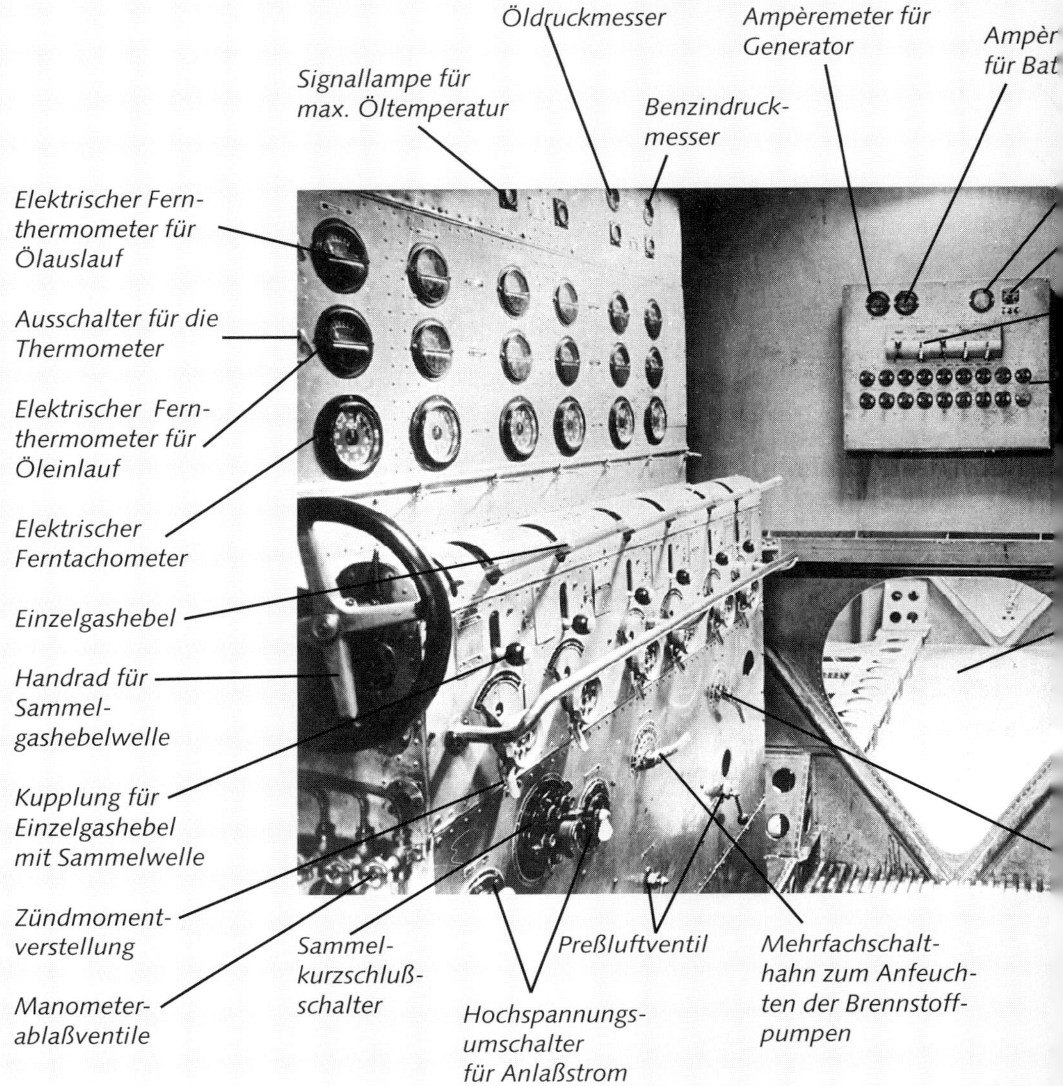

rasch das ganze elektrische Leitungsnetz stromlos zu machen und augenblicklich sämtliche Motoren zum Stillstand zu bringen, ist beiden Führern leicht zugänglich und doch gegen unbeabsichtigtes Betätigen wirksam geschützt ein Hauptkurzschlußschalter angeordnet. Das Bild auf Seite 62 zeigt außerdem noch die Anordnung der Steuerhandräder, der Fußhebel für das Seitensteuer die Handräder für die Einstellung des Höhen- und Seitenruderausgleiches und das große Handrad zur Betätigung des Wasserruders. Im Navigationsraum ist dann noch ein großer Navigationskompaß, ein Höhenmesser, ein Luftlog und eine Zeituhr eingebaut. Maschinentelegraph, Rohrpost oder Sprachrohr dienen zur Verständigung zwischen Navigationsraum, Funk- und Führerraum. Einfache elektrische Lichtsignale in den Farben rot, weiß, grün können zur Verständigung zwischen den einzelnen Gondeln und dem Schalterraum dienen. Zur weiteren Erhöhung der Sicherheit und zur Kontrolle der Ferngeräte im Schaltraum sind in den Maschinengondeln vom Kriechschacht im Flügel aus leicht ablesbar angeordnet für jeden Motor:

1 mechanischer Drehzahlmesser,
1 Öldruckmesser,
1 Brennstoffdruckmesser,
1 Ölthermometer.

Allen den genannten Geräten ist selbstverständlich eine für den Nachtflug bestgeeignete elektrische Beleuchtung beigegeben.

DIE STEUERUNG

Wie erwähnt, ist das Flugschiff mit Doppelsteuerung ausgestattet. Die Einleitung der Steuerkräfte geschieht vom Führer aus, wie üblich, durch eine Steuersäule deren Vor- und Rückwärtsschwenkung das Höhenruder beeinflußt und die an ihrem Kopf ein Handrad zur Betätigung der Querruder trägt, sowie durch Fußhebel zur Auslegung des Seitenruders. Um die hierfür erforderliche Arbeit mit möglichst geringer Körperkraft leisten zu können, ist es erforderlich, den Führern für die Leistung der Arbeit einen möglichst großen Weg zu bieten. Da der Abstand der Pedale für das Seitensteuer durch eine gewisse natürliche Spreizung der Beine begrenzt ist, war es zur Erreichung eines großen Weges für die Pedale erforderlich, diese auf senkrechten Hebeln anzuordnen, die um eine waagrechte, quer zur Flugrichtung liegende Achse drehbar sind. Die Übertragung dieser Drehung erfolgt nun von da aus auf waagrechte, ganz vorn im Führerraum liegende Hilfswellen, die durch aufgesetzte Zahnsegmente zu gleichen Ausschlägen entgegengesetzter Richtung gezwungen werden und direkt die gegenläufigen Hebel für Zug und Gegenzug tragen. Die gleichen Hilfswellen dienen dadurch, daß auf die Grundwelle jeweils eine Hohlwelle aufgeschoben ist, auch zur Übertragung der Bewegungen des Höhensteuerhebels. Auch die Handräder zur Betätigung der Querruder, die untereinander durch Ketten mit nachspannbaren Zwischengliedern verbunden sind, setzen ihre Bewegungen in kleine Drehungen senkrechter Hebel um. Die Übertragung der Steuerkräfte von den senkrechten Hebeln zu den Rudern erfolgt nun größtenteils durch auf Zug beanspruchte, nahtlose Rohre. Durch die Anordnung von Stangen an Stelle von Seilen wird einer Reckung der Zugorgane vorgebeugt, die bei den gerade im vorliegenden Falle bedeutenden Längen unzulässig großes, totes Spiel der Steuerhebel zur Folge haben müßte. Durch die Anordnung doppelter Gestänge für Zug und Gegenzug wird erhöhte Sicherheit bei vermindertem Gewicht gegenüber dem Einbau einfacher, auf Zug und Druck beanspruchter Organe erreicht, da man diesen in Rücksicht auf die Knickung große Trägheitsmomente des Querschnittes geben müßte. Durch weitere waagrechte Hilfswellen ist es auch möglich, Zug- und Gegenzugstangen der Ruder nach der Schiffsmitte zu bringen und hier zu beiden Seiten des Mittelganges geschützt aber zugänglich nach hinten zu führen. Am hinteren Spant werden nunmehr die Querruderkräfte senkrecht zum Hinterholm nach oben und an diesem entlang zu den Querrudern geleitet. Seiten- und Querruderkräfte werden durch weitere Hilfswellen in die Schiffsmitte und so vereint durch den leeren Heckraum bis zu dessen Spitze geführt, wo sie durch weitere Stangen auf die Ruderhebel selbst umgeleitet werden.

Wie oben erwähnt, sind um dauernde Ruderbelastungen auszugleichen Nebenruder und Ausgleichflügel der Höhenruder gegen die Ruder selbst verstellbar. Die Handräder zur Betätigung der Ausgleichvorrichtung befinden sich unmittelbar hinter dem Back-

Der italienische Luftfahrtminister Exzellenz Balbo am Steuer der Do X

bordführersitz. Der Grad der Verstellung wird durch Zeiger angegeben. Die Übertragung der Verstellbewegungen erfolgt mittels Ketten und nachspannbaren Seilzwischenzügen. Am hinteren Ende des Verdrängungskieles, der die Längsstufe des Vorschiffes fortsetzt, ist ein Wasserruder angebracht, dessen Drehachse in etwa 1/4 der Rudertiefe liegt so daß das Ruder nahezu momentenfrei ausgelegt werden kann. Die Betätigung des Wasserruders erfolgt durch ein Handrad vollkommen unabhängig von dem Seitensteuer, da das Manövrieren bei Wind und Seegang gelegentlich entgegengesetzte Ausschläge für Seitensteuer und Wasserruder erforderlich macht. Es ist jedoch zweckmäßig, die beiden Ruder voneinander zu trennen, um Störungen des Wasserruders durch Grundberührung nicht auf die Seitensteuerung rückwirken zu lassen. Die Seilzüge des Wasserruders werden gemeinsam mit den Steuerstangen der Luftruder nach hinten geführt und laufen dort unmittelbar auf das Segment an der Ruderwelle auf. Die Führungsrollren der Seilzüge erhalten Kugellager.

DIE AUFTANK- UND ENTTANK-ANLAGE

Das Flugschiff besitzt eine besondere Anlage, die rasches Auffüllen und Entleeren aller Betriebsstoffbehälter ermöglicht. Dieselbe hat sich bei den zahlreichen bisherigen Tankmanövern bestens bewährt und gestattet – bei Benutzung lediglich der einen Bordhandpumpe – Auftanken von 1500 Litern in 3 Minuten. Enttanken von 14000 Litern in 2 1/2 Stunden.

Die ist eine in Leichtmetall gebaute Allweiler Handpumpe, die auf einen zusammenklappbaren und tragbaren Ständer festgeklemmt ist. Die Anschlußlichtweite beträgt 60 mm. Das Anschlußungewinde ist das international übliche Gewinde von 3" englisch.

Der Brennstoff wird beim Tanken mittels genannter Pumpe durch an beiden Seiten innerhalb des Flugschiffes angeordnete Filter zu den Behältern gedrückt. Ebenso wird das Öl durch einen fest eingebauten Filter in die Ölbehälter gefüllt.

Die Tankanlage ist so konstruiert, daß es im Bedarfsfalle auch möglich ist, die Betriebsstoffe von einem Tankschiffe aus überzunehmen.

Die Skizze zeigt, wie das Flugschiff von Land aus mittels der Bordpumpe getankt wird. Beim regelmäßigen Tanken in demselben Hafen werden vorteilhafterweise motorisch angetriebene Pumpen verwendet, wodurch die Tankzeiten noch weiter vermindert werden können. Um zu verhindern, daß bei motorischem Tanken zu große Drucke im Filter und den Leitungen zu den Behältern, oder in diesen selbst, entstehen, ist das Anschlußstück mit einem Sicherheitsventil versehen.

Tankeinrichtung zur Betriebstoffübernahme

Blick in den Haupttankraum unter dem Kabinenboden.

DIE BETRIEBSMITTELANLAGE

Auch bei der Ausbildung der Brennstoffversorgung hat man sich an das in langen Jahren Erprobte gehalten. Es sind im Betriebsmitteldeck normalerweise vier zylindrische Behälter zu je 3000 l sowie zwei weitere Behälter zu je 1700 l vorhanden sowie zwei kleinere Behälter im Flügel zu je 300 l, zusammen als 16000 l. Die Behälter sind unmittelbar auf dem Bootsboden gelagert. Sie stehen mit einem sogenannten »Sammeltopf« in Verbindung, von welchem mittels Pumpen der Brennstoff zu zwei in der Flügelnase gelagerten Behältern von je 300 l Inhalt gedrückt wird. Um möglichst große Sicherheit in der Betriebsmittelversorgung zu haben, kann die Förderung des Benzins auf dreierlei Weise erfolgen, nämlich durch eine Pumpe mit Windradantrieb, durch eine elektrisch angetriebene Pumpe und durch eine von Hand zu betätigende Allweiler-Pumpe.
Von den Flügelnasentanks wird das Benzin mittels A.M.-Pumpen den Vergasern zugeführt. Zuviel gefördertes Benzin fließt zurück in den Sammeltopf. Im Kommandodeck angeordnete Schaugläser gestatten die Kontrolle der Betriebsmittelversorgung. Das ganze Rohrleitungssystem ist in allen seinen Teilen auch während des Fluges zugänglich und wartbar.
Die Ölbehälter fassen insgesamt 1600 l, und zwar befindet sich in jeder Gondel ein 100 l fassender Tank und außerdem ein Hauptbehälter von 1000 l im Schiffsraum. Zur Bedienung und Überwachung der Motorenanlage wurde eine ganz neue Lösung gefunden. Die Größe der vielfach unterteilten Antriebsanlage macht es unmöglich, daß die Bedienung sämtlicher Motoren, wie bisher im Flugwesen üblich, in Händen des Flugzeugführers liegt. Es wurden deshalb alle Bedienungshebel und Überwachungsinstrumente in einem besonderen Raum, der hinter dem Kommandantenraum gelegenen Maschinenzentrale, vereinigt.
In diesem, ständig von einem Ingenieur besetzten Raum befinden sich an den beiden Seitenwänden sämtliche Bedienungshebel und Überwachungsinstrumente für je sechs Motoren in einer übersichtlichen Schalttafel vereinigt. In die Maschinenzentrale münden außerdem die nach den einzelnen Motorgondeln führenden, im Flügelinnern befindlichen Gänge.
Da es aber auch bei Flugzeugen solcher Ausmaße unbedingt notwendig ist, daß der Flugzeugführer unmittelbar die Motorenleistung regeln kann, so ist die Anordnung getroffen, daß die Gasbedienungshebel von je 6 auf einer Seite befindlichen Motoren vom Maschinenstand aus an einen Sammelgashebel beim Flugzeugführer angekuppelt werden können. Der Führer hat also nur 2 Gashebel zu bedienen, von denen einer die 6 Steuerbordmotoren, der andere die 6 Backbordmotoren regelt. Als Anhalt für die verfügbare Leistung befinden sich beim Führer 2 Sammeldrehzahlmesser, die jeweils die mittlere Drehzahl der 6 an dem betreffenden Gashebel angeschlossenen Motoren anzeigen. Sobald ein Motor durch den Maschini-

Schlauchboot an Bord der Do X.

Bordfunker Kiel bei der Arbeit im FT-Raum.

sten von dem Sammelgashebel abgekuppelt ist, leuchtet automatisch im Führerraum eine rote Lampe auf. Das Anlassen der einzelnen Motoren erfolgt von der Maschinenzentrale aus mittels Preßluft.

DIE AUSRÜSTUNG

Triebwerküberwachung

Wie erwähnt soll der Führer Anzeigegeräte erhalten, aus denen er die Anzahl der zur Verfügung stehenden Motoren und der Gesamtleistung jeder Bordseite erkennen kann. Alle übrigen Überwachungsgeräte sind im Schaltraum vereinigt. Zur Sicherung der wichtigsten Ablesungen sind neben Ferngeräten im Schaltraum in der Gondel unmittelbar am Motor Nahgeräte angeordnet.

Flugüberwachung

Die Geräte zur Überwachung des Fluges sind für jeden Führer getrennt übersichtlich vor den Führersitzen eingebaut.

Navigation

Die zur Navigation erforderlichen Geräte sind in dem Orterraum, in dem auch der Kapitän seinen Sitz hat, eingebaut, resp. untergebracht.

Beleuchtung

Der Strom wird an Bord von einem im Maschinenraum aufgestellten Generator geliefert, der mit einer Akkumulatorenbatterie parallel arbeitet. Das ganze elektrische Leitungsnetz wird zentral von einer Tafel im Schaltraum aus, auf der auch die Sicherungen der Hauptstromkreise eingebaut sind, bedient. Der Führer besitzt einen Not-Ausschalter für das gesamte Netz mit Ausnahme der Beleuchtung des Mittel- und Oberdecks und einen weiteren Ausschalter für diese Lichtleitungen.
Die Außenbeleuchtung umfaßt die üblichen Positionslichter am Bug, Heck, Steuerbord und Backbord und darüber hinaus weiße Lichter an den Flügelenden. Auch ist ein Suchscheinwerfer zum Gebrauch auf dem Wasser vorgesehen. Die Innenbeleuchtung ist der Raumausstattung angepaßt. In den Tankräumen sind explosionssichere Lampen eingebaut. Räume, in denen Gestänge, Züge und Leitungen liegen, erhalten Handlampen mit Kabelrollern. Wichtige Geräte erhalten eigene Beleuchtung.

Allgemeines Gerät

Ein Zweizylinder-Zweitakt-12-PS-Verbrennungsmotor im Maschinenraum kann auf die beiden Generatoren für Lichtnetz und Küche und den Kompressor einzeln oder zusammen gekuppelt werden. Das elektrische Verbrauchsnetz umfaßt außer der oben beschriebenen äußeren und inneren Beleuchtung die elektrischen Fernmeldegeräte, Signalanlagen, die Antriebsmotoren der Betriebsstoffpumpen und die elektrische Kücheneinrichtung.

Der Kompressor dient zur Auffüllung des Preßluftbehälters, aus dem der Antriebsmotor für den Ventilator zur Entlüftung der Tankräume gespeist wird. Im Führerraum wird in Sicht beider Führer eine große Borduhr über dem vorderen Fenster eingebaut. Im Orter-, Schalt- und Führerraum sind je eine kleine Borduhr vorgesehen.

BETRIEBSHILFSGERÄT

Brandschutz

Die Vergaserbrandlöscher werden von Hand betätigt. Auch sind in der Druckleitung der Motorpumpen Brandventile eingesetzt, die vom Kriechstollen aus betätigt werden können. Um die Entzündungsgefahr in den Brennstoffräumen herabzusetzen, werden die Behälter und der ganze Raum nach außen entlüftet.

Durch Leck austretender Brennstoff kann abgelassen werden. Selbstverständlich sind hier, wie in den übrigen Räumen, Handfeuerlöscher vorhanden.

Hilfsaggregat (12 PS DKW) zur Bordstrom-Erzeugung im Oberdeck hinter dem FT-Raum.

Elektrische Hauptschalttafel im hinteren Teil des Maschinenraums.

Telefunken-Peilgerät im Navigationsraum.

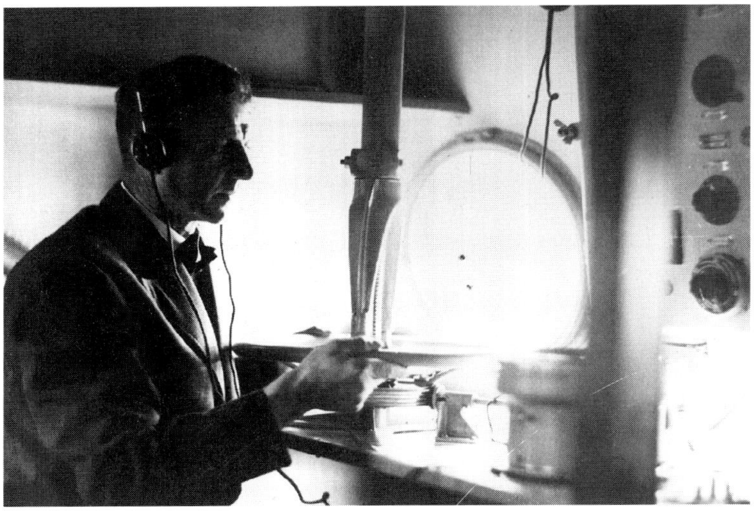

Navigationsoffizier Niemann am Peilgerät.

Umfangreiche Funkausrüstung im schalldicht ausgekleideten FT-Raum.

Anlaßvorrichtung
Zum Anlassen der Motoren dienen Eclipse-Trägheitsanlasser mit Handantrieb. Das Einspritzen erfolgt mit einer angebauten Einspritzpumpe. Die Zündung des Gemisches erfolgt über den Umschalter durch einen Handanlaßmagnet an jeder Gondel. Zum Anfeuchten der am Motor angebauten Brennstoffpumpe dient eine Handpumpe.

Lenzeinrichtung
Zum Lenzen des bei Beschädigung des Unterwasserschiffes eingedrungenen Leckwassers dient eine feste und eine tragbare Handlenzpumpe. Es sind längere Saug- und Druckschläuche vorhanden, um auch Räume lenzen zu können, in die die Pumpe nicht selbst gebracht werden kann. Die Bordtasche enthält die mit den Motoren gelieferten Spezial-Werkzeuge und Motor-Ersatzteile. Der Bordsack enthält die wichtigsten Werkzeuge und Werkstoffe für kleinere Instandsetzungsarbeiten am Flugschiff.

Schutzbezüge
Luftschrauben und Gondeln werden beim Liegen im Freien durch Bezüge abgedeckt.

Nachrichten
Die Funkgeräte für Senden und Empfangen werden im schalldicht ausgekleideten Funkraum eingebaut. Die elektrische Energie für die Funkanlage wird über besondere Umformer dem Lichtnetz entnommen. Die Einrichtung dieses Raumes umfaßt außerdem Schreibe- und Sitzgelegenheit für den Funker und, wie erwähnt, eine Borduhr. Zur Vermittlung von Befehlen und Meldungen zwischen Kapitän und Besatzung dienen optische Signale (Lichttelegraf).

- Schalldichte Auskleidung des Funkraums
- Funkgerät mit Schlepp- und Not-Antenne
- 2 Einankerumformer dazu
- Signalanlage mit rot-weiß-grünen Lichtern zwischen Kommando- und Funkraum
- Schlauchtelefon zwischen Kommando- und Funkraum

Seeausrüstung
Die Seeausrüstung umfaßt die für Treiben, Vorankerlegen, Einbringen und Anlegen im Hafen erforderlichen Geräte.

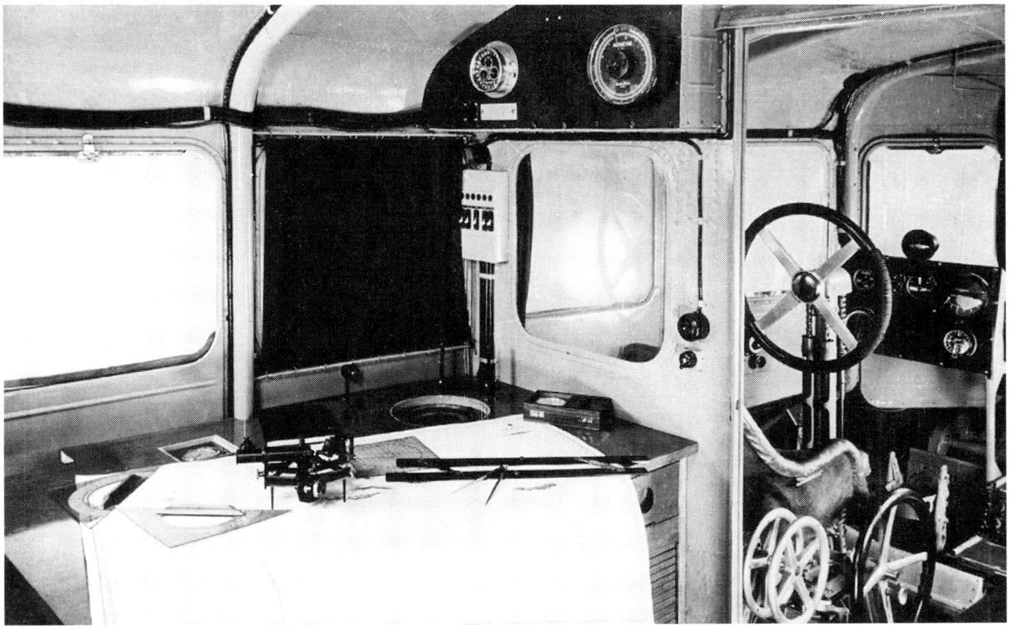

Führerraum der Do X.

Der Kommandanten- und Navigationsraum mit Blick zum linken Pilotensitz.

FÜHRERRAUM DES FLUGSCHIFFES Do X
Nur wenige wissen heute mehr, wie primitiv in den Anfängen der Fliegerei der Führersitz der damaligen Flugzeuge ausgestattet war. Es sind noch keine zwanzig Jahre vergangen, daß wir auf leiterartig vor die Tragflügel hinausragendem Gestell vollkommen frei auf kleinen Korbsitzen saßen, die Füße auf dem Seitensteuerhebel, in der Hand den Steuerknüppel. An den Holmen dieser Himmelsleiter waren die Gasdrossel und der Kurzschlußschalter angebracht. Sonstige Hilfs-

Führerraum der Do X.

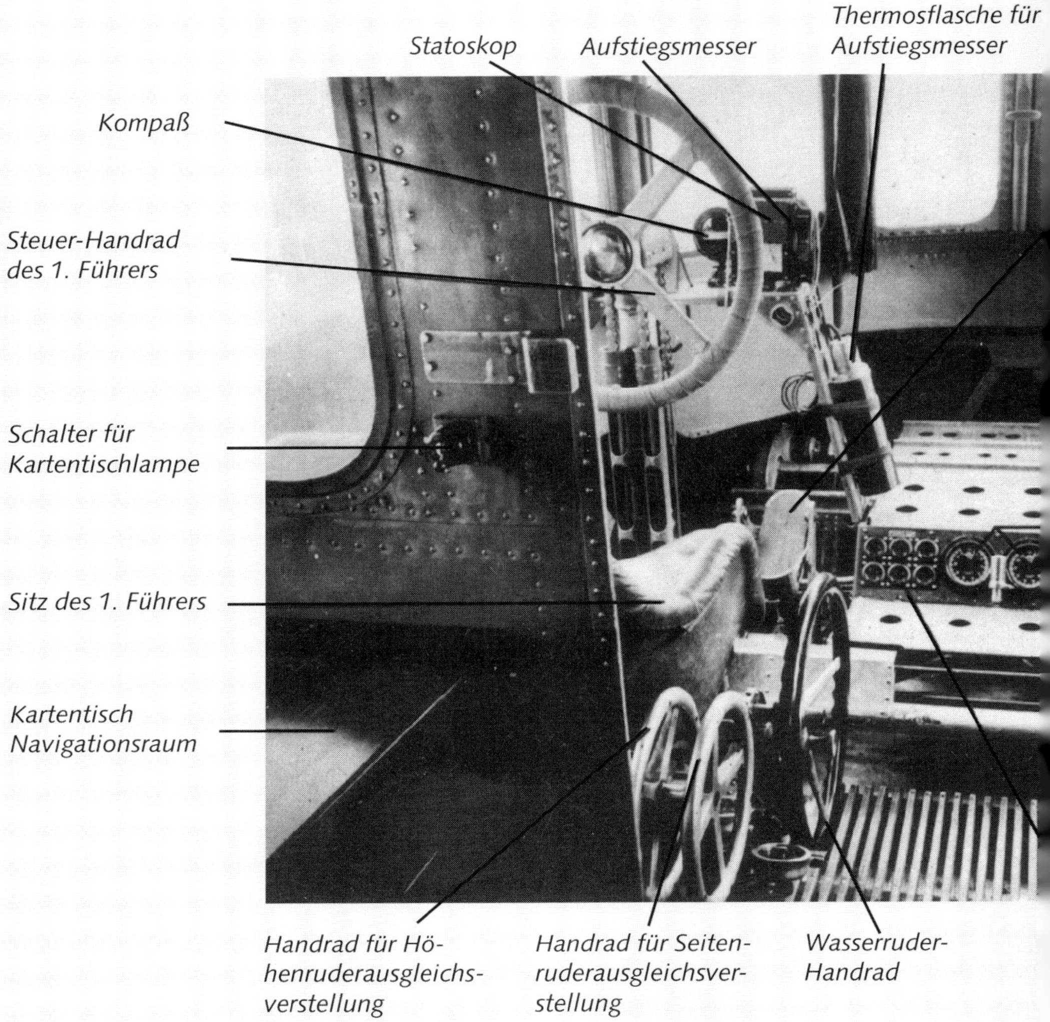

mittel zur Überwachung des Fluges oder der Antriebsanlage fehlten vollständig. Wenn ein Flugzeugführer ein übriges tun wollte, hängte er sich einen Höhenmesser um den Hals, da kein Platz zu seiner Anbringung am Flugzeug im Sichtbereich des Führers vorhanden war.

Mit der Entwicklung des Flugwesens und der Vergrößerung der Einheiten wuchsen naturgemäß auch die Forderungen an die Unterbringung des Führers und die Ausstattung mit Navigations- und Überwachungsgeräten zur sicheren Durchführung des Fluges. Wenn wir in den Führerraum der jüngsten Schöpfung unserer Flugtechnik, des Dornier-Flugschiffes Do X treten, so sehen wir, daß er von dem Führerplatz jener alten Flugzeuge ungefähr so verschieden ist wie Ruderhaus und Kommandobrücke der »Bremen« von der Ruderbank eines Fischerkahns.

Wenn wir aus dem Navigationsraum einen Blick in den eigentlichen Führerraum werfen, so überrascht uns zunächst die Einfachheit der ganzen Ausstattung, die dadurch erzielt wurde, daß im Gegensatz zu bisherigen Flugzeugen sämtliche Überwachungsgeräte und die meisten Bedienungshebel der Antriebsanlage nicht mehr im Bereiche der Führer untergebracht sind. Dadurch werden die vom Führer zu betätigenden Organe an Zahl geringer als auf einem Zwei-Motoren-Flugboot und er kann sich weitgehendst einer Hauptaufgabe, der Steuerung des Flugschiffes und der Beobachtung des Kurses und der Wetterlage widmen. Diese Vereinfachung wurde ermöglicht durch Anordnung einer besonderen Maschinenzentrale, in der sämtliche Bedienungs- und Überwachungsanlagen des ganzen Triebwerkes in übersichtlicher Weise vereinigt. Von diesem, ständig

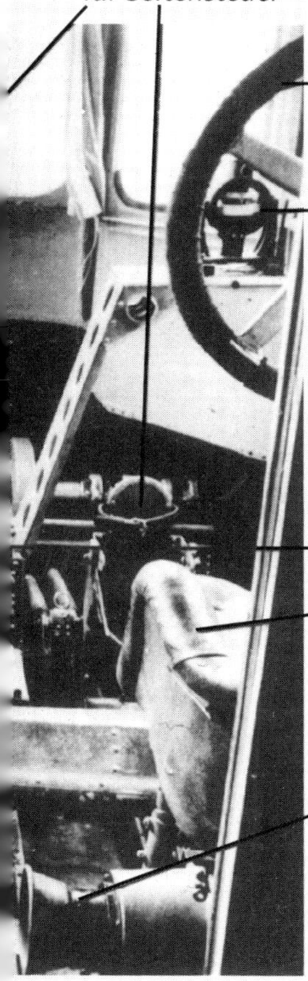

mit einem Maschinisten besetzten Raum aus werden die einzelnen Motoren mit Preßluftanlasser in Gang gesetzt. Nachdem sie warmgelaufen und auf einwandfreien Lauf geprüft sind, wird die Bedienung des Gashebels an einem der zwei beim Führer befindlichen Sammelgashebel angeschlossen. Der Führer hat so in je einem Hebel die 6 Steuer- und 6 Backbordmotoren vereinigt und kann damit die Leistung der Motoren in jeder für den praktischen Betrieb nötigen Weise regeln, ohne mit ihrer Überwachung belastet zu sein. Je ein Sammeldrehzähler für 6 Motoren zeigt die mittlere Drehzahl derselben an und gibt dem Führer einen Anhalt für die jeweils vorhandene Motorleistung.

Wird aus irgendeinem Grunde ein Motor von dem Sammelhebel im Führerraum abgekuppelt, so leuchtet dort eine rote Lampe auf.

Von diesen Abweichungen in der Motorbedienung abgesehen, unterscheidet sich die Führung des Flugschiffes nicht wesentlich von der eines andern Flugzeuges. Der Führerraum ist mit Doppelsteuerung ausgestattet. Höhensteuer und Verwindung werden in üblicherweise durch Steuersäule mit Handrad, Seitensteuer durch Pedale betätigt.

Trotzdem der Führerraum sehr geräumig ist und gegen alle Witterungsunbilden schützt, ist durch eine Reihe großer Glasfenster eine ausgezeichnete Sicht ermöglicht.

Außer den Hauptsteuerungen sind auf den Abbildungen neben dem linken Führersitz einige weitere Handräder zu sehen. Die zwei kleinen Räder dienen zur Verstellung der Entlastungsflächen, von Höhen- und Seitenruder. Dadurch hat der Führer die Möglichkeit, bei Wechsel in der Beladung oder sonstigen Änderungen des Flugzustandes stets ein vollkommen druckfreies Höhensteuer zu erzielen, so daß bei losgelassenem Ruder die Maschine ihren Flug ungestört fortsetzt. Für das Seitenruder ist diese Hilfsanordnung besonders deswegen wichtig, um bei Ausfall von seitlichen Motoren das entstehende, kursstörende Moment auszugleichen, ohne auf die Seitensteuerpedale einen Druck ausüben zu müssen.

Die Instrumente zur Überwachung des Flugzustandes sind in einem unter der Decke des Führerraumes angebrachten Kasten angeordnet, wo sie ohne die Sicht nach außen zu stören, bequem abgelesen werden können. Alles nähere über die Ausstattung des Führerraumes zeigen die Abbildungen.

Durch die Trennung der Überwachung der Motoranlage von der übrigen Führung des Flugschiffes gewinnt die Maschinenzentrale, die hinter dem Navigationsraum im Innern des Hauptflügels liegt, besondere Bedeutung. Die Anordnung des umfangreichen Instrumentariums und der Bedienungshebel geht aus der Abbildung hervor. Führerraum und Maschinenzentrale sind durch Sprechverbindung miteinander verbunden. Die Lage des Kommandantenraumes zwischen Führerraum und Maschinenzentrale ermöglicht es, daß der Kapitän des Flugschiffes sowohl den Führern wie den diensttuenden Maschinisten unmittelbar seine Befehle erteilen kann, so daß die Einheitlichkeit der Schiffsführung trotz der Unterteilung von Steuerung und Antriebsüberwachung vollkommen gewährleistet ist.

Gesellschaftsräume mit Abteilen für je acht Passagiere.

Gedeckter Tisch im Gesellschaftsraum.

Die Raumeinteilung und Einrichtung

Die Raumeinteilung zeigt grundsätzliche Neuerungen und ähnelt mehr der eines Seeschiffes als der bisher bekannter Flugboote. Die großen Ausmaße geben die Möglichkeit, den Schiffsrumpf durch drei Decks zu unterteilen.

Auf dem Ober- oder Kommandodeck sind alle für die Schiffsführung notwendigen Räume vereinigt, wie Führerraum, Kommandanten- und Navigationsraum, Maschinen-

Schreibabteil im Passagierraum.

Blick in die Bar im Vorderteil des Hauptdecks; das im linken Bild sichtbare Mannloch führt in den Ankerraum im Schiffsbug.

Rauchsalon mit Ledersesseln.

zentrale, Funkraum und Hilfsmaschinenraum.
Im mittleren oder Hauptdeck, das eine begehbare Fläche von rund 24 m Länge und 3,5 m Breite umfaßt, sind die Nutzräume untergebracht. Sie können der jeweiligen Zweckbestimmung des Flugschiffes, sei es nun für den Passagier- oder Frachtdienst, angepaßt werden. Die Do X I soll vor allem dem Personentransport dienen: wir finden daher auf ihr eine Flucht von Räumen, deren luxuriöse Einrichtung bisher in keinem Luftschiff oder Flugzeug dem Fluggast geboten wurde.
Das untere Betriebsstoff- oder C-Deck enthält die Brennstoff- und Frachträume. Eine Batterie riesiger Tanks aus Leichtmetall sind hier stoßfrei gelagert und enthalten zusammen die ungeheure Menge von 23 300 Liter Brennstoff und 1300 Liter Öl.

Küchenraum hinter den Passagierkabinen im Hauptdeck.

Titelseite der Speisekarte an Bord der Do X (Innenseiten siehe Seite 67).

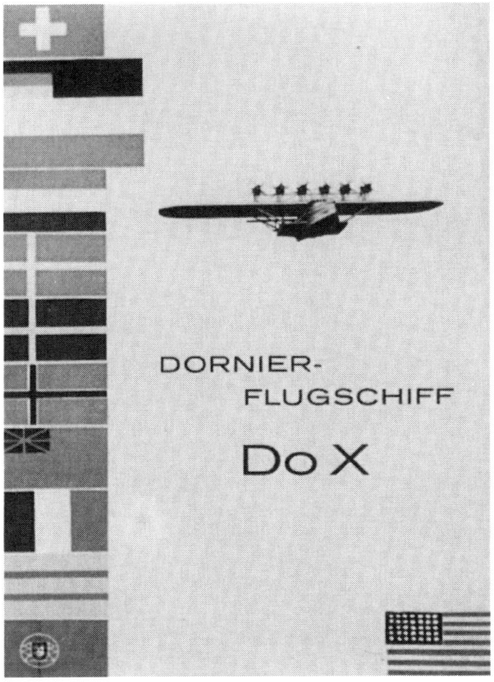

Im Kommandodeck

das man vom Einsteiggang schiffsmäßig auf einer Leiter senkrecht nach oben erreicht, liegen hintereinander: zu vorderst der Führerraum, davon durch eine Fensterwand getrennt, der Raum des Kapitäns, dahinter der Schaltraum zur Überwachung des Triebwerkes, der schalldicht ausgekleidete Funkraum und schließlich der niedrige Hilfsmaschinenraum.

Der Führerraum mit seiner freien Lage und der Anordnung der beiden Führersitze ganz an der Bordwand gibt den Piloten die denkbar beste Sicht nach vorne und nach den Seiten, ja sogar senkrecht nach unten aufs Wasser. Die Steuerorgane und ihre Betätigung ist genau so wie bei einem modernen Verkehrsflugzeug: Steuersäule, Steuerrad und Pedale sind überraschend zu betätigen. Die Instrumentierung ist vor beiden Sitzen gleichmäßig ausgeführt: Geschwindigkeits-, Höhen- und Längsneigungsmesser, Wende- und Kurszeiger, Kompaß u. a. m., so daß auch Nacht- und Nebelflüge möglich sind. Jeder Führer kann mit einem Gashebel die 6 Motoren einer Seite gemeinsam regulieren, durch einen Zentralschalter können alle 12 Motoren sofort ausgeschaltet werden. Kleine Lampen mit rotem und gelbem Licht geben Aufschluß über die jeweils arbeitenden Motoren. Auch das Wasserruder wird von hier aus betätigt, ebenso die Verstellvorrichtung für Trimm- und Ruderausgleich.

Im Kommando- und Navigationsraum sind die für die Navigation nötigen Einrichtungen und Geräte vorgesehen, wobei Steuerbord der Sitz des Orters, Backbord der Sitz des Kapitäns angeordnet ist. Die Einrichtung ist fest eingebaut mit besonderer Berücksichtigung, daß sich in der den Raum durchschneidenden vorderen Luftschraubenebene im allgemeinen keine Personen aufhalten. Große Fenster links und rechts lassen das Schiff in seiner ganzen imponierenden Länge überblicken. Der Navigationsoffizier arbeitet am Kartentisch, die Seekarte vor sich und umgeben von einer Ausrüstung, die nahezu diejenige eines Ozeandampfers ist: Chronometer, Kompaß, Höhenmesser, Sextanten, Abdriftmesser, Peilscheiben, Navigationsinstrumente aller Art, ein Telefon nach allen Seiten des Schiffes, Telefunken-Peilgerät, Scheinwerfer und vieles andere mehr. Führer- und Orterraum erhalten 11 große, rechteckige Fenster von 0,45 x 0,5 m. Die Räume des Kommandodeckes und des Rumpfdeckes erhalten von der Flügeloberseite her natürliches Oberlicht. Die Verständigung erfolgt durch eine Sprachschlauchleitung, welche Führer, Kommandant und Maschineningenieur verbindet. Achtern vom Kommandoraum liegt die Maschinenzentrale oder der Schaltraum, bereits innerhalb des Flügels. Hier amtet der Maschineningenieur, der sämtliche Motoren überwacht und bedient. An den beiden Seitenwänden, je für sechs Motore, sind an gro-

SPEISE-KARTE

Kalte Platte ....

GETRÄNKE-KARTE

WEISSWEINE

1927er Erdener Treppchen ....

1928er Piesporter Goldtröpfchen ....

1928er Bernkasteler Badstube ....
Porta Nigra-Kellerei, Max Mann, Trier

1927er Reiler Mäuseley ....

1928er Valkenberg Liebfrauen-Stiftwein ....

1928er Liebfrauenstift-Klostergarten ....

1925er Oppenheimer Goldberg ....
Kellerei P. J. Valkenberg, Worms

ROTWEIN

Oberingelheimer Burgunder ....
P. J. Valkenberg, Worms

SCHAUMWEINE

Hochgewächs ....
Sektkellerei Nachf. v. G. C. Keßler & Co., Eßlingen

Private Cuvée brut ....

Carte Blanche, trocken ....
Sektkellerei E. Mercier & Co., Trier

LEBENSMITTEL der Firmen:

C. H. Knorr A.G., Heilbronn

Schüle-Hohenlohe A.G., Plüderhausen

Max Hultsch, Zwiebackfabrik, Neukirch (Lausitz)

Paul Lindner, Konservenfabriken, Braunschweig

Liebig-Gesellschaft, Köln a. Rh.

Antoni Höen, Hamburg

Bahlsen Keksfabrik A.G., Hannover

Maggi-Gesellschaft m.b.H., Singen a. H.

Konservenfabrik Ambergau G.m.b.H., Bockenem

Erste Deutsche Knäckebrotwerke Dr. Wilh. Kraft, Berlin-Lichterfelde 1

W. Hromadka & Jäger Nachf., Dresden A 27

H. König G. m. b. H., Brandenburg a. H.

Kola-Tabletten:
Dallmann & Co., Wiesbaden-Schierstein

Kaugummi:
Wrigley A.G., Frankfurt a. M.

LIKÖRE

Mampediktiner ....

Dr. Mampe Bittere Tropfen ....

Deutscher Weinbrand „Alter Stamm" ..

Mampe Curacao weiß Auslese ....

Mampe Halb und Halb Extra ....
Karl Mampe A.G., Berlin

Dubelt Goldwasser ....

Kurfürstlicher Magen ....

Dubelt Pomeranzen ....

„Der echte doppelte Danziger Lachs" ....
Danziger Lachs Gesellschaft m. b. H., Halensee

Hammer Weinbrand ....

Noisettes ....
Landauer & Macholl, Heilbronn

„Sarotti-Dreistern", Deutscher Weinbrand ....
Sarotti A.G., Berlin-Tempelhof

Whisky „Long John" ....
Long John Distilleries, Glasgow
Vertreter: B. v. Schweinitz, Alsbach

Magenbitter ....
von Albrecht Underberg, Rheinsberg i. Mark

MINERALWASSER

Überkinger Teinach ....

Göppinger Sprudel ....

Kaffee ....
Emil Specht & Sohn, Hamburg

Kaffee Hag ....
Kaffee-Handels-Aktiengesellschaft, Bremen

Tee ....

Kakao ....

Trinkschokolade ....

Schokolade, Pralinen etc. ....
von Gebr. Stollwerck A.G., Köln a. Rh.
Sarotti A.G., Berlin-Tempelhof
Reichardtwerk G.m.b.H., Wandsbek

Speziell für die Do X gefertigtes Speiseservice.

Das Porzellan wurde von Marcel Dornier, einem Bruder Prof. Claude Dorniers, entworfen.

ßen Schaltwänden sämtliche Bedienungshebel und Überwachungsinstrumente wie Fern-Tourenzähler, Fernthermometer für Wasser- und Öltemperatur, Brennstoff- und Ölmanometer in bester Übersicht angebracht. Zur Maschinenzentrale münden rechts und links die im Innern des Flügels nach den Motorgondeln führenden Gänge.

Der dritte Raum des Oberdecks ist der Funkanlage reserviert. Sie ist in einer schalldichten Kabine untergebracht. Die technische Einrichtung besteht aus dem Hauptsender, dem Kurzwellensender und dem Empfänger. Als Kraftquelle dient ein Motor-Generator. Die Antennenanlage besteht aus einer 70 m langen Schleppantenne für den Hauptsender, einer Dipol-Antenne für den Kurzwellensender, sowie einer Notantenne zwischen Schwanz- und Flügelenden für den Notbetrieb auf dem Wasser. Der Funkpeiler mit drehbarer Rahmenantenne ist im Navigationsraum eingebaut.

Im letzten Raum des Decks befinden sich die Hilfsmaschinen, bestehend aus einem 12-PS-Zweitaktmotor, der je nach Bedarf einen Kompressor für Belüftungszwecke, einen Generator für die F. T.-Anlage, einen Licht- und Heizungsgenerator bedient. Das Aggregat wird im Flug durch einen Windantrieb betätigt.

Im Hauptdeck

liegt hinter dem etwa 3 m tiefen, nach hinten abgeschotteten Kollissionraum, der zur Unterbringung der Seeausrüstung vom Backdeck durch eine Luke zugänglich ist, über die ganze Länge des mittschiffsliegenden Hauptlängsträgers von 231/2 m verteilt, eine Flucht von 11 Räumen, deren Untertei-

lung im wesentlichen durch die bereits oben erwähnten Fachwerkspanten gegeben ist.
Ganz vorn im Bug ist eine kleine, niedliche Bar mit eingebauten Schränken, kleinem Kühlraum, Abspültisch, etc. eingerichtet, wo die Fluggäste bei ihrem Lieblings-Cocktail oder dem obligaten Whisky eine eventuelle vorübergehende »Schwachheit« siegreich bekämpfen können.
Anschließend befindet sich das mit Ledersesseln versehene aus Zederholz gekleidete Rauchzimmer. Hier wurde durch elektrische Feueranzünder und gute Ventilation jede Feuersgefahr ausgeschaltet.
Nach dem Rauchzimmer folgen 2 Fluggasträume mit 16 Plätzen und 4 Tischen, wovon einer nach Bedarf durch Portieren in einen Schlafraum verwandelt werden kann. Eine Tür schließt diese Räume gegen den Ausgang mit den beiderseitigen Einsteigtüren über die Bootstummel ab. Direkt verblüfft betritt der Fluggast einen eleganten, weiten, 7 m langen Gesellschaftsraum, eher ein gediegenes Restaurant als eine Flugzeugkabine. Die Fluggasträume von 24 m Länge bei 3,2 m mittlerer Breite und 2 m Höhe wurden in behaglicher und moderner Weise für rund 70 Fluggäste ausgestattet. Geht der Fluggast vom Einstieg in der Richtung nach hinten, so hat er zuerst Gelegenheit, in einem der beiden Garderoberäume abzulegen und gelangt dann in den großen, dreiteiligen Salon. Hier herrscht eine frohe Farbstimmung. Ein französischer Craqueléstoff mit Chinoismustern belebt mit seinen Männekens die Wände; seine Farben wiederholen sich in den Pastelltönen des uni Velours der Sitzmöbel: im Mittelsalon rot, in den beiden äußeren grün. Türen und Brüstungstäfer sind in poliertem Kirschbaumholz. Kokette grüne Vorhängchen lassen die Bullaugen etwas größer erscheinen als sie in Wirklichkeit sind. Die anschließenden zwei kleineren Kabinen sind für je 8 Personen eingerichtet.
Weiter hinten ist rechts die elektrische Küche mit Wasserbehälter, Boiler, Zurichte- und Abwaschtisch, Vorrats- und Geschirrschrank. Links daneben liegen zwei Toiletten- und Waschräume. Weiter nach Achtern gelangt man ins B-Deck durch ein großes Mannloch im Kollisionsschott in den geräumigen Frachtraum; dahinter liegen in Schotträumen der Hauptölbehälter und die Zusatzbrennstoffbehälter, und zwischen den drei Hauptspanten die Hauptbrennstoffbehälter. Zum Einbringen der Frachten sind im Hauptdeck Bodenklappen von 0,77 x 0,62 m, zum Einbringen der Behälter von 2 x 1,3 m beziehungsweise 2,7 x 1,5 m lichter Öffnung angeordnet.
Die Fachwerkspanten lassen zwischen den einzelnen Räumen Zugänge von 0,6 m Breite frei. Der mittlere und hintere Hauptspant weist sogar eine freie Öffnung von 1,2 m Breite auf, um die Einheit des Tagesraumes zu wahren.
Der Zugang zum Hauptdeck erfolgt, wie erwähnt, durch unmittelbar vor dem vorderen Hauptspant in der Bordwand liegende Türen. Als Notausgang dient eine Luke im Achterdeck von 0,66 x 0,885 m unmittelbar vor dem Heckschott. Zur Luke führt eine senkrechte Leiter an der Schottwand. Im Vordeck ist über der Rauchkabine eine Ladeluke von 1,42 x 1,33 m. Um die Brennstoffbehälter in das Hauptdeck einbringen zu können, sind in der Steuerbordwand drei große Klappen von rund 1,5 x 1,3 m eingebaut.
Es war keine alltägliche Aufgabe, als die Firma J. Keller & Co., Zürich, den Auftrag erhielt, die Passagierräume des Flugschiffes auszustatten. Einer ihrer Mitarbeiter, Herr Emil Rau, stand allerdings mit einer derartigen Sache schon auf etwas vertrautem Fuße, da er während der Kriegsjahre in einem großen aeronautischen Betrieb die gesamten Schreinerarbeiten leitete. Viele Besprechungen, Zeichnungen, Modell-, Holz- und Stoffvorlagen führten zu einem luxuriös und bequem eingerichteten fliegenden Schiff.
Wenn beim Bau einem Architekten die Bausumme, welche nicht überschritten werden darf, große Sorgen bereitet, so bestand hier außer dieser noch eine schwer zu lösende Aufgabe: die verhältnismäßig niedrig angesetzte oberste Grenze des Baugewichtes. Was bei anderen Aufträgen die Franken sind, waren bei der Do X die Gramme. Wir sind sicher, daß es nicht nur den Unternehmer, sondern in ebensolchem Maße der Bauherrn in Altenrhein gefreut hat, daß nach Erledigung des Auftrages die Gewichtsgrenzen strikte eingehalten waren.
In äußerst geschickter Weise wurden die Streben und Träger des Zwischendeckes verkleidet. Sowohl die Mahagonihölzer der Türen und Wandverschalung, wie auch die ruhigen Farben der Wandbespannung, Vorhänge und Teppiche machen einen behaglichen Eindruck.
In den Bordwänden des Hauptdecks sind Bullaugen von 0,35 beziehungsweise 0,23 m lichter Öffnung, deren Mitten durchweg 1,1 m über dem Fußboden liegen.

REKORDFLUG MIT 169 PERSONEN

Auch nach dem erfolgreichen Beginn der Flugerprobung der Do X war die Kritik noch nicht verstummt, daß dieses Flugschiff keine nennenswerte Zuladung, bzw. Nutzlast tragen könne. So entschloß sich Dornier, einen spektakulären Rekordflug zu unternehmen, der die Transportkapazität der Do X eindeutig unter Beweis stellen sollte. Beim 70. Erprobungsflug am 21. Oktober 1929 gingen 169 Personen an Bord der Do X: Neben der Besatzung, dem Flugversuchspersonal und einigen Pressevertretern waren es vor allem Werksangehörige, die in den mit Korbbestuhlung ausgestatteten Kabinen Platz nahmen. Dabei war mit 44768 kg das maximale Fluggewicht der Do X noch gar nicht erreicht. Der Rundflug über dem Bodensee dauerte 40 Minuten.

Vor dem Rekordflug der Do X mit 169 Personen am 21. Oktober 1929.

Trimmrechnung für Do X mit 150 Personen – Hauptdeck.

Als Grundlage dient der Trimmplan vom 25.7.29 wo 3 Std. mit 48,8 ton. gemacht wurden.

Unter der Voraussetzung, dass die Betriebsmittel bei dem geplanten Flug mit 150 Passag. um den Schwerpunkt so gleichmäßig verteilt werden wie damals am 25.7.29 so ergibt sich folgende Rechnung.

Als Ausgangspunkt für die Rechnung wird Spant 25 angenommen.

a.) Gesamtmoment der Hauptdecklasten bez. auf Spt. 25 beim Start am 25.7.29.

Gewicht	Lage der Last	Abstand v. Spt. 25	Moment in mkg
1889	zwischen Spt. 28 – 31	3,2 m	6050
1847	" " 31 – 34	5,3	9800
1021	auf " 35	7,1	7260
1172	" " 37	8,5	10000
1441	" " 39	9,9	14250
1440	" " 41	11,3	16300
1406	zwischen " 44 – 47	14,3	20100
1412	" " 47 – 50	16,4	23200
1700	" " 50 – 53	18,5	31500
			138460 mkg

b.) Gesamtmoment mit 150 Pass. bei einem durchschn. Personengewicht von 73 kg.

Zahl der Pass.	Lage im Raum	Gewicht	Abstand v. Spt. 25	Moment in mkg
15	zw. Spt. 25 – 28	1095	1,1	1205
15	" " 28 – 31	1095	3,2	3510
16	" " 31 – 34	1168	5,3	6200
24	" " 34 – 38	1752	7,8	13650
24	" " 38 – 42	1752	10,7	18750
18	" " 44 – 47	1314	14,3	18800
18	" " 47 – 50	1314	16,4	21600
14	" " 50 – 53	1022	18,5	18950
6	" " 53 – 55	438	20,3	8920
				111585

Um die Maschine ausgeglichen zu bekommen fehlt noch ein Moment von

138460 – 111585 = 26875 mkg.

Nimmt man an, dass die Sandlast zwischen Spant 50 – 55 untergebracht wird, so sind

$\frac{26875}{19,2} \approx 1400$ kg notwendig.

Manzell 18.10.29.

[signature]

Lauf. Nr	Gegenstand	Gewicht kg	Horizontalrichtung Abstand m	Momente +	Momente –	Vertikalrichtung Abstand m	Momente +	Momente –
1	2 Führer	160	6,90		1105	5,10	815	
2	1 Kommandant	88	8,60		756	5,10	448	
3	Motorenpersonal	750	11,4		8550	6,20	4650	
4	2 Verpflegungen.	135	13,2		1780	5,10	688	
5	1 Verpflegungen.	80	37,0		2960	4,30	344	
6	[illegible]personal	235	9,30		2180	3,00	705	
7	Oel in Gondeln	380	10,6		4030	8,60	3270	
8	Oel im Boot	160	5,60		896	1,60	256	
9	Brennstoff i. Flügel	480	9,60		4600	5,90	2830	
10	Brennst. ger. Sp. 34/35	248	14,2		3520	1,40	347	
11	Brennst. ger. Sp. 38/42	220	11,4		2510	1,40	308	
12	Brennst. ger. Sp. 44/47	1200	7,70		9240	1,50	1800	
13	Trimmballast Sp. 23/25	240	22,6		5420	2,70	648	
14	Trimmballast Sp. 54/55	160	1,30		208	2,70	432	
15	Motor-Prop.-Decken	127	23,3		2960	2,70	343	
16	Rettungsgerät	21	23,5		493	3,00	63	
17	Feuerlöscher	32	22,6		724	3,50	112	
18	Benzin für Hilfsmot.	20	18,1		362	4,70	94	
19	Kühlwasser Hilfsm.	15	17,5		263	5,20	78	
20	Preßluftflasche m. Lag.	160	16,7		2670	4,60	736	
21	Bordwerkzeug	50	10,3		515	5,20	260	
22	Feuerlöscher, Decken	48	10,5		504	7,50	360	
23	Signalgerät	10	8,40		84	5,50	55	
24	[illegible]	34	0,40		14	3,00	102	
25	[illegible]	25	9,00		225	1,60	40	
26	[illegible]	57	9,30		530	4,50	256	
27	[illegible]	55	11,4		627	2,30	126	
28	Anker mit Kabel	136	0,50 +	68		2,50	340	
		5326		68	57725		20506	
					– 68			
	Gesamtsumme	5326			57657		20506	

S_H = ——— = m bezogen auf Vertikale 10,00 m vor V.

S_V = ——— = m bezogen auf Horizontale 5,00 m unter Bootsoberkant.

Blatt Nr 1

Schwerpunktsberechnung

der DO X für Rekordflug mit 169 Personen

Manzell, den 12.XI.29. [signature]

DMB. 56. TP 4.

Lauf. Nr	Gegenstand	Gewicht kg	Horizontalrichtung Abstand m	Momente +	Momente –	Vertikalrichtung Abstand m	Momente +	Momente –
	Übertrag Bl. 1	5326			57657		20506	
29	Fluggäste und Ausstattung	414,2	21,6		8950	3,10 ↓	1280	
30		424	20,9		8850		1270	
31		413	20,2		8350		1240	
32		493	19,5		9620		1480	
33		420,2	18,8		7900		1260	
34		408,1	18,1		7400		1225	
35		449	17,4		7800		1345	
36		414,1	16,7		6920		1240	
37		440,3	16,0		7040		1320	
38		446,9	15,2		6780		1340	
39		425,2	14,5		6160		1275	
40		422,9	13,8		5840		1270	
41		465,2	13,1		6140		1405	
42		437,9	12,4		5430		1310	
43		463,7	11,7		5420		1390	
44		417,5	11,0		4600		1250	
45		379,3	10,3		3900		1140	
46		420,7	8,40		3530		1260	
47		373,7	7,70		2870		1120	
48		418,9	7,00		2930		1260	
49		402,4	6,30		2520		1200	
50		433,1	5,60		2420		1300	
51		384,4	4,90		1880		1150	
52		313,4	4,20		1315		940	
53		316	3,50		1105		950	
54		286	2,80		804		858	
55		175,5	2,10		369		526	
56		181,8	1,40		254		545	
	Zuladung	16369,4			194754		53615	
	Leergewicht	28399			368334		146557	
	Fluggewicht	44768,4			563088		200172	
	Gesamtsumme							

$S_H = \frac{563088}{44768} = 12,60$ m bezogen auf Vertikale 10,00 m vor V.

$S_V = \frac{200172}{44768} = 4,50$ m bezogen auf Horizontale 5,00 m unter Bootsoberkante

Blatt Nr 2

, entspricht 36 % der Flügeltiefe

Schwerpunktsberechnung

der DO X für Rekordflug mit 169 Personen

Manzell, den 12.XI.29. [signature]

DMB. 56. TP 4.

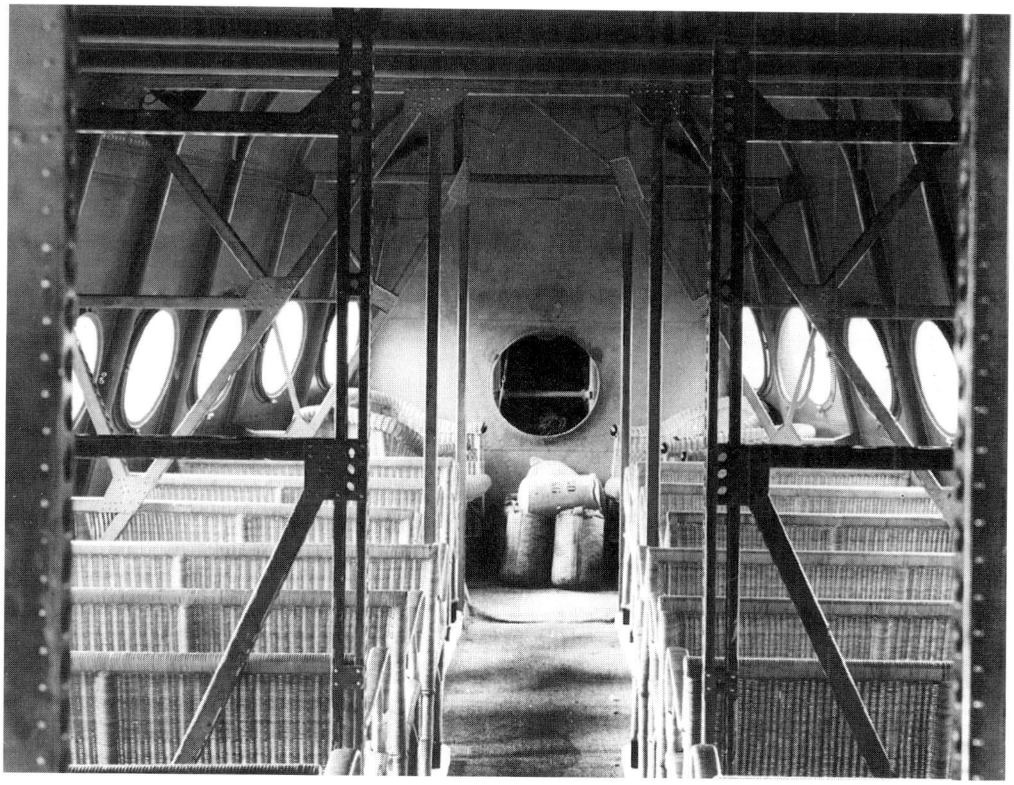

Im schmäleren Vorderteil der Kabine waren je vier Sitze pro Reihe und einige Einzel-Korbsessel eingebaut.

Dichte Korbbestuhlung für den Rekordflug mit je sechs Sitzplätzen pro Reihe im Hauptteil der Kabine.

Trimm- und Schwerpunktsberechnungen für den Rekordflug (S. 72).

Werksangehörige, Pressevertreter und Flugversuchspersonal nahmen am eindrucksvollen Rekordflug der Do X teil (S. 75).

Wägebericht nach dem Rekordflug.

Trimmzeichnung der Do X für den Rekordflug mit einem Abfluggewicht von etwa 44,8 Tonnen.

Abschrift!

Wägung der Maschine Do X 1,

nach dem 42.Flug, am 21.Oktober 1929 zur Feststellung des Abfluggewichts.

Gewogenes Gewicht der Maschine:

Mit: Wagen und Unterbauten
Stummelabstützung
Ausrüstung — 68 415 kg
Ölbestand 463 Liter
Ausstattung
Trimmballast

Ohne: Brennstoff
Besatzung und Gäste

Abzügliche Gewichte:

Wagen mit Unterbauten	37810 kg	
Stummelabstützungen	64 "	
	37874 kg	37874 kg
		30541 kg

Zuzügliche Gewichte:

Brennstoff	2148 kg	
Verbrauch an Öl	72 "	
Brennstoffverbrauch d.Hilfsmotors	4 "	
Besatzung	758 "	
Besatzung z.Information	340 "	
Besatzung f.Versuche	254 "	
Photo und Film	181 "	
Pressevertreter	1825 "	
Werksangehörige als Fluggäste	8645 "	
	14227kg	14227 kg
Abfluggewicht		44768 kg

Altenrhein, den 28.Oktober 29.
KT.

Aktiengesellschaft für Dornier-Flugzeuge:

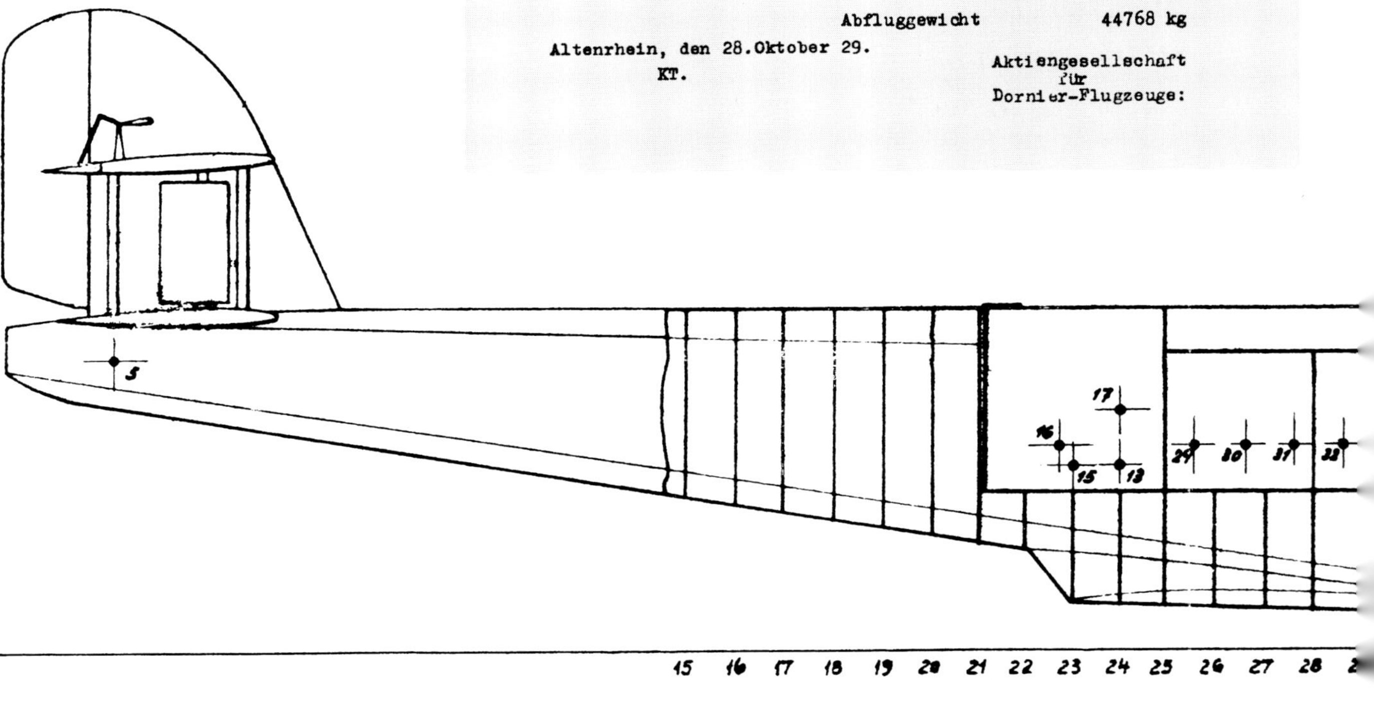

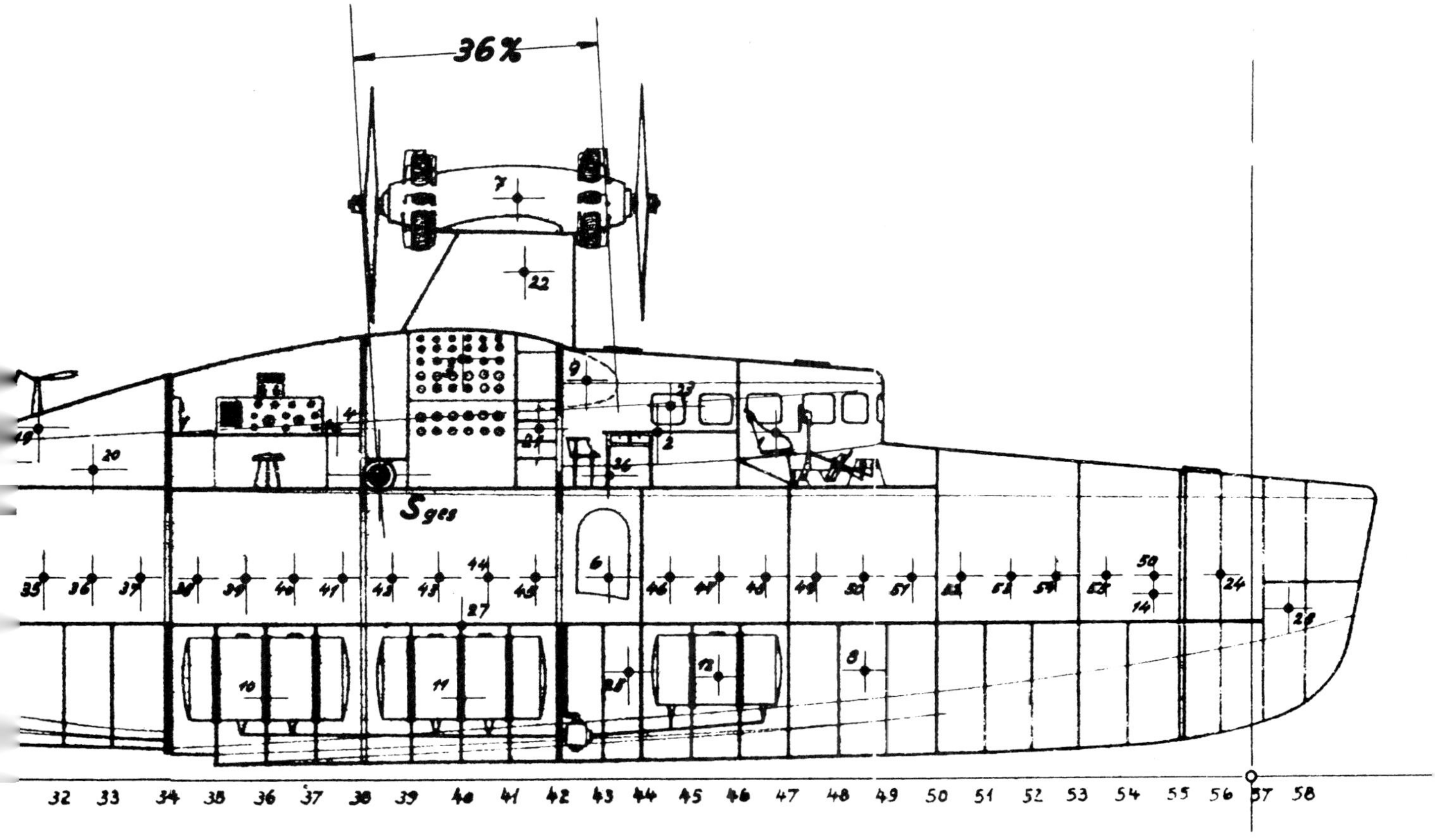
36%
Sges
32 33 34 35 36 37 38 39 40 41 42 43 44 45 46 47 48 49 50 51 52 53 54 55 56 57 58

CLAUDE DORNIERS WGL-VORTRAG ÜBER DAS FLUGSCHIFF Do X

Nicht wenige Experten hatten die ersten Meldungen vom Bau des Flugschiffes Do X mit großer Skepsis aufgenommen. Man zweifelte daran, ob ein Flugzeug dieser Dimensionen mit den damaligen technischen Möglichkeiten überhaupt realisiert werden könnte. So fand Claude Dorniers Vortrag vor der Royal Aeronautical Society in London im Jahre 1928, also noch während des Baues der Do X größtes Interesse, als er darlegte, wie er das große Ziel erreichen wollte. Nach den ersten Ergebnissen der Flugerprobung hielt Dornier am 6. November 1929 auf der Jahresversammlung der Wissenschaftlichen Gesellschaft für Luftfahrt (WGL) einen Vortrag, in dem er nun nicht nur über den Entwurf, die konstruktive Durchbildung und die Ausführung, sondern auch über die Erprobungsergebnisse, die Möglichkeiten der Verwendung und die Wirtschaftlichkeit berichten konnte.

Es ist für meine Mitarbeiter und mich eine besondere Befriedigung, daß ich, einer Aufforderung der WGL folgend, in diesem Kreise den ersten öffentlichen Bericht erstatten kann über den Bau und die Erprobung des Flugschiffes Do X.

Den Anstoß zum Bau des ersten Flugschiffes gaben Erwägungen wirtschaftlicher Natur.

Zunächst war der Gedanke maßgebend, daß der rentable Transport von Personen im allgemeinen nur möglich sein wird, wenn eine größere Anzahl Menschen gleichzeitig befördert werden kann, analog allen übrigen Verkehrsmitteln. Um die nötige Frequenz, welche heute fehlt, zu erreichen, muß dem Publikum mehr Sicherheit, mehr Platz und mehr Komfort geboten werden als bisher. Das führt zwangsläufig zu einer Vergrößerung der Dimensionen.

Dann hielt man es für überaus wichtig, ganz allgemein die Nutzlast wesentlich zu erhöhen.

In einem Vortrage, den ich im Frühjahr 1928 vor der Royal Aeronautical Society in Lon-

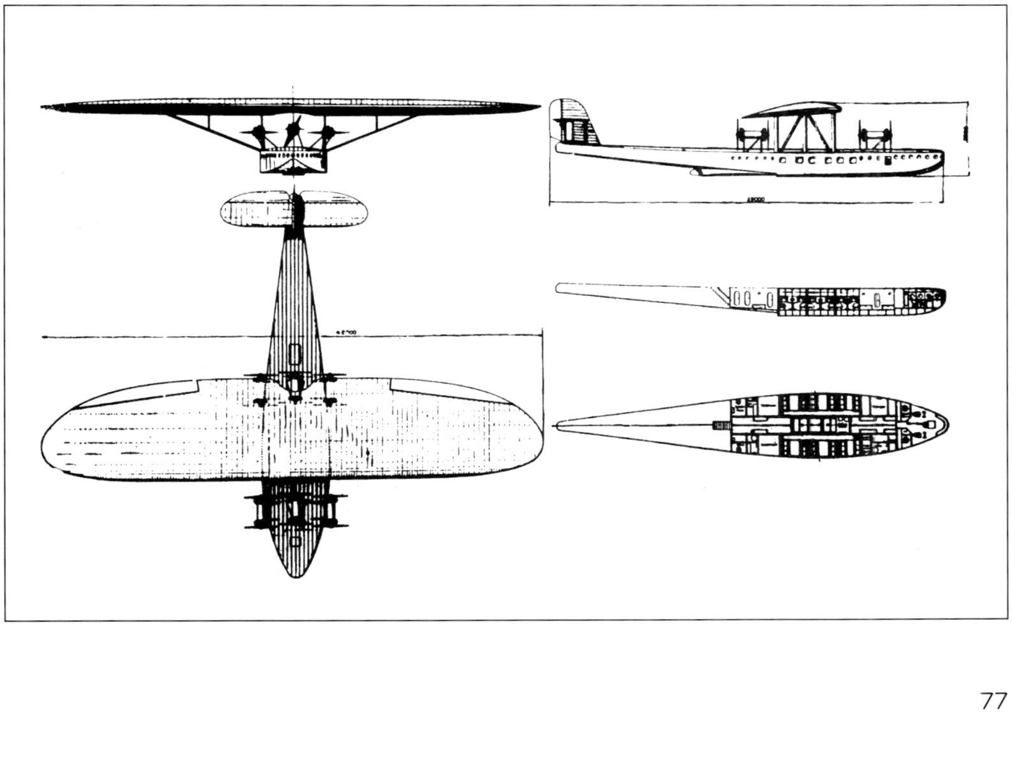

Abb. 1: Entwurf aus dem Jahre 1924

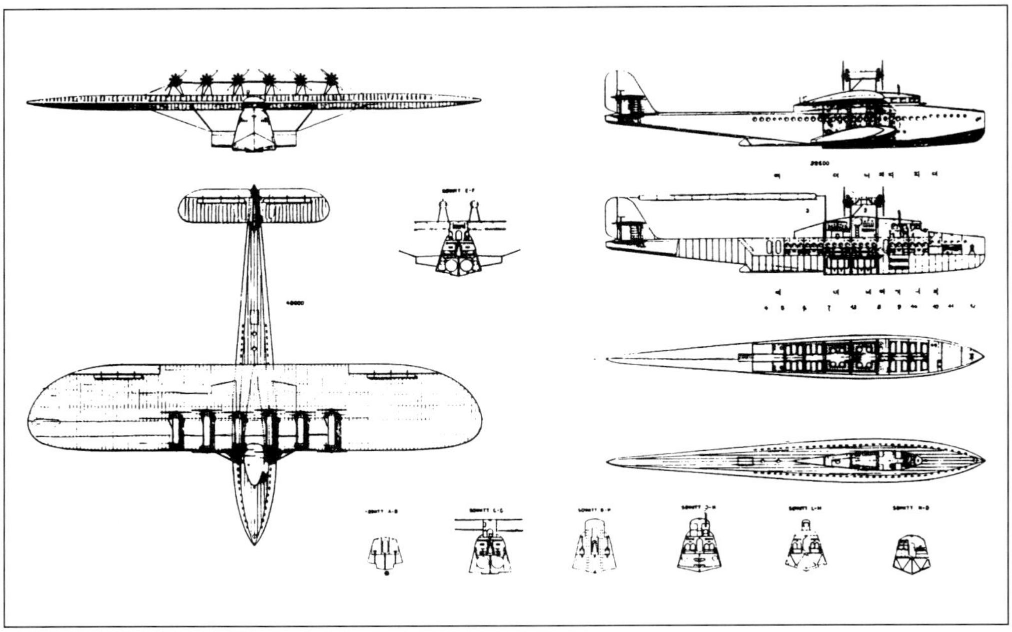

Abb. 2: Entwurf aus dem Jahre 1926

don hielt, habe ich darauf hingewiesen, daß der bedeutende Fortschritt, welcher mit der Erbauung des Flugschiffes angestrebt und, heute können wir es sagen, erreicht wurde, hauptsächlich darauf beruht, daß mit einem Schlage die zahlende Last von Flugzeugen ganz außerordentlich gesteigert wird.
Der Entschluß, den Bau des Flugschiffes Do X aufzunehmen, wurde des weiteren wesentlich beeinflußt durch Überlegungen industrieller Art. Das Studium der Entwicklung des Flugzeugbaues ließ immer mehr erkennen, daß die Erfahrungen im Bau kleinerer Flugzeuge, auch im Metallbau, Allgemeingut werden beziehungsweise geworden sind, so daß Vorsprünge, die lange Zeit zugunsten der deutschen Flugzeugindustrie bestanden haben, von Jahr zu Jahr mehr entschwinden.
Angesichts dieser Tatsache und insbesondere unter dem Eindruck der Entwicklung der amerikanischen Flugzeugindustrie, die binnen kurzem auf dem Weltmarkt sich sehr fühlbar machen wird, bin ich zu der Überzeugung gekommen, daß es für uns notwendig sei, jenes Gebiet des Flugzeugbaues besonders zu pflegen, auf welchem wir von jeher führend waren, nämlich den Bau ganz großer Flugzeug-Einheiten.
Auf diesem Spezialgebiet wird es noch langer Jahre bedürfen, ehe das Ausland unseren heutigen Stand erreicht haben wird, und hoffentlich werden wir inzwischen Gelegenheit finden, das heute Erreichte morgen weit zu übertreffen.

I. DER ENTWURF

Der leitende Gedanke bei den Entwurfsarbeiten war von Anbeginn der, daß zur Erreichung des gestellten Zieles nur technisch Erprobtes herangezogen werden dürfe. Jedes »Experimentieren« wurde von vornherein ausgeschaltet. Es ist kein Zweifel. daß durch diese Maßnahmen der schöpferischen Gestaltung in gewissem Maße Fesseln auferlegt wurden. Die Tatsache aber, daß von dem Moment des Beginnes der Erprobung des Flugschiffes bis zum vollständigen Einfliegen desselben insgesamt nur wenige 100 Arbeitsstunden für Änderungen an der Zelle aufgewendet wurden, beweist im Verein mit den erzielten Flugleistungen, daß das eingeschlagene Verfahren richtig war.
Die Vorarbeiten zum Bau des ersten Flugschiffes gehen zurück auf das Jahr 1924.
Am Anfang war das »Boot«.
Daß das Flugschiff ein Boot sein müsse, stand vom ersten Moment an fest. Nicht so einfach war die Frage:
»Ein- oder Mehrdecker«.
Aber auch hier erfolgte verhältnismäßig bald die Entscheidung für den Eindecker.
Die erste Projektzeichnung P 1106 trägt das Datum vom 27. September 1924. Wie Sie aus der Abb. 1 (P 1190) ersehen können, war zunächst an ein sogenanntes eigenstabiles Boot gedacht, das infolge seiner großen Bootsbreite keiner weiteren Stützung bedarf. Es würde hier zu weit führen, die mannigfachen Varianten zu besprechen, welche

durchgearbeitet wurden, ehe man zu dem auf Abb. 2 wiedergegebenen Projekt (P 51 223) vom 21. Juni 1926 gelangte. Erwähnen möchte ich, daß man bei den Entwurfsarbeiten besonders viel von Attrappen Gebrauch machte. Sowohl das zunächst vorgesehene 6 m breite Boot, als insbesondere der später zur Ausführung gelangte Bootskörper wurde in natürlicher Größe mit komplettem Leitwerk aus Holz aufgebaut.
Das Lichtbild Nr. 3 (P51 335) zeigt die definitive Form des Projektes. Am 22. Dezember 1926 wurde in den Konstruktionsbüros mit den Arbeiten begonnen. Im Verlaufe dieser Arbeiten ergaben sich mit Ausnahme einer Veränderung der Ausbildung der Stummel, auf welche ich später zu sprechen kommen werde, nunmehr geringfügige Abweichungen von dem Projekt Nr. P 51 335.
Sowohl der Entwurf wie die Ausführungsarbeiten sind lange Zeit geheim gehalten worden.
Während der allererste Entwurf aus dem Jahre 1924 sieben Motoren von zusammen 4200 PS vorsieht, ist man später auf 12 Motoren von zunächst insgesamt etwa 5800 PS gekommen. Infolge der nachträglich eingetretenen Leistungssteigerung der verwendeten Motoren sind heute 6300 PS vorhanden. Die endgültige Festlegung auf 12 Motoren ist in der Hauptsache darauf zurückzuführen, daß Einheiten von 800 PS bis 1000 PS, wie sie erforderlich gewesen wären, nicht als so betriebssicher anzusehen sind, wie Motoren von etwa 500 PS. Eine der schwierigsten Entscheidungen, welche zu treffen war, war die Wahl und die Anordnung der Motoren; die Frage, wassergekühlt oder luftgekiihlt, freier Einbau der Motoren oder Unterbringung der Motoren im Flügel oder Boot, beschäftigte uns über 2 Jahre. Wenn die Entscheidung zuletzt für die heutige Anordnung fiel, so sagt das lediglich, daß mir diese Lösung damals und übrigens auch heute noch unter den gegebenen Verhältnissen als der beste »Kompromiß« erschien.
Den Ausschlag für die Wahl des luftgekühlten Motors für das erste Flugschiff gab die mit diesen Motoren im Vergleich mit wassergekühlten Motoren zu erzielende Gewichtseinsparung von über 3000 kg.
Diese Einsparung an Gewicht ist so bedeutend, daß sie durch den etwas geringeren Betriebsmittelverbrauch wassergekühlter Motoren bei den praktisch in Frage kommenden Betriebszeiten nicht auszugleichen ist. Die Tandem-Anordnung der Motoren ergab sich zwangsläufig aus der Anzahl derselben. Sie ist uns mit allen ihren Vor- und Nachteilen seit mehr als einem Jahrzehnt geläufig. Sobald man gezwungen ist, eine größere Anzahl von Motoren zu verwenden, ist sie heute bei weitem die einfachste, leichteste und sicherste Art des Einbaues der Motoren und findet deshalb auch überall mehr und mehr Eingang. Man kann beinahe sagen: Die Tandem-Anordnung reduziert, indem sie den »Doppelmotor« schafft, die Zahl der verwendeten Einheiten auf die Hälfte. Ein Tandem-Aggregat von 2 Motoren mit je 9 Zylindern ist beispielsweise kaum komplizierter als ein einzelner Motor von 18 Zylindern. Es ist aber wesentlich betriebssicherer. Erstens ist der kleinere Motor absolut genommen sicherer als der große Motor, dann aber ist bei auftretenden Störungen an Motor, Getriebe oder Propellern beim »Doppelmotor« nur mit dem Ausfall der halben Leistung zu rechnen. Der Widerstand einer mit Doppelmotoren ausgerüsteten Gondel einschließlich ihrer Abstützung ist nicht größer als derjenige einer Gondel für einen großen Motor. Die Schraubendurchmesser werden

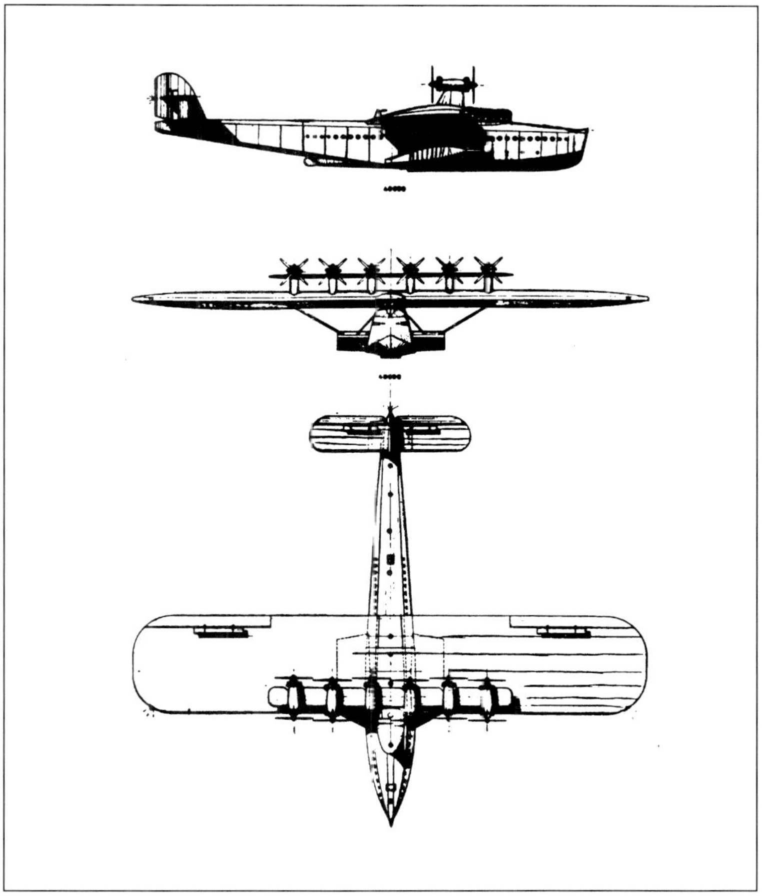

Abb. 3: Endgültiger Entwurf aus dem Jahre 1926

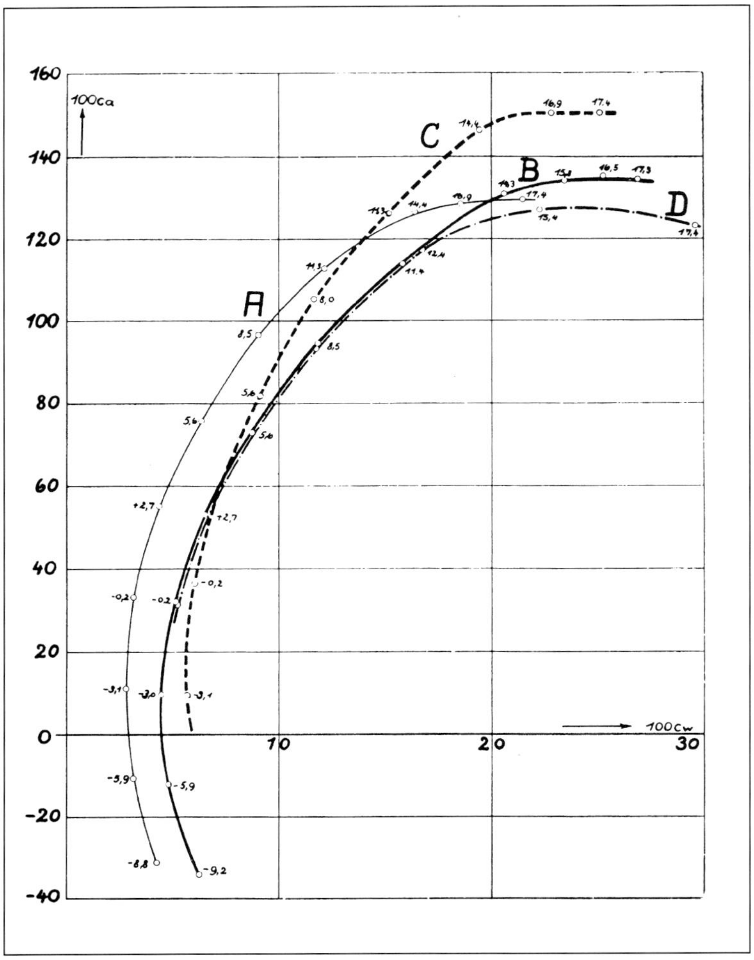

Abb. 4: Die Polare des Flugschiffes

beim »Doppelmotor«, gleiche Wirkungsgrade zugrunde gelegt, stets wesentlich kleiner als bei Verwendung eines großen Motors, hiermit bei gleichen Drehzahlen auch die Umfangsgeschwindigkeiten.

Die Unterlagen für die aerodynamischen Berechnungen wurden durch Versuche in Göttingen und im Windkanal des Luftschiffbau Zeppelin geschaffen. Es braucht wohl kaum hervorgehoben zu werden, daß man entsprechend der Größe des Objektes bei diesen Untersuchungen besonders methodisch vorging und weder Zeit noch Geld sparte.

Da die oberhalb des Hauptflügels angeordnete kleine Tragfläche allgemein besonderes Aufsehen erregte, führe ich Ihnen im Lichtbild Nr. 4 die Polare des Flugschiffes vor. Die leicht ausgezogene Kurve A gibt die Polare des Flugschiffs unter Fortfall des Oberflügels und der Motorgondeln und deren Träger. Sie würde also dem Idealfalle entsprechen, daß die Antriebsanlage vollkommen im Innern des Bootes oder des Flügels untergebracht wäre, ohne daß durch die Kühlung der Motoren und die Lagerung der Propeller zusätzliche Widerstände entständen. Die stark eingezeichnete Linie B ist die Polare des Flugschiffes im heutigen Zustande, und zwar im Gleitfluge. Die dritte punktiert gezeichnete Linie C zeigt den Verlauf der Polaren des heutigen Flugschiffes bei laufenden Propellern im Reisefluge. Die strich-punktiert eingetragene Kurve D entspricht dem Modell mit Gondeln und Gondelträgern, aber ohne Hilfsfläche. Bezugsfläche ist die Fläche des Hauptflügels.

Man sieht, daß bei kleinen Anstellwinkeln die Hilfsfläche eine kleine Widerstandsverringerung mit sich bringt. Zu dieser geringfügigen Verkleinerung des Widerstandes gesellt sich bei größeren Anstellwinkeln eine nicht unerhebliche Auftriebserhöhung. Der Idealfall der Polaren A ist natürlich praktisch niemals zu erreichen. Die im Flügel oder Boot liegenden Motoren müssen gekühlt werden. Dies kostet, falls man von der Verwendung der reinen Oberflächenkühlung, die nur bei Rennflugzeugen angewendet werden kann, absieht, Kraft und damit Geschwindigkeitsverluste. Ordnet man die Schrauben frei an, so erhält man, bei im Innern des Flugzeuges liegenden Motoren, schwere und leicht zu Störungen führende Getriebe und außerdem durch die Lagerung derselben neue Widerstände.

Auf Grund früherer Erfahrungen konnte die Verantwortung für derartige Komplikationen nicht übernommen werden. Das gleiche gilt für den Antrieb einer Schraube durch zwei oder mehrere Motoren. Die in letzterem Falle sich ergebenden großen Schraubendurchmesser machen es außerdem beinahe unmöglich, die Propeller so anzuordnen, daß sie genügend gegen Spritzwasser geschützt sind. Bei dem Projekte zeigte es sich überhaupt, daß beträchtliche Schwierigkeiten auftreten, die erforderlichen Schraubenkreisflächen für so große Leistungen wie 6000 PS vernünftig unterzubringen.

Daß die Anordnung oberhalb des Flügels laufender Schrauben den Auftrieb wesentlich erhöht, ist heute ja allgemein bekannt.

Wir haben besonders eingehend auch die Möglichkeit der Verwendung von am Flügelende angeordneten Druckschrauben bei im Flügel liegenden Motoren untersucht, sind aber zu dem Ergebnis gekommen, daß die bei dieser Anordnung erforderlich werdenden langen Wellen in Verbindung mit der schwierigen Lagerung derselben beziehungsweise des Propellers am Flügelende

Mehrgewichte bedingen, welche den vom aerodynamischen Gesichtspunkte aus erzielbaren Gewinn bei weitem ausgleichen.
Zu Beginn meiner Ausführungen habe ich erwähnt, daß schon bei Anfang der Vorarbeiten kein Zweifel darüber bestand, daß das erste Flugschiff ein Boot, und zwar ein Boot mit zentralem Bootskörper sein müsse. Zunächst wurde angestrebt, die nötige Stabilität ohne Zuhilfenahme von zusätzlichen Verdrängungskörpern zu erreichen. Es zeigte sich aber, daß dies bei den in Frage kommenden Abmessungen noch nicht möglich ist, ohne bedeutende Nachteile in den Kauf nehmen zu müssen. Man kam deshalb zwangsläufig auf die seit mehr als 10 Jahren hundertfach erprobten Stummel zurück.
Die Unterwasserformen, soweit dieselben von Einfluß auf den Startvorgang sind, wurden gegenüber den früher gebauten Booten wenig geändert. Die mittlere Längsstufe ist beibehalten. Sie ist an ihrem hinteren Ende quer zur Flugrichtung horizontal und geht nach vorne in eine leichte V-Form über. Die seitlich der Längsstufe liegenden Teile des Bootsbodens sind leicht konkav ausgebildet. Das Vorschiff ist insbesondere in den Teilen, welche beim Start in ruhigem Wasser oberhalb der Wasserlinie liegen, scharf gekielt.
Die Stummel sind an der Stelle, wo sie die Bootsseitenwand durchdringen, quer zur Flugrichtung stark abgerundet. Diese neuartige Ausbildung der Stummel war im Projekt noch nicht vorgesehen. Sie hat statische und hydrodynamische Vorteile. Die Bauhöhe der Stummel an der Wurzel wird erheblich größer, was eine wesentlich steifere Ausbildung der tragenden Organe ermöglicht. Beim Start wird das Wasser durch die gewölbte Form nach außen beschleunigt, während es bei der alten Ausführung sich in der Ecke zwischen Stummelunterseite und Bootsseitenwand zusammenpreßte.
Auf der Abbildung 5 ist rechts ein schematischer Querschnitt an der Hauptstufe der Do X, links zum Vergleich ein entsprechender Schnitt durch das Dornier-Flugboot »Wal« dargestellt. Es verdient Beachtung, daß das Verhältnis der Breite B des Bootes über die Stummel gemessen zu der Breite b des eigentlichen Bootskörpers mit zunehmender Vergrößerung abnimmt. Während dieses Verhältnis bei dem kleinsten, bisher von uns gebauten Boote, der »Libelle«, die ein Abfluggewicht von zirka 670 kg hat, zirka 2,92 ist, sinkt es bei der Type Wal auf 2,46 und bei dem Flugschiff Do X auf 2,12. Ich rechne damit, daß schon bei Booten von zirka 100 Tonnen die Stummel nur noch rudimentären Charakter haben werden und bei noch größeren Abmessungen ganz in Wegfall kommen können. Die großen Flugschiffe der Zukunft werden keiner zusätzlichen, Stabilität erhöhenden, Verdrängungskörper mehr bedürfen.
Ein wesentliches Merkmal des Entwurfes des Bootes des Flugschiffes Do X ist die zum ersten Male bei Flugzeugen durchgeführte Aufteilung in drei unabhängige Decks, wie sie auf der schematischen Darstellung in Abbildung Nr. 6 zu erkennen ist. Das oberste Deck, das sogenannte »Kommando-Deck«, enthält Führerraum, Kommandantenraum, Schaltraum und die Räume für F. T. und

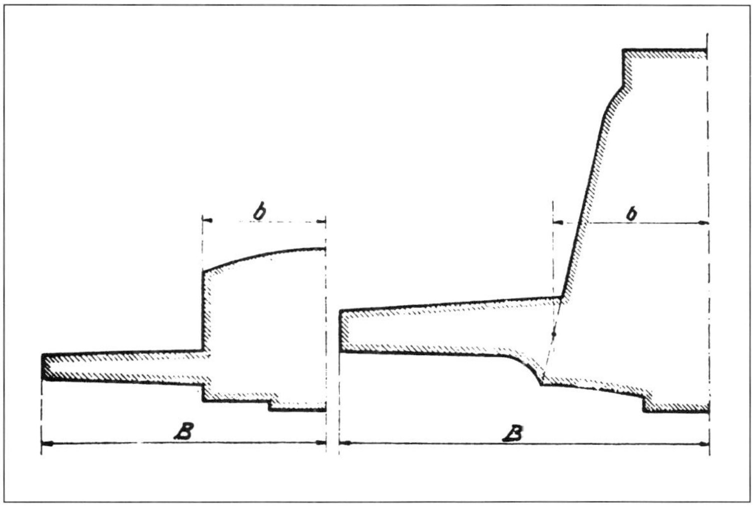

Abb. 5. Rechts: schemat. Darstellung eines Querschnittes an der Hauptstufe der Do X links: entsprechender Schnitt durch die Stufe des Dornier-»Wal«

Abb. 6. Schematische Darstellung der drei Decks

Abb. 7. Anschlußstelle des Stieles am Mittelholm

Hilfsmaschinen. Das nächste Deck ist ausschließlich für Passagiere bestimmt, 23,5 m lang, zirka 2 m hoch und an der breitesten Stelle 3,5 m breit.

Das unterste Deck enthält die Betriebsmittel, Vorräte, Fracht und Gepäck.

Einen großen Raum im Rahmen der Untersuchungen, welche der Entwurf erforderte, haben Fragen statischer Natur eingenommen. Von einer vollkommen freitragenden Ausführung des Flügels wurde Abstand genommen, um eine möglichst leichte Fläche zu erhalten. Maßgebend für die Wahl des halbfreitragenden Flügels waren auch Gründe fabrikationstechnischer Natur.

Der Flügel ist als dreiholmiges, dreifach abgestütztes Tragwerk ausgebildet. Dieses, zum ersten Male bei der Do X zur Anwendung gebrachte System ergibt infolge der eigenartigen Verbundwirkung ganz besondere Steifheit und Torsionsfestigkeit. Es bietet außerdem die Gewähr, daß Beschädigungen eines einzelnen Stieles oder Holmes die Tragfähigkeit des gesamten Systems nicht in gefahrdrohender Weise beeinflussen können.

Abb. 8: Versuchseinrichtung zur Belastung des Probeholmes

II. DIE KONSTRUKTIVE DURCHBILDUNG

Im nachfolgenden sollen in möglichster Kürze einige der wichtigsten konstruktiven-Merkmale erläutert werden.

Der Flügel

Der Flügel hat rechteckigen Grundriß mit leicht abgerundeten Enden. Die Spannweite einschließlich der Querruder und des Oberflügels ist 486,2 m^2. Das Gewicht des kompletten Flügels mit Querrudern, Oberflügel und der vollständigen Abstützung ist 7559 kg. Das Einheitsgewicht des Flügels beträgt demnach 15,5 kg/qm. Der Flügel entspricht bei einem Gesamtgewicht des Flugschiffes von 52 t den zurzeit bestehenden DVL-Vorschriften für Personentransport. Der Mittelholm liegt ungefähr an der Stelle der größten Profilhöhe. Vorder- und Hinterholm sind weit auseinandergerückt. Ihre Entfernung vom Mittelholm ist je 2,8 m. Der Abstand der einzelnen Querriegel beträgt bis zu 3,6 m.

Der Oberflügel ist nicht zur Entlastung des Haupttragsystemes herangezogen. Er dient, statisch betrachlet, lediglich der Aussteifung der Motorträger.Mit Ausnahme einiger aus Stahl hergestellter Beschläge ist das gesamte Flügelfachwerk aus Duralumin hergestellt. Man könnte nach dieser Tatsache auf eine Änderung meiner Ansichten über die Zweckmäßigkeit der Verwendung von Stahl im Flugzeugbau schließen.

Meine Einstellung in dieser Hinsicht hat sich nicht geändert. Es war lediglich unmöglich, Stahlprofile und Lamellen in den Dimensionen, welche erforderlich gewesen wären, rechtzeitig zu beschaffen. Ich verspreche mir für die Zukunft gerade bei den ganz großen Maschinen besonders viel von der Anwen-

Abb. 9. Kontrollmessungen des Spannungsverlaufes während der Holmbelastung

dung von Stahl, weil deren Bauteile Querschnitte erhalten, welche erst die volle Ausnutzung des Stahles zulassen.
Die Abbildung 7 zeigt Querschnitt und Ansicht eines Teiles des Mittelholmes, und zwar an der Anschlußstelle des Stieles. Die Gurtungen der Holme sind aus gepreßten Duralumin-Winkeln und Lamellen gebildet, ähnlich wie bei den bekannten Konstruktionen des Brückenbaues. Entsprechend dem Momentenverlauf sind zusätzliche Lamellen aufgebracht. An Stellen geringerer Gurtkräfte sind die vertikalen Stege der Winkel ausgefräst zum Zwecke der Gewichtserleichterung. Die Ausführung der Vorder- und Hinterholme ist ähnlich derjenigen des Mittelholmes.
Bei der Besprechung der Holme möchte ich auf eine Erfahrung hinweisen, die sich ganz allgemein bei der Vergrößerung der Abmessungen ergibt, für die aber die Holme als Beispiel besonders gut herangezogen werden können. Es handelt sich um die Verringerung der für 1 kg fertiggestelltes Konstruktionsgewicht aufzuwendenden Arbeit bei wachsenden Dimensionen der Bauglieder. Maßgebend für den Arbeitsaufwand sind hauptsächlich die Anzahl der Knotenpunkte und die Anzahl der Nieten. Während bei den Holmen des Flugschiffes Do X auf den laufenden Meter durchschnittlich 2,5 Knotenpunkte entfallen, sind die entsprechenden Zahlen bei dem Baumuster Dornier-Superwal 3,3 und bei dem Dornier-Wal 5,2. Ähnlich verhält es sich mit der Anzahl der für ein Kilogramm fertigen Holmgewichte zu schlagenden Nieten. Es sind dies bei dem Flugschiff Do X 9,8 Nieten, beim Superwal 33 und beim Wal 44.
Die Ausbildung der Holme, die heute so einfach und selbstverständlich erscheint, hat uns viele Monate Zeit gekostet. Besonders deshalb, weil es unerläßlich war, einen Probeholm auszuführen und derselben belastet nach allen Richtungen zu untersuchen. Die Abbildung 8 zeigt die Versuchseinrichtung, welche eigens zu diesem Zwecke durchgebildet und erbaut werden mußte. Da die auf einen halben Holm entfallende Bruchlast nahezu 42,5 t beträgt, waren erhebliche Fundationsarbeiten notwendig, um das Versuchsgerüst unverschieblich zu machen. Die übliche Belastung des Holmes mit Sandsäkken oder mit Eisenballast war nicht angängig. Man entschloß sich deshalb, an den Knotenpunkten Behälter anzubringen, welche mit Wasser gefüllt wurden. Diese Methode der Belastung hat sich sehr bewährt. Besonders eingehend wurde das Verhalten des Holmes innerhalb des elastischen Bereiches untersucht. Mit Hilfe von Tensometern wurden die Spannungen in den einzelnen Baugliedern ermittelt. Lichtbild Nr. 9. Kontrollmessungen des Spannungsverlaufes in den Baugliedern des Mittelholmes wurden mit einem von der Deutschen Versuchsan-

Abb. 10. Vergleich der gemessenen und berechneten Durchbiegung des Mittelholmes

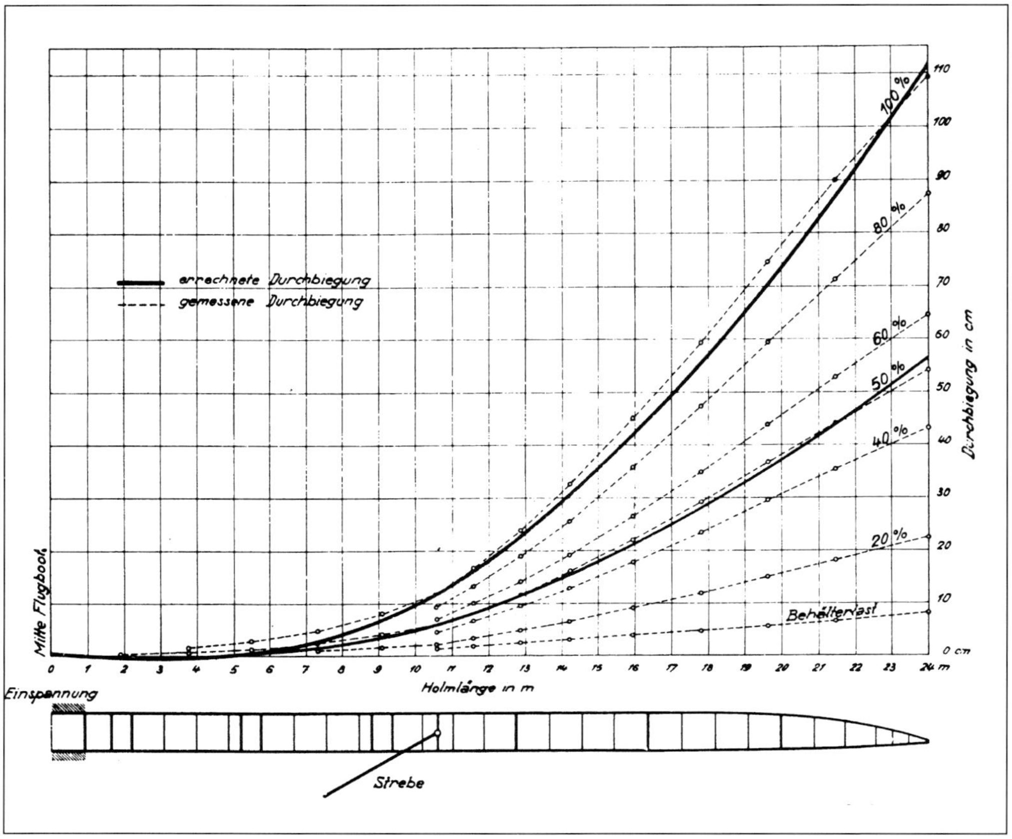

stalt für Luftfahrt entgegenkommenderweise zur Verfügung gestellten Mayhackinstrument unter deren Mitwirkung ausgeführt.
Die Abbildung 10 zeigt die gemessenen und die berechneten Durchbiegungen des Mittelholmes bei verschiedenen Laststufen.
Die Querträger sind in der Hauptsache ebenfalls aus gepreßten Profilen hergestellt. An ihrer Anschlußstelle am Vorderholm war es teilweise notwendig, Rahmen einzubauen, um den Durchgang durch den Flügel zu erleichtern.
Die durch die Verschneidungen der im Abstand von 2,8 bis 3,6 m angeordneten Querträger mit den 3 Holmen entstehenden Felder sind durch biegungssteife, mit Stoff und Blech bespannte Platten, sogenannte »Flügelhautfelder«, abgedeckt. Der hinter dem Hinterholm liegende Teil des Flügels ist als selbständige Scheibe hergestellt. Die Flügelnase ist vollständig in Metall ausgeführt und zur Aussteifung des Vorderholmes gegen Ausknicken herangezogen. Die »Flügelhautfelder« sind auf den nächsten beiden Lichtbildern, Abbildung 11 und 12, wiedergegeben. Dieselben sind, wie schon erwähnt, teilweise mit Blech, teilweise mit Stoff abgedeckt. Sie sind einfach und billig herzustellen und leicht zu montieren. Ihre Befestigung am Haupttragwerk erfolgt durch vollkommen im Innern des Flügels liegende Anschlüsse mit Bolzen. Trotzdem der Flügel kein dickes Profil aufweist, ist die Höhe der Holme infolge der Gesamtabmessungen des Flugschiffes schon so bedeutend, daß man auch im Fluge beinahe alle Teile des Flügels begehen kann.

Oberflügel und Motorträger

Der Oberflügel dient zur gegenseitigen Versteifung der Motorträger und ist ganz in Metall ausgeführt. Er ist verhältnismäßig schwer ausgefallen, denn sein Eigengewicht beträgt 18 kg qm. Man hat hier in dem Bestreben, die Deformationen und etwaige Schwingungen auf ein Minimum herabzudrücken, zweifellos des Guten zuviel getan. In dem eingangs angegebenen Einheitsgewicht des Gesamtflügels von 15,5 kg qm ist das Gewicht des Oberflügels mitenthalten. Er beeinflußt also dieses Einheitsgewicht im ungünstigen Sinne. Um unzulässige Zusatzbeanspruchungen des Hauptsystemes auszuschalten, sind die Enden des Oberflügels zwischen den beiden äußeren Gondeln verschieblich an dem mittleren Teile angeschlos-

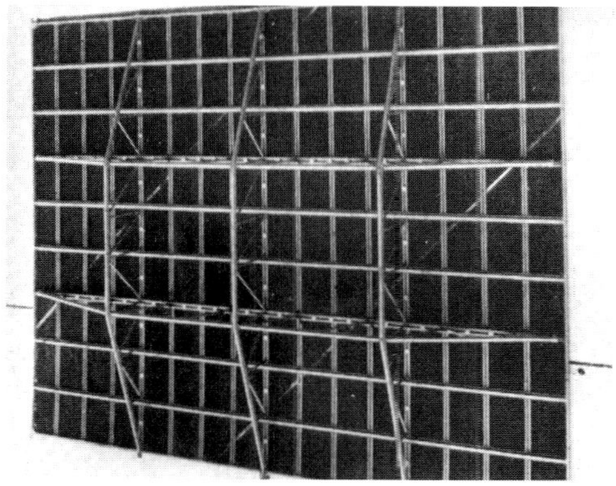

Abb 11 und 12: Gerippe eines »Flügelhautfeldes«

sen. Die Motorträger sind in Fachwerks-Konstruktionen ausgebildet und stromlinienförmig verkleidet. Sie besitzen zwecks leichterer Zugänglichkeit auf beiden Seiten große Türen.

Das Boot

Die Gesamtlänge des Bootes ist 40,05 m. Die Breite des Bootes über die Stummel gemessen 10,0 m. Die eigentliche Bootsbreite ist 3,5 m. Die größte Höhe beträgt 6,4 m. Der Tiefgang des Bootes ist leer 0,8 m, bei 50 t 1,05 m. Die metazentrische Höhe bei 50 t beträgt 4,58 m.

Das Boot hat einschließlich der Stummel ein Volumen von 400 cbm. Das Volumen des Superwalbootes beträgt 100 cbm. Das Flugboot Romar dürfte zirka 75 cbm Inhalt haben. Vergleicht man diese Zahlen miteinander, so erscheint es begreiflich, daß in Laienkreisen bezüglich des Flugschiffes Do X die Anschauung aufkommen konnte, es wäre besser, die Flügel abzunehmen und das Boot als Bodensee-Dampfer zu benutzen.

Die Abbildung 13 zeigt den Bootskörper von der Seite gesehen. Der Hauptspantquerschnitt ohne Stummel hat einen Inhalt von 17,2 qm. Die Spantentfernung beträgt 0,7 m. Es sind insgesamt 58 Querspanten vorhanden. Eine wesentliche Neuerung ist ein 23,3 m langer, vom Bug bis zum Ende der Heckstufe gehender, an der höchsten Stelle 2,12 m hoher Kielträger (Abb. 14), der eine wesentliche Aussteifung des Bootes zur Folge hat. Rechts und links des Kielträgers sind in Abständen von 0,9 und 1,58 m je ein Kielschwein angeordnet. Es ist hierdurch im Verein mit den (Querspanten eine außerordentlich wirksame Verbundwirkung erreicht. In dem Bereiche des Bootsbodens, der den Beanspruchungen des Seeganges direkt ausgesetzt ist, sind die ungewöhnlich starken Bodenbleche durch die sich kreuzenden Quer- und Längsspanten in Felder von zirka 0,63 qm abgeteilt. Die Abbildung 15 zeigt das Boot schräg von vorn während des Baues. Auch bei den Querspanten war man bemüht, so weit als dies irgend mit Rücksicht auf die zur Verfügung stehenden Gewichte möglich war, gepreßte Profile zu verwenden. Die nächsten beiden Abbildungen (Nr. 16 und 17) geben einige Spanten wieder.

Einzelheiten über die Gewichte der Spanten, der Längsträger, der Bootshaut und dergleichen finden sich in dem eingangs erwähnten Vortrage.

Abb. 13: Bootskörper von der Seite gesehen

Abb. 14: Kielträger

Abb. 15: Das Boot schräg von vorne

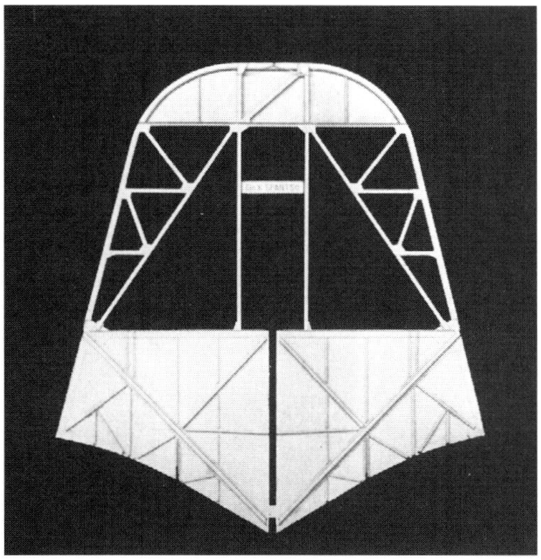

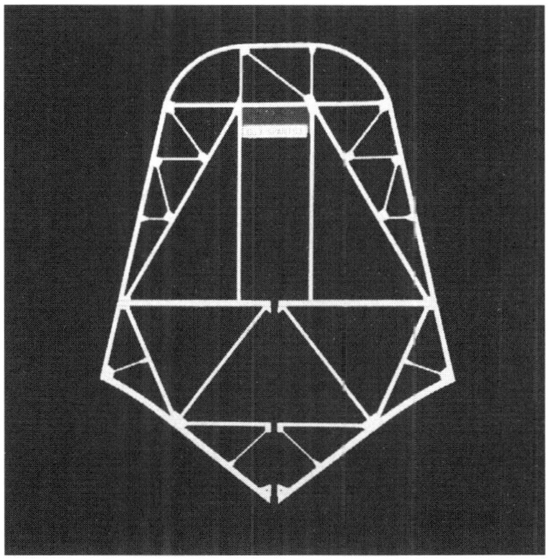

Abb. 16 und 17: Spanten

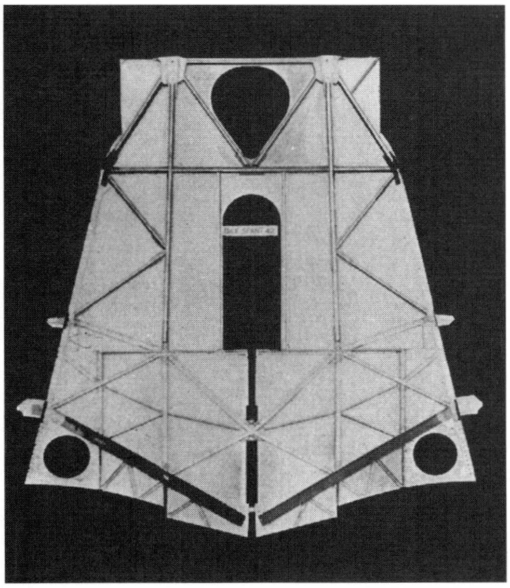

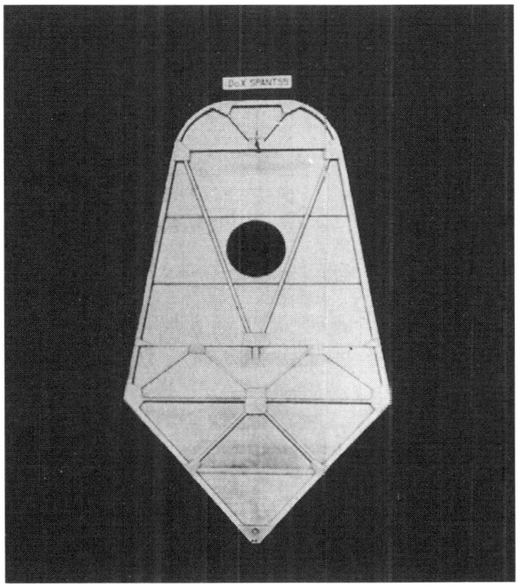

In das Diagramm (Abb. 18) sind zum Vergleich die Gesamt- und Teilgewichte der Bootskörper verschiedener Dornier-Flugzeuge eingetragen als Punktion der entsprechenden Volumina. Die Tendenz der Kurven ist unverkennbar.
Es sei hier darauf hingewiesen, daß das für 1 cbm Bootsvolumen aufzuwendende Gewicht bei dem kleinen Flugboote »Libelle« 29,9 kg pro cbm beträgt, bei dem bekannten Hochseeflugboote »Wal« 26,2 kg pro cbm, während es bei dem Flugschiff Do X nurmehr 21,0 kg pro cbm beträgt. Dabei sind die Beanspruchungen des Materiales, gleiche Belastungen vorausgesetzt, bei dem Flugschiffe Do X wesentlich niedriger, als bei den kleineren Booten. Besonders möchte ich darauf aufmerksam machen, daß das Flugschiff, soweit lokale Beanspruchungen in Frage kommen, sich in einer weit günstigeren Lage befindet, als kleinere Flugboote, bei welchen infolge der geringen Wandstärken der verwendeten Bleche und Profile die Gefahr lokaler Verbeulungen und Stauchungen wesentlich höher ist. Der Bootskörper sowohl als die Stummel sind weitgehend durch Schotten unterteilt. Das Boot besitzt 9 wasserdichte Abteilungen, jeder Stummel ist vierfach abgeschottet. Das Reservedeplacement ist ungewöhnlich groß. Die Verdrängung der Stummel allein beträgt 43,5 cbm.

Leitwerk und Steuerung
Die allgemeine Anordnung des Leitwerkes ist aus der Abbildung Nr. 19 ersichtlich. Das gesamte Höhenleitwerk enthält 53,4 qm. Das gesamte Seitenleitwerk 19,0 qm. Alle Ruder sind durch Hilfsflächen ausgeglichen.

Abb 18: Diagramm von Gesamt- und Teilgewichten verschiedener Dornier-Flugboote

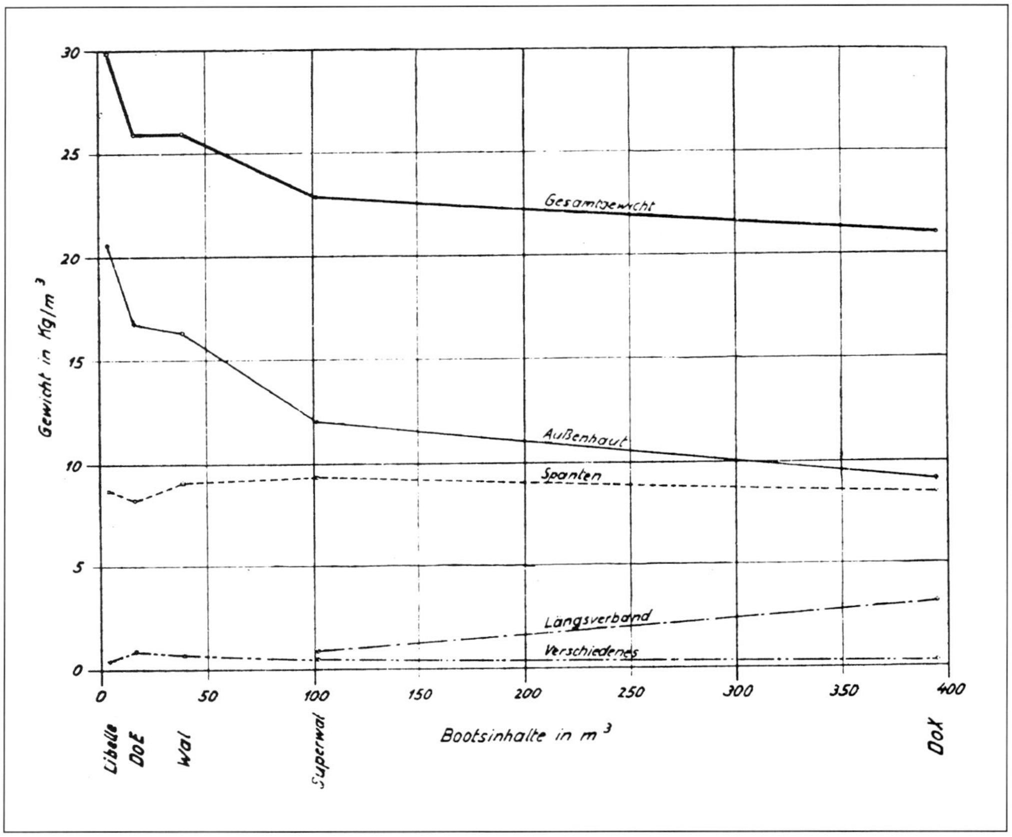

Der Abstand des Höhenruders von der Wasserlinie ist 6,0 m. Zum Schutze des Seitenruders gegen Wasserschlag ist der Rumpf nach hinten verlängert.

Die Betätigung der Ruder erfolgt durch Zugstangen, welche an Pendelhebeln aufgehängt sind. Die gesamte Lagerung des Gestänges erfolgt ausschließlich durch Kugellager. Hierdurch ist eine bemerkenswerte Leichtgängigkeit der Steuerung erreicht worden. Es ist ein Trimmausgleich sowohl in der Längslage als auch für seitliche Momente eingebaut. Die Trimmung geschieht durch Verstellung des Anstellwinkels der entsprechenden Ausgleichsflächen. Sie erfordert keinerlei Kraftaufwand und kann direkt vom Führersitz aus vorgenommen werden. Das nächste Lichtbild (Nr. 20) zeigt den für den Piloten bestimmten Teil des Kommandodecks. Man erkennt deutlich die beiden kleinen, seitlich angeordneten Handräder, welche zum Trimmen dienen. Das große, eben-

Abb. 19: Leitwerk

falls seitlich angeordnete Handrad dient zur Betätigung des Wasserruders. Die Sicht ist hervorragend. Es ist normale Radsteuerung zur Anwendung gebracht.

Kraftanlage

Auf den nächsten beiden Lichtbildern (Abb. 21 und 22) ist die Antriebsanlage dargestellt. Bei der Ausbildung der Motor-Aufbauten für die bei dem ersten Flugschiff verwendeten, im Verhältnis 1: 2 untersetzten Siemens-Jupiter-Motoren wurde mit ganz besonderer Sorgfalt vorgegangen. Die in Frage kommenden Konstruktionsteile sind ungewöhnlich stark dimensioniert. Besonders eingehende und zeitraubende Versuche waren erforderlich. Das Lichtbild Nr. 23 zeigt beispielsweise die Ermittlung der Materialspannungen in einem sogenannten »Motorbock« unter dem Zusammenwirken von Schub-, Drehmoment und Motorgewicht.

Bei dem Flugschiffe Do X ist zum ersten Male in der Geschichte der Fliegerei den Flugzeugführern die Überwachung der Antriebsanlage abgenommen worden. Selbstverständlich ist dem Führer nach wie vor die volle Betätigungsmöglichkeit sämtlicher Motoren in die Hand gegeben. Dieselbe erfolgt durch zwei direkt nebeneinanderliegende Hebel, welcher mit einem Griffe gemeinschaftlich betätigen kann. Durch getrennte Handhabung eines der beiden Hebel ist die Möglichkeit geboten, einseitig auf Steuerbord oder Backbord zu drosseln, was besonders beim Manövrieren auf dem Wasser von Nutzen ist. Vom Führersitz aus können sämtliche Motoren gleichzeitig kurzgeschlossen werden. Da unsere Flugzeugführer heute noch sehr an einem »wohlassortierten Instrumentenbrette« hängen, hat man Konzessionen gemacht und den sonst leeren Raum mit zwei SammeltourenzähLern sowie einem elektrischen Anzeigeapparat geschmückt.

Abb. 20: Führerraum

Abb. 21: Teil der Triebwerkanlage

Abb. 22: Gesamttriebwerkanlage

Abb. 23: Ermittlungen der Materialspannungen in einem Motorbock

Dieser letztere Apparat enthält 12 Lämpchen, welche den einzelnen Motoren zugeordnet sind und aufflammen, falls ein Motor abgestellt wird.

Auf Grund der bisher ausgeführten zahlreichen Flüge kann man heute schon sagen, daß die vollständige Trennung der Motorüberwachung vom Flugzeugführer nicht nur möglich, sondern außerordentlich zweckmäßig ist.

Das Anlassen, die Fernüberwachung und die normale Außerbetriebsetzung der Motoren erfolgt von dem auf dem nächsten Lichtbilde, Abbildung 24, wiedergegebenen »Schalträume« aus. Auf die Instrumentierung im einzelnen einzugehen, verbietet die Zeit. Die Verbindung zwischen dem Schaltraum und den Motorgondeln geschieht durch einen durch den Flügel führenden Tunnel.

Das Anlassen der Motoren erfolgt durch Druckluft, welche mittels eines kleinen, durch einen Benzinmotor angetriebenen Kompressors erzeugt wird. Der zum Antrieb des Kompressors dienende Motor erzeugt gleichzeitig den gesamten Strom für das Flugschiff.

Die Betriebsmittelanlage

Auch bei der Ausbildung der Brennstoffversorgung hat man sich an das in langen Jahren Erprobte gehalten. Es sind im Betriebsmitteldeck normalerweise vier zylindrische Behälter zu je 3000 l sowie vier weitere Behälter zu je 1000 l vorhanden, zusammen also 16000 l. Die Behälter sind unmittelbar auf dem Bootsboden gelagert. Sie stehen mit einem sogenannten »Sammeltopf« in Verbindung, von welchem mittels Pumpen der Brennstoff zu zwei in der Flügelnase gelagerten Behältern von je 300 l Inhalt gedrückt wird. Um möglichst große Sicherheit in der Betriebsmittelversorgung zu haben, kann die Förderung des Benzins auf dreierlei Weise erfolgen, nämlich durch eine Pumpe mit Windradantrieb, durch eine elektrisch angetriebene Pumpe und durch eine von Hand zu betätigende Allweiler-Pumpe.

Von den Nasentanks wird das Benzin mittels A.M.-Pumpen den Vergasern zugeführt. Zuviel gefördertes Benzin fließt zurück in den Sammeltopf. Im Kommandodeck angeordnete Schaugläser gestatten die Kontrolle der Betriebsmittelversorgung. Das ganze Rohrleitungssystem ist in allen seinen Teilen auch während des Fluges zugänglich und wartbar. Die Ölbehälter fassen insgesamt 1600 l. Sie sind im Flügel untergebracht.

III. DIE AUSFÜHRUNG

Der Bau des Flugschiffes erfolgte in den Werkstätten der »Aktiengesellschaft für Dornier-Flugzeuge, Altenrhein«. Es wurde mit den Ausführungsarbeiten am 19. Dezember 1927 begonnen. Der Stapellauf mit anschließendem ersten Fluge erfolgte am 12. Juli 1929. Es waren also insgesamt 570 Tage zur Erstellung des ersten Flugschiffes erforderlich. Größere Schwierigkeiten fabrikationstechnischer Natur sind während des Baues nicht aufgetreten, obwohl die gegenüber dem Bekannten außerordentlich gesteiger-

ten Dimensionen eine große Zahl neuer Vorrichtungen bedingten.
Das Lichtbild Nr. 25 zeigt die Holme beim Ausnieten. Die Montage des Flügels erfolgte infolge der neuartigen Konstruktion in verhältnismäßig sehr kurzer Zeit.
Sehr zeitraubend war die Herstellung der Schablonen für den Bau der Bootsspanten. Der von der Heckstufe nach rückwärts liegende Teil des Bootes wurde getrennt vom Hauptbootskörper fertiggestellt. Die Abbildung 26 zeigt den Beginn der Bootsmontage. Der Kielträger, der sozusagen das Rückgrat des Ganzen bildet, ist auf einem eisernen Träger aufgestellt. Das Bootsende ist angestoßen. Das nächste Bild, Nr. 27, zeigt das Bootsgerippe kurz vor Beginn des Beplankens.
Der Oberflügel wurde komplett mit den Motorgondeln und deren Träger sowie den gesamten für die Betätigung der Motoren nötigen Gestängen einschließlich Einbaues der Motoren fertiggestellt und später als Ganzes auf den Flügel aufgesetzt (Lichtbild 28).
Die eigentliche Fertigmontage, das heißt der Zusammenbau von Flügel, Boot, Leitwerk und Kraftanlage einschließlich des Verlegens der Leitungen, erforderte 60 Tage (Abbildung 29).

IV. DIE ERPROBUNG

Die Erprobung begann am frühen Morgen des 12. Juli 1929. Auf Abbildung 30 sehen Sie das Flugschiff auf dem Wagen fertig zum

Abb. 24: Schaltraum

Abb. 25: Ausnieten der Holme

Abb. 26: Beginn der Montage des Bootskörpers

Abb. 27: Boot fertig zum Beplanken

Abb. 28: Montage des Oberflügels

Stapellauf. Das Lichtbild Nr. 31 zeigt das Zuwasserbringen des Flugschiffes, welches ohne Schwierigkeiten erfolgte. Es wurden zunächst längere Rollversuche auf dem Wasser vorgenommen. Die Abbildung 32 zeigt das Flugschiff auf dem Wasser von vorn gesehen. Auf dem nächsten Bilde (Abb. 33) sieht man das Flugschiff langsam rollend von der Seite.
Die Abbildung 34 zeigt die Do X auf der Stufe laufend kurz vor dem Abheben. Bei den Versuchen, das Flugschiff mit Vollgas auf der Stufe laufen zu lassen, hob sich dasselbe, ohne daß es beabsichtigt war, ab. Anschließend an diesen ersten unfreiwilligen Start wurden einige weitere kurze Sprünge ausgeführt. Am nächsten Tag erfolgten dann die ersten Flüge (Abb. 35 und 36). Bis heute sind insgesamt 54 Flüge ausgeführt worden.

Schon bei den ersten Flügen zeigte sich, daß die Öltemperatur unzulässig hoch war. Auch die Temperaturen einiger Zylinder der hinteren Motoren waren zu hoch. Mit derartigon Schwierigkeiten hatte man von Anfang an gerechnet, da ähnliche Erscheinungen bisher bei allen neuen Typen am Anfang aufgetreten waren. Während es verhältnismäßig bald gelang, die Öltemperaturen auf das zulässige Maß zu senken, bedurfte es einer großen Zahl von Flügen, um dasselbe Ziel bei den Zylindertemperaturen zu erreichen. Besonders störend bei den Versuchen, die Kühlung zu verbessern, war der Mangel an einwandfrei zeigenden Ternperaturmeßgeräten.
Unangenehm war es auch, daß mit Rücksicht auf die hinteren Motoren zunächst immer nur verhältnismäßig kurze Flüge gemacht werden konnten, wobei die Druckmotoren außerdem stark gedrosselt werden mußten.
Natürlich bemühte man sich bei jedem Fluge, so viel als möglich zu lernen. Es wurden mittels Tensometern die Spannungen in den wichtigsten Bauteilen des Flügels gemessen.

Abb. 29. Fertigmontage

Abb. 30: Auf dem Wagen

Abb. 31: Zuwasserbringen

Die im Boote und im Flügel herrschenden Druckverhältnisse wurden eingehend untersucht. Die Strömung um die Gondel und den Oberflügel wurde mit Pitotrohren aufgenommen. Die Strömung um den Hauptflügel wurde untersucht. Die Durchbiegungen der Holme wurden optisch gemessen. Besonders eingehend wurden die Stabilitätseigenschaften des Flugschiffes untersucht. Eine Reihe von Trimmversuchen wurde angestellt.

Es würde zu weit führen, auch nur auszugsweise Einzelheiten dieser Untersuchungen zu besprechen. Ich beschränke mich darauf, im nachfolgenden in gedrängtester Form die wesentlichsten Feststellungen und Folgerungen aus der Erprobung des Flugschiffes zusammenzufassen:

Der Start ist überraschend gut, die Wasserarbeit während desselben einwandfrei. Das Boot kommt auch mit hohen Zuladungen in wenigen Sekunden auf Stufe. Die Stabilität auf dem Wasser entspricht den Erwartungen. Das Manövrieren ist sehr einfach. Schon in den ersten Tagen rollte das Boot unter eigener Kraft an die Boje. Die Sichtverhältnisse sind vorzüglich. Die Landung macht keine Schwierigkeiten.

Die Motorenanlage ist vibrationsfrei. Die Zeit, um sämtliche 12 Motoren in Gang zu setzen, beträgt durchschnittlich 4 bis 5 Minuten (beste Zeit 3 Minuten).

Die Flugeigenschaften sind normal. Das Flugschiff kann auch von Durchschnittsführern geflogen werden. Die Ruder sind leicht-

Abb. 32: Schrägansicht

gängig und wirksam. Einbau von Hilfsmaschinen für die Betätigung der Ruder unnötig. Das Höhenruder ist zunächst überausgeglichen. Die Verwindung ist normalerweise leichtgängig, erfordert aber bei großen Ruderausschlägen zuviel Kraft. Ausgleich und Durchmesser der Handräder wurden deshalb vergrößert.
Die Zentralisierung der Triebwerksüberwachung und vollständige Trennung vom Führer bewährt sich.
Die gemessenen Durchbiegungen und Spannungen der Bauwerksteile stimmen durchweg gut mit den errechneten überein.

V. DIE ERGEBNISSE

Meine Damen und Herren, das Projekt eines neuen Flugzeuges verkörpert unsere Hoffnungen. Es erscheint uns in dem Augenblick, wo wir an die Ausführung herangehen, immer als gut. Der Erfolg hängt davon ab, inwieweit die rauhe Wirklichkeit die Erwartungen, welche im Projekt aufgestellt wurden, erfüllt. Das Verhältnis dieser Erwartungen zu den tatsächlich erreichten Leistungen ist der Maßstab für den Erfolg.
Bei einem Unterfangen, wie es der Bau des Flugschiffes Do X war, das mehrere Jahre

Abb. 33: Seitenansicht.

lang von der ganzen Fachwelt mit besonderem Interesse und mehr oder minder großer Skepsis verfolgt wurde, ist es besonders interessant, zu untersuchen, wie es mit dem Quotient »errechnet zu erreicht« aussieht.
Betrachten wir zunächst die Gewichtsverhältnisse:
In dem schon eingangs erwähnten Londoner Vortrage vom Frühjahr 1928 habe ich Mitteilungen über die voraussichtlichen Gewichte des Flugschiffes Do X gemacht. In der ersten Spalte der Tabelle Abb. 37 sind diese Gewichte eingetragen. Die zweite Spalte enthält die tatsächlich gewogenen Gewichte nach dem Stande vom 31. Juli 1929. Die »Vortragsgewichte« waren seinerzeit, soweit sie sich auf die Betriebsmittelanlage und auf die Instrumentierung bezogen, auf eine gemeinschaftliche Basis reduziert worden, um gewisse Vergleiche mit anderen Flugzeugen anstellen zu können. In Spalte 3 ist eine entsprechende Rektifikation vorgenommen worden. Es ergibt sich eine Differenz der Totalgewichte von insgesamt 2189 kg oder 8,8 Prozent oder, falls man das Mehrgewicht der Motoren und Propeller von insgesamt 782 kg in Abzug bringt, ein Gesamtmehrgewicht von 1407 kg für die Zelle des Flugschiffes, entsprechend 5,6 Prozent. Es ist hier wegen Zeitmangels leider nicht möglich, im einzelnen auf die Ursachen der Verschiebun-

Abb. 34: Auf der Stufe

Abb. 35 und 36: Im Fluge

gen in den Gewichten einzugehen. Nachdem wir uns Rechenschaft über die Gewichtsverhältnisse des Flugschiffes abgelegt haben, komme ich auf die »Startleistungen« zu sprechen. Auf dem Schaubilde, Abbildung 38, sind in Abhängigkeit vom jeweiligen Fluggewichte die entsprechenden Startzeiten einer großen Zahl von Flügen eingetrsgen. Die sämtlichen Starts fanden auf dem Bodensee, also in über 400 m über Meereshöhe, statt. Auf normale Luftgewichte reduziert, würde sich die gestrichelt eingezeichnete Startkurve ergeben. Bei der Beurteilung der erzielten Start- und übrigens auch Flugleistungen ist besonders zu berücksichtigen, daß der normale Jupiter-Siemens-Motor mit Kompressionsverhältnis 1: 5,3 Verwendung fand. Die Drehzahlen im Moment des Abhebens liegen zwischen 1830 und 1870 U/Min. Dies entspricht einer Gesamtleistung von etwa 4800 PS oder etwa 76 Prozent, der verfügbaren Gesamtleistung. Das größte bis heute herausgehobene Gewicht beträgt 51,3 Tonnen, entspricht also etwa 23,3 Tonnen Zuladung. Der Start mit dieser Zuladung erfolgte bei vollkommener Windstille und spiegelglattem Wasser. Nach den im Jahre 1927 festgelegten vertraglichen Bedingungen für das Flugschiff war eine Zuladung von 20 t garantiert worden. Dies entspricht bei dem derzeitigen Baugewicht einem Abfluggewicht von 48000 kg. Das Schaubild zeigt, daß bei Windstille am Bodensee das Flugschiff zur Erfüllung dieser Bedingung 65 Sekunden benötigt. Auf Meereshöhe reduziert, würde der Start in 55 Sekunden erfolgen.

Die vertraglich festgesetzte Höchstgeschwindigkeit des Flugschiffes dürfte mit einer Toleranz von 5 Prozent, 200 km in der Stunde nicht unterschreiten. Gemessen wurde mit unverkleideten Motoren in einer Höhe von 420 m 211 km pro Stunde. Auf Normalwichte reduziert ergibt dies 214 km/Std. Es unterliegt keinem Zweifel, daß durch zweckmäßige Verkleidung der Motoren die Geschwindigkeit noch gesteigert werden kann. Sämtliche bisher ausgeführten Flüge erfolgten mit ein und demselben Satz von Holzpropellern. Durch die Verwendung anderer Schrauben und insbesondere von Metallpropellern wird eine weitere Steigerung der Geschwindigkeit möglich sein. Bei einer Drosselung der Motoren auf 1850 Touren beträgt die derzeitige Reisegeschwindigkeit in 420 m Höhe 175 km Std.

Die Zusammenhänge zwischen Reichweite und Nutzlast sind auf dem Diagramm Abbildung 39 wiedergegeben. Die Reichweiten des Flugschiffes Do X sind unter Zugrundelegung eines mittleren Betriebsmittelverbrauches (Benzin und Öl) von 270 g für die Pferdekraftstunde ermittelt, unter der Voraussetzung gleichmäßiger Drosselung aller Motoren. Als Abszissen des Diagramms sind die Entfernungen in Kilometern, als Ordinaten die Nutzlasten in Kilogrammen aufgetragen. Die eingezeichneten geneigten Linien entsprechen Abfluggewichten des Flugschiffes von 45 bis 52t. Als Rüstgewicht wurde entsprechend der Tabelle (Abbildung 37 Spalte 2) 28000 kg in Ansatz gebracht. Um die reine Nutzlast zu erhalten, sind noch zusätzli-

Abb. 37: Übersicht über die Veränderung der Do X-Gewichte.

Lfd. Nr.	Baugruppe	Stand der Gewichte: im April 28 z. Zeit des Vortrages Spalte 1		gewogen am 31. 8. 29 Spalte 2		berichtigte Gew. entspr. dem Vortrag Spalte 3		Differenzen zwischen den Gewichten in Spalte 1 und 3: +		%		—		%	
1	Flügel mit Abstützung . . .	7 475	8	7 559	4	7 559	4	83	6	1	1	.		.	
2	Leitwerk	728	7	878	2	878	2	149	5	20	6	.			
3	Steuerung	322	5	363	5	363	5	41	0	12	7	.			
4	Boot	7 235	3	8 314	0	8 314	0	1 078	7	14	9	.		.	
5	Motorgondel mit Gondelbock	1 072	7	1 147	2	1 147	2	,4	5	6	9	.		.	
6	Anstrich	350	0	350	0	350	0			.		.		.	
7	Motor	4 721	0	5 121	6	5 121	6	400	6	8	5	.		.	
8	Auspuffanlage	39	0	39	0	39	0	.		.		.		.	
9	Propeller mit Nabe	720	0	1 101	9	1 101	9	381	9	53	0	.		.	
10	Motorregulierung	350	0	226	9	226	9	.		.		123	1	35	3
11	Benzinanlage	919	0	1 236	4	1 002	4	83	4	9	1	.		.	
12	Oelanlage	274	5	359	6	300	5	26	0	9	5			.	
13	Oel u. Benzin in den Leitungen	120	0	120	0	120	0			.				.	
14	Triebwerküberwachung . . .	130	0	278	2	109	5	.		.		20	5	15	8
15	Flugüberwachung	6	9	13	9	6	9	.		.		.		.	
16	Navigation	1	5	36	0	1	6	.		.		.		.	
17	Allgemeines Gerät	30	4	80	0	30	4	.		.		.			
18	Betriebshilfsgerät	194	8	417	5	188	0	.		.		6	8	0	35
19	Seeausrüstung	250	0	270	7	270	7	20	7	8	3	.			
		21 942	1	27 914	0	27 131	7	2 339	9	.		150	4	.	

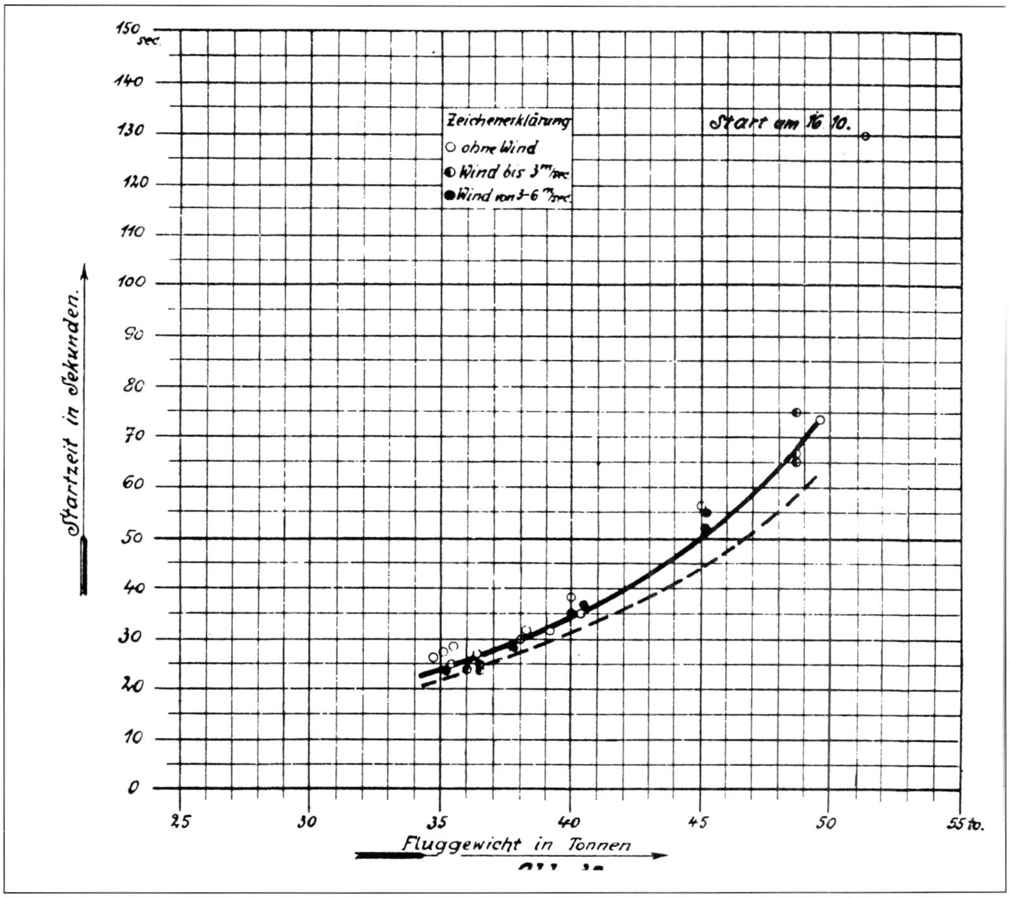

Abb. 38: Startkurve

che seemännische Ausrüstung, Besatzung und die Ausstattung der Passagierräume in Abzug zu bringen. Auf dem Diagramm ist dies in der Weise geschehen, daß die zusätzliche seemännische Ausrüstung konstant mit 500 kg, das Gewicht der Besatzung konstant mit 1000 kg in Ansatz gebracht wurde (Parallele zur Abszissenachse im Abstande 500 bzw. 1500 kg). Für die Ausrüstung wurde angenommen, daß dieselbe bei kurzen Entfernungen mit Rücksicht auf die alsdann größere Anzahl der Passagiere bedeutend höher sein wird als bei Langstreckenflügen mit naturgemäß geringerer Passagierzahl. Im Diagramm ist die Ausrüstung durch eine Linie in Ansatz gebracht, welche bei der Entfernung Null 2000 kg entspricht, um bei 4000 km den Nullpunkt zu erreichen.

Die vertikalen Abstände zwischen der Ausstattungslinie und den den verschiedenen Belastungszuständen des Flugschiffes entsprechenden stark geneigten Linien ergeben die jeweils als Nutzlast zur Verfügung stehenden Gewichte. Man findet beispielsweise bei 1000 km Entfernung und einem Abfluggewicht von 45 t die Nutzlast zu 7600 kg, das sind 76 Personen, die Person zu 100 kg gerechnet. Will man mit dieser Nutzlast auf die oben angegebene Strecke von 1000 km eine Windreserve von 50 Prozent« haben, so müßte man, wie aus dem Schaubild ersichtlich, mit zirka 48 t starten. Bei 2000 km ergeben sich, falls mit 48000 kg gestartet wird, 4900 kg zahlende Last. Um hierbei noch 30 Prozent Windreserve zu haben, müßte mit 52 t gestartet werden.

Die größte, überhaupt im ununterbrochenen Fluge zurücklegbare Strecke ergibt sich aus dem Diagramm zu etwa 3600 km, falls für Besatzung und Ausrüstung 1500 kg mitgeführt werden. Für ausgesprochene Langstreckenflüge müßte das Flugschiff mit sparsameren Motoren versehen werden.

Die Senkung des derzeitigen mittleren Betriebsmittelverbrauches von 270 g/PS Std. auf 220 g/PS Std. würde schon eine Steigerung der Reichweite von 3600 km auf 4400 km zur Folge haben.

Eine nicht unwesentliche Steigerung der Reichweite wird auch erzielt werden, sobald es gelingt, zwischen Propeller und Motor einen »Freilauf« einzubauen. Man kann dann im Sparfluge einzelne Motoren ganz abstellen, ohne den erhöhten Widerstand bzw. Kraftverlust stehender oder den Motor im Leerlauf durchdrehender Propeller in Kauf nehmen zu müssen.

VI. MÖGLICHKEITEN DER VERWENDUNG, WIRTSCHAFTLICHKEIT

Die Grenze der ohne Zwischenlandung mit der nötigen Betriebsmittel-Reserve zu bewältigenden Strecke, auf welche das Flugschiff in seiner heutigen Form unter günstigen meteorologischen Verhältnissen praktisch eingesetzt werden könnte, liegt bei etwa 2200 km. Bei dieser Entfernung würde sich bei 2000 kg zahlender Last und 30 Prozent Windreserve ein Abfluggewicht von etwa 50000 kg, entsprechend etwa 65 Sekunden Startzeit ergeben.

Diese Reichweite von 2200 km sieht, verglichen mit dem derzeitigen Langstreckenrekorde, welcher heute beinahe 8000 km erreicht hat, recht bescheiden aus. Sie bedarf einer näheren Erläuterung. Die hervorragenden Flugleistungen von Franco, Lindbergh, Köhl, Lacoste und vieler anderer, haben mit Recht die Bewunderung der ganzen Welt hervorgerufen. Sie haben auch ohne Zweifel dem Flugzeugbau neue Impulse erteilt. Man muß sich aber auch vergegenwärtigen, daß diese großen Leistungen nur möglich wurden durch eine Überlastung von Mensch und Material, die weit die Grenzen des normalerweise »Menschenmöglichen« überschreitet und ebenso weit über die Grenzen des technisch Zulässigen hinausgeht.

Wie weit die Spanne zwischen dem jeweiligen Stand des Langstreckenrekordes und den im praktischen Luftverkehr erreichten Leistungen ist, soll im nachfolgenden veranschaulicht werden:

Herr Joachim von Schroeder von der Deutschen Luft Hansa A. G. hat am 4. Oktober diesen Jahres vor der Technisch-Literarischen Gesellschaft in Berlin einen Vortrag über »Erfahrungen aus den Postexpreßflügen nach Sibirien und Spanien« gehalten. In seinen sehr interessanten Mitteilungen führt Herr von Schroeder aus, daß bei dem heutigen Stande der Technik auf eine Entfernung zwischen Berlin und Sevilla bei einer Zwischenlandung in Marseille, also bei einer Reichweite von 1250 km, mit einer Zuladung von 150 kg, höchstens aber 200 kg gerechnet werden könne. Die Flüge, auf welche sich

Abb. 39

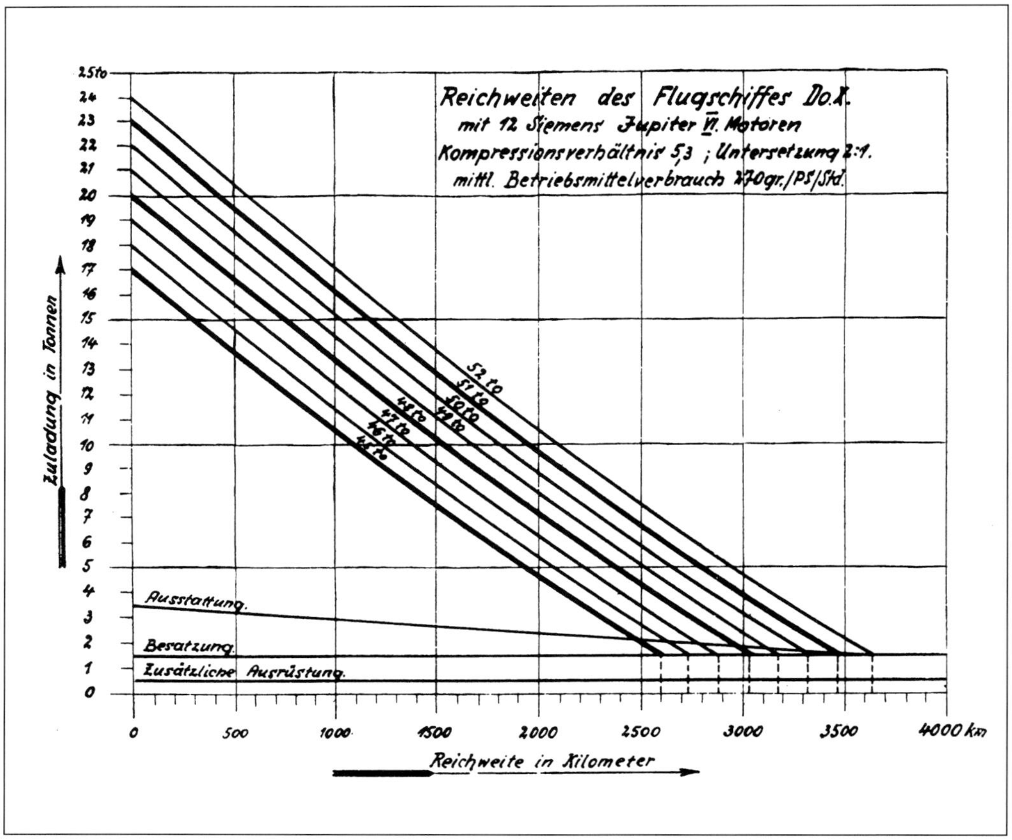

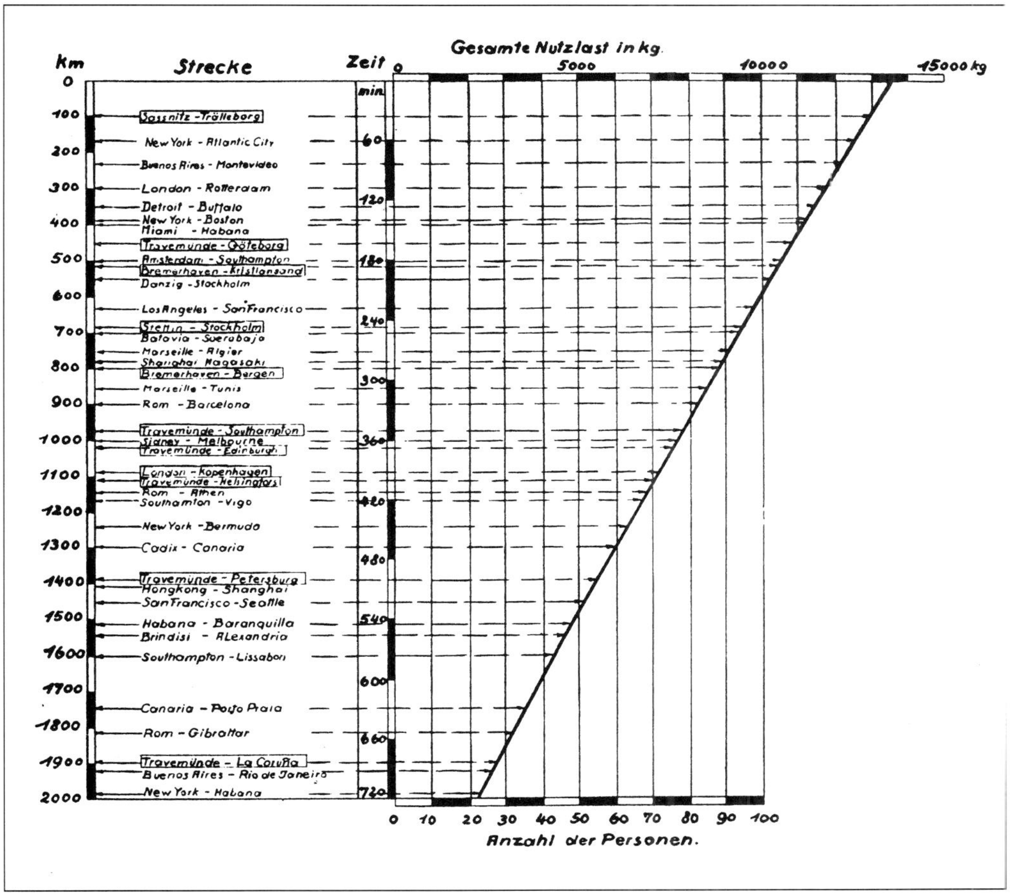

Abb. 40: Einsatzmöglichkeiten

seine Angaben beziehen, wurden durchgeführt mit einem Landflugzeug modernster Konstruktion mit 500pferdigem Hornet-Motor und einer Reisegeschwindigkeit von 170 km Std. Die Mitteilungen des Herrn von Schroeder besagen, daß die Grenze der derzeitigen praktischen Reichweite von Verkehrsflugzeugen bei etwa 1250 km liegt, denn eine noch geringere Nutzlast als 150 bis 200 kg würde wohl den Einsatz eines Flugzeuges nicht mehr lohnen.
Langstreckenrekord beinahe 8000 km! Größte im praktischen Luftverkehr, man müßte eigentlich noch beifügen »Postverkehr«, versuchsweise beflogene Strecke 1250 km! Vergleicht man die Angaben des Herrn von Schroeder mit der vorher angegebenen Reichweite des Flugschiffes von 2200 km, so ergibt sich für die Do X eine Verdoppelung der »praktischen Reichweite« gegenüber dem, was bisher im Luftverkehr möglich war. Man muß sich dabei noch vergegenwärtigen, daß es sich in dem von Herrn Schroeder zitierten Falle um ein Landflugzeug handelt. Trotzdem verhalten sich bei doppelter Reichweite des Flugschiffes die Nutzlasten wie 10: 1. Meines Erachtens kann man das Flugschiff mit größter Aussicht auf Wirtschaftlichkeit auf Strecken von 1000 bis 1500 km einsetzen. In Sonderfällen ist sogar Wirtschaftlichkeit gegeben auf ganz kurzen Strecken im Pendelverkehr. Die Möglichkeiten der Anwendung auch in europäischen Gewässern sind ungemein vielseitige. Besonders interessant erscheint mir der Einsatz in Gegenden, wo häufig mit Nebeln zu rechnen ist. Die infolge der Abmessungen erheblich gesteigerte Sicherheit beim Rollen oder Treiben im Seegang gestattet dem Flugschiffe, bei starkem Nebel erforderlichenfalls viele Kilometer außerhalb des anzulaufenden Hafens niederzugehen, um entweder mit eigener Kraft oder mit Hilfe eines Schleppers in den Hafen einzulaufen.
In der Abbildung 40 ist eine kleine Auslese verschiedener für das Flugschiff in Frage kommender Strecken eingetragen, und zwar anfangend mit Entfernungen von wenigen 100 km und endigend bei Entfernungen von 2000 km. Das Schaubild enthält die den jeweiligen Strecken zugeordneten Flugzeiten und zahlenden Lasten, ferner die Anzahl der

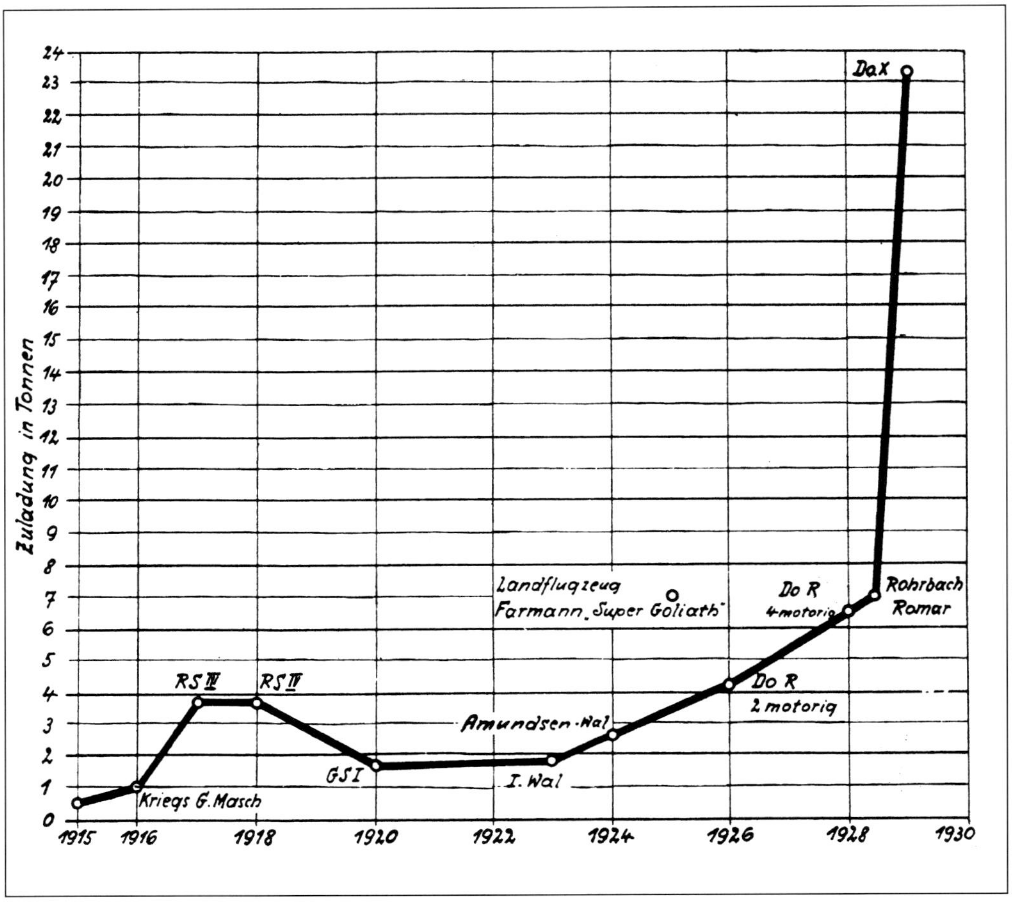

Abb. 41: Steigerung der Zuladung von 1918 bis 1929.

jeweils beförderbaren Personen, den Fluggast zu 100 kg gerechnet. Als obere Grenze der bequemerweise in dem Flugschiff unterzubringenden Personen sind 100 angenommen. Beträgt also die Nutzlast mehr als 10 000 kg, so müßte die Differenz in Fracht oder Post mitgenommen werden. Das Diagramm ist entworfen unter der Voraussetzung, daß das jeweilige Abfluggewicht ohne Windreserve 45 000 kg beträgt. In der Praxis würde sich also das Abfluggewicht noch um die als Reserve mitzunehmenden Betriebsmittelgewichte erhöhen. Bei 30 Prozent Reserve würde das bei 1800 km Reichweite zu etwa 49,5 t Abfluggewicht führen. Bei kürzeren Entfernungen fällt natürlich die Betriebsmittelreserve viel weniger ins Gewicht.

Wir entnehmen der Darstellung beispielsweise, daß zwischen Buenos Aires und Montevideo 12 000 kg Nutzlast befördert werden können, entsprechend 100 Personen und 2000 kg Post oder Fracht. Zwischen Hamburg und Southampton oder Marseille und Algier können 9000 kg Nutzlast oder 90 Personen, zwischen Travemünde und Southampton 7,8 t Nutzlast befördert werden. Auf der Strecke Brindisi-Alexandria können 45 Fluggäste mitgenommen werden. Wir haben eingehende Untersuchungen angestellt über die Unkosten, welche durch den Betrieb des Flugschiffes entstehen. wir sind dabei ausgegangen von einer vollkommenen Abschreibung der Zelle nach 5000 Betriebsstunden und der Motoren nach 1000 Betriebsstunden. Die Betriebsmittelkosten (Benzin und Öl) wurden angenommen mit RM 0,49 für das Kilogramm, die Versicherungsprämie für ein Jahr mit 16 Prozent des Neuwertes.

Unter Berücksichtigung aller sonstiger in Frage kommender Faktoren, jedoch ohne Verzinsung des Anlagekapitals, sind wir je nach der Länge der ohne Zwischenlandung zu befliegenden Strecke auf einen Kostenbetrag von 15 bis 18 RM für den Betriebskilometer des Flugschiffes Do X gekommen. Der Tonnenkilometer stellt sich bei einer Streckenlänge von 1000 km und einer jährlichen Flugleistung von 70 000 km auf etwa RM 2,–. Bei einer Strecke von 500 km und 55 000 km Jahresleistung sinkt der Tonnenkilometer auf RM 1,50.

VII. AUSBLICK

Auf dem Schaubilde (Abbildung 41) ist die Steigerung der Zuladefähigkeit von Flugzeugen innerhalb des Zeitraumes von 1916 bis 1929 dargestellt. Von 1918 bis 1928, also innerhalb von zehn Jahren, ist die Zuladung von 3700 kg auf 7500 kg gestiegen. Es hat also einer Zeit von zehn Jahren bedurft, um eine Steigerung von 100 Prozent, gegenüber dem Jahre 1918 zu erreichen. Das Flugschiff Do X bringt die Zuladung mit einem Schlage von 7500 kg auf 22 000 kg, verdreifacht also die Höchstzuladung von 1928 im Jahre 1929. Kann man angesichts dieses Diagramms Zweifel hegen, daß wir in weiteren zehn Jahren bei Zuladungen von 100 t oder noch mehr angelangt sein werden? Ich glaube nicht.

Das Luftmeer wird uns keine neuen unbekannten Schwierigkeiten entgegenstellen.

Durch den Bau des Flugschiffes Do X ist der Nachweis erbracht, daß die Vergrößerung der Abmessungen das Baugewicht nicht in dem ungünstigen Sinne beeinflußt, wie dies früher von vielen Autoren angenommen wurde. Die statischen Aufgaben und insbesondere die Dimensionierung der Bauglieder vereinfachen sich mit dem Wachsen der Kräfte. Alles wird handlicher, leichter zugänglich und billiger. Der Anteil von Ausrüstung, Instrumentierung Reserveteilen, Besatzung, Bedienung und Sicherheitseinrichtungen am Gesamtgewicht de Zelle nimmt mit wachsenden Dimensionen rasch ab.

Allein die Entwicklung der Motoren scheint nicht Schritt zu halten mit den Fortschritten im Bau der Zellen.

Aber gerade hier, glaube ich, wird das Flugschiff einen neuen Impuls geben. Zunächst wird es im zivilen Luftverkehr vielleicht gar nicht immer möglich sein, die volle Zuladefähigkeit des neuen Verkehrsinstrumentes auszunützen. Lassen Sie uns aber doch einige Hunderte oder gegebenenfalls sogar Tausende von Kilogrammen unseres Überflusses an Zuladefähigkeit dazu benützen, das Gewicht der Motoren und damit ihre Betriebssicherheit zu erhöhen und ihren Verbrauch zu senken oder dem Bootskörper eine noch höhere Widerstandsfähigkeit zu verleihen! Wir tun damit scheinbar einen Schritt zurück, aber in Wirklichkeit machen wir den Anfang dazu, die zivile Luftfahrt zu einer seriösen Angelegenheit zu machen.

Die Luftfahrt leidet heute sehr darunter, daß man allgemein behauptet, weiter zu sein, als man es in Wirklichkeit ist. Wir gehen von Spitzenleistungen aus, verallgemeinern sie und verlangen von Zelle, Motoren und Menschen weit mehr, als sie vernünftigerweise hergeben können.

Hier muß eine rückläufige Entwicklung eintreten. Die Vergrößerung der Dimensionen gibt uns ein Mittel an die Hand, unsere Anforderungen an Menschen und Material herabzusetzen und doch noch im Bereich des Wirtschaftlichen zu bleiben.

Ich bin am Schluß meiner Ausführungen angelangt. Wenn ich heute zurückblicke auf die Schwierigkeiten, welche sich dem Unterfangen, das erste »Flugschiff« zu bauen, entgegenstellten, so muß ich bekennen, daß die technischen Hemmungen relativ klein waren im Vergleich mit den finanziellen und ganz besonders mit den moralischen Widerständen, die zu überwinden waren.

Das Schlagwort von dem »zu großen Sprunge« hat mir viel zu schaffen gemacht, und nachdem der Wurf gelang, taucht die neue Phrase auf, daß das Flugschiff der »Zeit und dem Bedürfnis« vorauseile.

Das Flugschiff Do X wäre selbstverständlich niemals gebaut worden, wenn ich nicht die absolute Überzeugung gehabt hätte, daß es sich um eine folgerichtige Weiterentwicklung handle, die, gestützt auf unsere 15jährigen Erfahrungen und die Hilfsmittel moderner Forschung und Wissenschaft, kein größeres Risiko in sich barg als jede andere bedeutende Ingenieur-Schöpfung.

Ich bin mir bewußt, daß noch ein weiter und dornenvoller Weg zu gehen ist, um dem neuen Verkehrsmittel seinen Platz an der Sonne zu sichern. Ich weiß aber, daß, nachdem die Tat vollbracht, heute schon das »Bedürfnis« entstanden ist. Nicht jenes, meist künstlich erzeugte und durch Subventionen zu Leben erhaltene, das wir heute Luftverkehr nennen, sondern das wahre, den Notwendigkeiten des Lebens entstammende Bedürfnis, das die Wirtschaftlichkeit implizite enthält.

Allem Anscheine nach wird wohl das Ausland zuerst die Früchte unserer Arbeit ernten, das verhindert aber nicht, daß in späteren Jahren auch unser liebes Vaterland Nutzen ziehen wird aus der Erbauung des ersten »Flugschiffes«.

Neue Motorträger und -gondeln für die Curtiss-Motoren mußten im Sommer 1930 gebaut werden.

UMRÜSTUNG AUF CURTISS-MOTOREN

Im Laufe der Flugversuche mit der Do X mit den luftgekühlten Siemens-Jupiter-Motoren zeigte sich, daß die Zylindertemperaturen der hinteren Motoren nicht immer zufriedenstellend waren und die erwartete Dauerleistung nicht ganz erreicht wurde. Man faßte deshalb den Entschluß, die Do X auf wassergekühlte Triebwerke umzustellen. Das amerikanische Curtiss-Conqueror-Triebwerk mit einer Startleistung von je 640 PS gegenüber 525 PS bei den Siemens-Motoren schien dafür am geeignetsten zu sein. Der Umbau wurde in der Zeit vom Februar bis August 1930 durchgeführt. Anstelle der verkleideten Motorgondel-Abstützungen wurde jetzt auf offene Träger übergegangen. Der Oberflügel entfiel, zwischen den Motorgondeln blieben jedoch Abstützstreben. Der erste Flug mit der umgerüsteten Do X fand am 4. August 1930 statt, und die Werkserprobung wurde nach 27 Flugstunden am 31. Oktober 1930 abgeschlossen. Werksintern wurde das Flugschiff nun Do X 1b genannt, die Bezeichnung mit den früheren Siemens-Motoren lautete Do X 1a.

Umbau der Do X auf die leistungsstärkeren, wassergekühlten Curtiss-Conqueror-Motoren mit je 640 PS.

Blick über fünf Triebwerksgondeln.

Versuchsweise wurden die hinteren Motoren mit Zweiblatt-Propellern ausgerüstet.

Blick auf die zwei äußeren Motorgondeln mit Zusatzwasserkühlern.

Do X nach dem Umbau auf Curtiss-Motoren

Letzte Einstellarbeiten an den hinteren Motoren nach dem Umbau (S. 104 oben).

Äußerer Backbord-Motor mit Aufstiegsleiter vom Flügel-Kriechgang zum Wartungsraum in der Gondel (S. 104 mitte).

Die Triebwerksstützen blieben beim Umbau auf die Curtiss-Motoren ohne die Voll-Verkleidung, der Oberflügel wurde durch Versteifungsstreben ersetzt (S. 104 unten).

Die Do X wird nach dem Umbau auf Curtiss-Motoren aus der Halle gebracht.

Dieses Bild zeigt den scharfen Schiffsbug der Do X, links vorne der Anker.

Vorne am Bug ist die Antenne des Telefunken-Peilgerätes zu sehen.

Do X im Schlepp auf dem Bodensee.

Do X auf der Ablaufbahn

Kielwasserbildung beim Rollen auf dem Wasser.

Beim Rollen mit erhöhter Fahrt; die Zusatzkühler unter den Motorgondeln fehlen; zu beachten die Mechaniker unter den Motoren.

Wenige Meter über der Wasserfläche des Bodensees.

Der Blick von unten zeigt die typische Formgebung des Bootsbodens.

D-1929
DORNIER

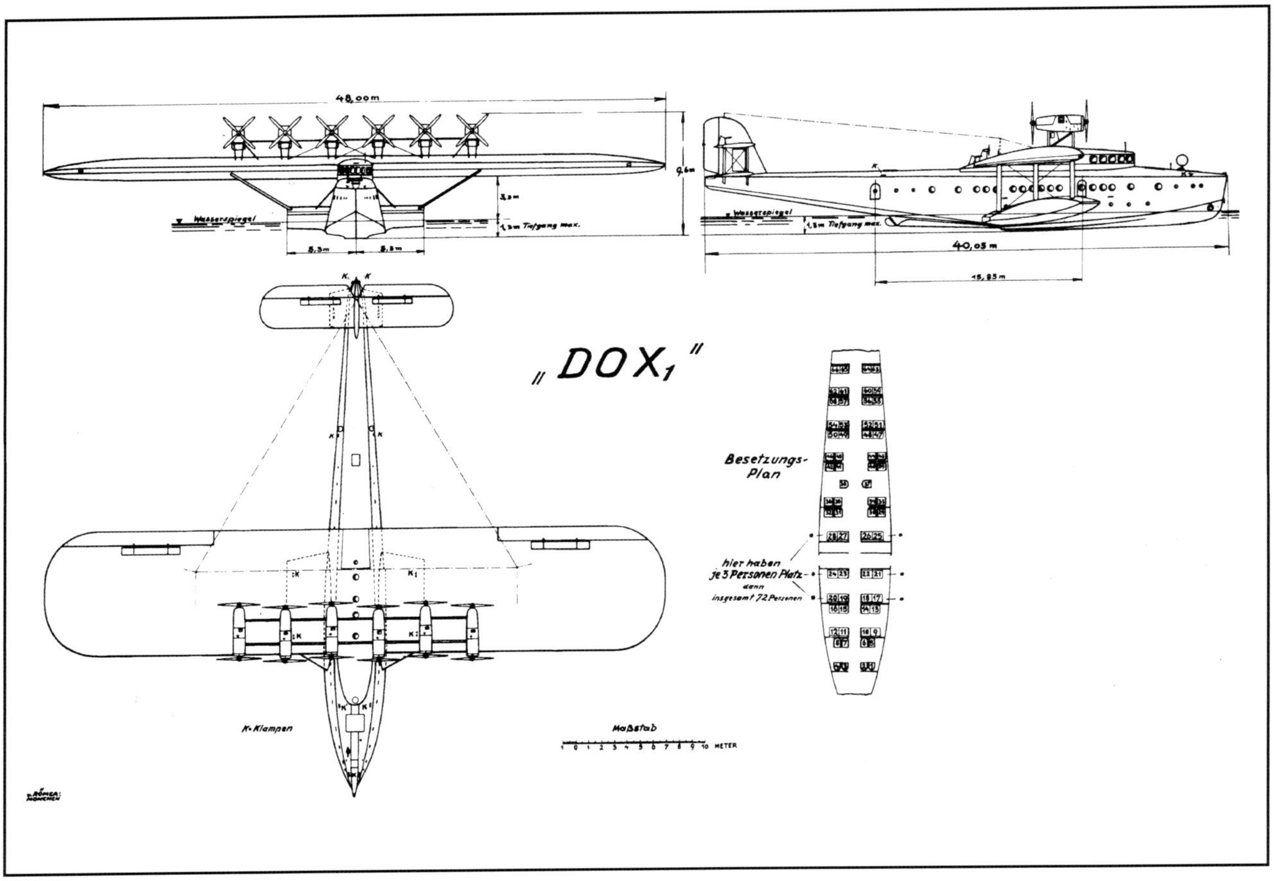

48,00m
9,6m
3,3m
Wasserspiegel
1,3m Tiefgang max.
5,3m
5,3m
40,05m
15,85m
„DOX1"
Besetzungs-Plan
hier haben
je 3 Personen Platz
dann
insgesamt 72 Personen
K-Klampen
Maßstab
0 1 2 3 4 5 6 7 8 9 10 METER

Wenige Sekunden vor dem Aufsetzen.

Do X bei Verdrängungsfahrt mit deutlicher Bugwelle (S. 110 oben).

Dreiseitenansicht und technische Daten der Do X (S. 110/111).

Das erste Flugschiff der Welt
Dornier Do X

ABMESSUNGEN

Spannweite	48 m
Gesamtlänge	40,05 m
Gesamthöhe (bei laufender Luftschraube)	10,25 m
Tiefgang bei 50 t Verdrängung	1,05 m
Gesamte Flügelfläche	486,2 m²
Flügeltiefe	9,5 m
Größte Breite des Schiffskörpers ohne Seitenflossen	4,8 m
Größte Breite des Schiffskörpers mit Seitenflossen	10,0 m
Gesamtlänge der für Fluggäste verfügbaren Räume	23,5 m
Mittlere Breite der Fluggasträume	ca. 3,2 m

Inhalt der Brennstoffbehälter:

4 Behälter à 3000 l im Schiffsraum	12000 l
4 weitere Behälter im Schiffsraum und Flügelnase insgesamt	4000 l
Brennstoffvorrat normal:	16000 l

Einbau von Zusatzbehältern im Schiflsraum vorgesehen:

2 Behälter à 1700 l	3400 l
4 Behälter à 1300 l	5200 l
Maximaler Brennstoffvorrat:	24600 l

Inhalt der Ölbehälter:

6 Behälter in Motorgondeln à 100 l	600 l
1 Behälter im Schiffsraum	1300 l
Gesamter Ölvorrat:	1900 l

GEWICHTE

Reingewicht	28,2 t
Rüstgewicht	30,0 t
Abfluggewicht normal	46,0 t
Abfluggewicht maximal	54,0 t

Flugleistungen bei normalem Fluggewicht:

Höchstgeschwindigkeit je nach Wahl der Motoren	210 – 230 km/h
Reisegeschwindigkeit	170 km/h
normale Betriebsstoffanlage für	12 h Reiseflug

DER EUROPAFLUG 1930

Nachdem die Flugerprobung der Do X auf dem Bodensee ohne nennenswerte Probleme erfolgreich abgeschlossen worden war, konnten die Vorbereitungen für größere Demonstrationsflüge getroffen werden. Die erste Tour, der Europaflug, sollte in sechs Etappen über Holland, England, Frankreich, Spanien nach Portugal führen. Vom 5. bis 28. November 1930 flog die Do X in einer Gesamtflugzeit von 29 h 16 min eine Strecke von 4148 km. Auf einigen der Etappen waren Industrievertreter, Luftwaffenoffiziere und Journalisten als Fluggäste an Bord, und in den angeflogenen Häfen wurden Rundflüge und Besichtigungen durchgeführt. Dieser Europaflug erregte nicht nur in der Presse, sondern auch bei der Fachwelt großes Aufsehen, da das Flugschiff erstmals weitab von der heimatlichen Herstellerfirma seine Zuverlässigkeit und Sicherheit beweisen konnte. Den Bericht stellte Dr. E. Tilgenkamp für die »Aero Revue« zusammen.

Die Vorbereitungen
Das Einfliegen und die Erprobung des ersten Flugschiffes am Bodensee wurde durch die Musterprüfung und Zulassung zum Luftverkehr durch die Deutsche Versuchsanstalt für Luftfahrt, Berlin-Adlershof, zum Abschluß gebracht. Das Schiff erhielt die Zulassungsnummer D 1929 und war klar zur Erprobung auf See. Es bedurfte naturgemäß einer bis ins kleinste gehenden Vorbereitung des Flugprogrammes. Für das Schiff mußten Reserveteile, Ersatzmotoren, Luftschrauben usw. auf verschiedene Etappen vorausgesandt werden. Überall mußte für Ankerbojen, Motorboote, Tender für die Betriebsstoffübernahme gesorgt werden. Die Durchflug- und Einflugerlaubnis der verschiedenen fremden Länder waren mit Hilfe des Auswärtigen Amtes einzuholen und Paßformalitäten der Besatzung zu erledigen.
Die Seekarten, nautischen Instrumente, Ferngläser wurden beschafft, selbst die Continentalschreibmaschine durfte nicht fehlen. In großzügiger Weise hatte die Vacuum Oil Co., New-York, durch ihre Hamburger Niederlassung die Betriebsstoff-Depots für Benzin und Öl auf der ganzen Strecke angelegt und die Betriebsstoffe kostenlos geliefert.
Die Wetterberatung durch die Deutsche Seewarte, Hamburg wurde genau durchberaten, um allen Eventualitäten gewachsen zu sein.

Der Funkbetrieb mußte mit der »Debeg« vereinbart werden, damit Bauwerft und Wetterwarte stets in Verbindung mit dem Flugschiff bleiben konnten.
Proviant, Bekleidung, Getränke, Reservetrinkwasser, Küchengeschirr, Wäsche, kurz eine Ausrüstung wie für ein kleines seegehendes Schiff war zusammenzustellen und auszuwählen, und hier hat eine große Anzahl deutscher Firmen in vollem Verständnis der Wichtigkeit dieses Flugunternehmens der Firma Dornier in uneigennützigster Weise geholfen.

Prof. Dornier im Gespräch mit Kapitän Friedrich Christiansen, dem Kommandanten der Do X.

Do X im Flug über Santander (S.112).

Do X im Hafen von Schellingwoude bei Amsterdam.

Nur durch solche minutiösen Vorbereitungen aller Punkte war die Schiffsleitung vor Überraschungen geschützt und konnte endlich am 5. November 1930 den Abflug vom Bodensee mit dem Gefühl antreten, nichts versäumt zu haben, was zum guten Gelingen notwendig war.

Von Altenrhein nach Lissabon

Am 5. November galt es für die Do X die Zweifler und Skeptiker der Welt zum zweitenmal zu besiegen. Als Dr. Dornier den kühnen Entschluß zum Bau des großen Flugschiffes faßte, erklärte eine halbe Wissenschaft, daß ein solcher Flugriese niemals fliegen werde.

Als dann das Schiff doch flog – und zwar vom ersten Tage an, da es zu Wasser gebracht wurde – behaupteten die gleichen, vom Vorurteil befangenen Fachleute und Laien, daß der Flugriese niemals den Bodensee verlassen werde.

So hatte denn endlich nach langem Warten die Stunde geschlagen, in der unser silberner Vogel gleich den Zugvögeln gen Süden der Sonne entgegen zur Wärme ziehen sollte. Am Bodensee hielt gerade der Winter seinen Einzug.

Der Morgennebel und spät eintreffende Wettermeldungen ließen einen frühen Start nicht möglich werden. Endlich waren die Streckenmeldungen beisammen. Wenn auch nicht rosig, ließen sie doch ein Gelingen des ersten Etappenfluges erhoffen. Zum letzten Mal verließ das Flugschiff die Riesenhalle seiner Mutterwerft. Rasch war es im Wasser und schon rollten wir hinaus auf den See. Ein letztes Winken der wenigen am Ufer zurückgebliebenen Freunde.

Die Motoren wurden noch einmal gründlich durchkontrolliert, denn für die ersten Stunden gab es keine Landungsmöglichkeit. 11.30 Uhr donnerten die Motoren auf Vollgas, der Flug begann. Es war der schönste, den wir miterleben konnten. Diese Triumphfahrt eines Werkes modernster Technik, vorbei an den alten Städten und Denkmälern unserer Geschichte und Tradition, entlang dem Laufe des rebenbekränzten Rheines, wird uns allen unvergeßlich bleiben.

Um ja keine Zeit zu verlieren, wurden die großen Windungen des Flusses durch Überlandflüge abgeschnitten. Meistens hielten wir den Fluß zur linken Hand, über bunt leuchtende Wälder oder kahle Weinberge dahinziehend. Überall jubelnder Empfang,

sei es durch die Begleitflugzeuge, deren erstes in Basel aufstieg, um sozusagen auf der ganzen Strecke immer wieder von einem neuen abgelöst zu werden, bis zum letzten, das mit uns auf der Zuidersee landete, sei es durch das Winken der Tausende und aber Tausende von Neugierigen, die sich auf den Plätzen der Dörfer und Städte, auf Kirchtürmen und Höhen angesammelt hatten, sei es durch die Sirenen der Rheinschiffe und der Fabriken, deren schrillen Ton wir zwar nicht hörten, aber deren Funktionieren wir am weißen Dampf erkennen konnten.
11.52 Uhr verließen wir den Bodensee. Durch den Morgennebel drang eben die Sonne. 12.40 Basel. 13.30 Straßburg mit seinem ehrwürdigen Münster. 14.25 die Nibelungenstadt Worms. 14.40 Mainz. 15.15 Andernach, die einstige Residenz der Merowingerkönige. 15.40 Köln mit dem ewigen Dom. 16.00 Duisburg, 16.30 die deutsch-holländische Grenze, 16.50 Uhr die Zuidersee bei Niykerck und 17.05 Uhr der Flughafen Schellingwoude bei Amsterdam. So legten wir in 5 Stunden und 5 Minuten mit einer Durchschnittsgeschwindigkeit von 154 Std./km die 786 km lange Strecke Bodensee-Zuidersee zurück. Die Sicht war keineswegs die beste. Zeitweise flogen wir durch Nebelbänke, die unten im Industriegebiet so dicht wurden, daß es um 16 Uhr schon dunkelte. Ein besonderes Schauspiel war das Erreichen der Zuidersee. Wir waren alle schon auf eine Nachtlandung gefaßt, als im letzten Moment der Himmel sich aufklärte und weit draußen die Sonne als rotglühender Ball ins Meer sank.
An Bord verlief alles so reibungslos, so störungslos und so selbstverständlich, daß uns der ganze Flug wie ein Märchen vorkam. Das Flugschiff hat in jeder Beziehung das gehalten, was wir von ihm erwartet hatten.
Amsterdam, das nordische Venedig, hielt uns vier volle Tage in seiner angenehmen, jedoch unsere Ungeduld steigernden Gefangenschaft. Bestimmt nicht, weil – wie die Presse vermutete etwas am Flugzeug nicht in Ordnung war, sondern weil nicht weniger als 2000 Besucher aus allen Gegenden der Niederlande ihr Kommen angemeldet hatten. Diese Besucher, so lieb und so willkommen sie uns auch waren, haben uns sehr viel zu schaffen gemacht, ja, sie haben uns größere Sorge bereitet als die eine Erholung darstellenden Flüge. Welche Angst haben wir ausgestanden, wenn sie zu Dutzenden mit ihren Booten im Schnelltempo gegen unser Flugschiff herangebraust kamen. Die vielen Beulen und ziehharmonikaähnlichen Eindrücke an den Stummeln beweisen am besten die Berechtigung unserer Angst und unserer Vorsicht. Noch ein Rundflug über der Stadt mit dem Höchstkommandierenden der niederländischen Flotte, Admiral Quant, den Vertretern der holländischen Presse, die so begeistert über das Flugschiff schrieb, und weiter ging die Fahrt. Am 10. November starteten wir mit 21 Passagieren nach Southampton. Bei mittlerem Seegang und einem Abfluggewicht von 45 Tonnen betrug die Startzeit 35 Sekunden. Kaum waren wir richtig in der Luft, als ein Träger eines außen an der Motorgondel angebrachten Ölkühlers riß. Landen, Reparieren und wieder Starten war eine Sache von 20 Minuten. Noch eine Abschiedskurve über Amsterdam und weiter ging der Flug entlang der sandigen Küste Hollands und Belgiens mit ihren weltberühmten Nordseebädern. Zwischen schwe-

Do X über dem Turm der Seeflugstation Calshot, begleitet von englischen Wasserflugzeugen.

Der Prince of Wales begibt sich an Bord zu einem Rundflug.

Vor dem Aufsetzen in La Coruna.

ren Kumuluswolken, die phantastische Schatten auf das grünlich schimmernde, bewegte Meer warfen, drang die Sonne und ließ die Hunderte und Tausende von Glasdächern der weltberühmten holländischen Blumenkulturen silbern aufglitzern. Im Gegensatz zur ersten Etappe waren wir diesmal nicht allein. Die 21 Passagiere krabbelten in der Maschine herum wie die Bienen in ihrem Korb. Sie alle hatten das gleiche Gefühl einer unbegrenzten Sicherheit und einer wirklich mondänen Bequemlichkeit. Auch bei diesem Flug war über die Maschine nichts Außergewöhnliches zu berichten, als die Tatsache, daß alles wieder so einwandfrei und regelmäßig funktionierte, daß einem der Flug als selbstverständlich vorkam.

Hinter Zeebrügge verließen wir die Küste, um bei Dover England zu erreichen. Entlang den weißen Kreidefelsen ging es vorbei an Folkestone, Brighton, durch seinen riesigen Strand und seine eleganten Hotels schon von weitem als ein bedeutender Badeort erkennbar, gegen Portsmouth.

Hier wurde uns der erste Empfang der sportbegeisterten Engländer zuteil. Ein Begleitflugzeug kam auf uns zu, noch eins, und noch eins, bis zum Schluß unser stolzes Schiff begleitet von 15 Flugbooten über dem großen runden Turm der Seeflugstation Calshot kreiste, der vor wenigen Jahren Zeuge des Schneidercup gewesen war. Weich und glatt landeten wir wenige Meter vor der Ankerboje. Begrüßung durch die Behörden, Ausbooten der Passagiere, Sturm der Presse, alles Dinge, an die wir uns so langsam gewöhnen mußten. Wir wollten so schnell wie möglich weiter, doch leider wollte es das Schicksal anders. Die auf Dienstag vorgesehene Besichtigung des Schiffes durch den englischen Thronfolger war von diesem auf Mittwoch verschoben worden. So ließen wir den Sturm der Besichtigung über uns ergehen und feierten, was von den Engländern mit besonderer Genugtuung registriert wurde, durch Setzen der Flagge auf Halbmast und zwei Minuten Ruhepause den 12. Jahrestag des Waffenstillstandes.

Es darf hervorgehoben werden, daß die Engländer das Schiff mit besonders kritischen Augen betrachtet haben. Kein Winkel blieb ihnen verborgen. Sie krochen in die Flügel, stiegen ins Betriebsstoffdeck hinunter, probierten das Spiel der Steuerung, kurz, man merkte, daß wir im Lande des Flugsportes

und der Flugfachleute waren. Ihre Kritik war gut. Einzig die 12 Motoren wollten ihnen nicht gefallen. Sie fanden ihre Zahl etwas zu hoch. In der Tat geben 12 Motoren eine ungewöhnlich hohe Zahl von Störungsquellen. Bedenken wir 144 Kolben, die sich in der Minute 2000mal auf- und abwärtsbewegen, 288 Zündkerzen und 576 Ventile!
Um ein Schiff mit einem Totalgewicht von fast 54 Tonnen mit einer Geschwindigkeit von 200 Std./km durch die Luft zu ziehen, braucht es einen Kraftaufwand von rund 6000 PS. Gerne hätte der Konstrukteur weniger, aber dafür stärkere Motoren genommen. Aber wo soll er sie hernehmen? Wir besitzen heute noch keine Motoren von 800, 1000 oder gar 1500 PS mit der Betriebssicherheit, der leichten Gewichtseinheit und dem mäßigen Betriebsstoffverbrauch der heutigen 5-600 PS starken Maschinen. Die Motorentechnik hat leider mit der Entwicklung des Flugbootbaues nicht Schritt gehalten, und es ist ein ernstes Gebot der Zukunft, raschestens leistungsfähigere und betriebssicherere große Flugmotoren zu schaffen.
Ausgerechnet am 13. fand der Flug mit dem Prinzen von Wales statt. Alle Zeitungen haben ja registriert, daß er selbst am Steuer gesessen, daß er im Flug die Maschine, wie deren Funktionieren eingehend besichtigte und daß er befriedigt über die Leistungen der Do X war. Mit einer erstaunlich hohen Fachkenntnis stellte er seine Fragen und mit einer hinreißenden Liebenswürdigkeit unterhielt er sich mit fast allen Mitgliedern der Besatzung. Nachdem er so das Flugschiff selbst ausprobiert hatte, wollte er noch einen Start von Land aus sehen. Hierbei präsentierte ihm Schildhauer die Meisterleistung eines Startes von 21 Sekunden.
Am nächsten Tag herrschte ein solcher Nebel, daß auch die Verkehrsflugzeuge nicht starteten.
Auch am 15. November war es ungewiß, ob die weiße Schicht der Sonne weichen würde. Als ich am Morgen mit den Passagieren zur Flugstation kam, war von unserer Do X, die nur 500 m vom Landesteg entfernt ankerte, nichts zu sehen. Erst gegen 11 Uhr lichtete der Nebel. Um 11.30 Uhr konnten wir das gastfreundliche Land der Sportflieger verlassen. Schon beim Start kündete sich der uns harrende sensationelle Tag an. Gerade als wir fast auf Stufe liefen, schoß ein Rennboot daher, hielt auf einem halben Meter Entfernung unsere Geschwindigkeit, und mit einem kühnen »Telisprung«, der seinesgleichen sucht, sprang ein Mann auf den Stummel. Wir wollten ihn eben (alles in voller Fahrt) wieder in das Boot zurückspedieren, als der mitfliegende Gast Master of Sempill in ihm den bekannten eingeladenen englischen Flieger Captain Beard erkannte.
Reichlich spät starteten wir bei ziemlich bewegter See. Schnell war der Solent über-

Do X am Liegeplatz in La Coruna.

quert und Kurs auf die normannischen Inseln genommen. Fast eine Stunde lang flogen wir über das Meer, um uns nichts als Himmel und Wasser, so weit das Auge reichte. Zwischen der Insel Aldernay und dem Cap de la Hague erhaschten wir einen kurzen Moment den Ausblick auf die felsigen, zerklüfteten Küsten, um gleich darauf wieder zwischen Himmel und Wasser zu schweben. Die Insel Guernsey rechts haltend, zog das Schiff seinen Weg zum Atlantischen Ozean. Wir hatten starken Gegenwind und kamen daher verhältnismäßig langsam vorwärts. Je mehr wir uns der Westspitze Frankreichs näherten, verschlechterte sich das Wetter. Die Küste blieb in respektabler Entfernung, so daß es uns nicht vergönnt war, die Schönheiten der Bretagne zu bewundern. Nach dreistündigem Flug erreichten wir bei der Insel Quessant den nordwestlichen Zipfel Frankreichs und den Atlantischen Ozean. Das Wetter hatte sich sehr verschlechtert Alles war grau in grau. Gerade Kurs auf Bordeaux haltend, ließen wir die Küste weit links liegen. Einzig die Inseln Belles und Yeu zeigten uns besiedelte Landflächen. Die Dämmerung kam überraschend schnell. Oben auf der Kommandobrücke rechneten Kapitän Christiansen und Navigationsoffizier Niemann aus, daß kalendermäßig in Bordeaux bei klarem Wetter die Nacht um 17.40 Uhr herniedersinken müsse. Als wir die Insel Yeu erreichten, standen die Zeiger auf 16.45 Uhr. Es war also unmöglich, bei dem starken Gegenwind den noch 200 km entfernten Ankerplatz von Bordeaux in einer Stunde zu erreichen. Als wir eben, um einen geeigneten Ankerplatz vor Bordeaux zu finden, der Küste zuflogen, traf uns das Streufeuer des Leuchtturmes von Sables d'Olonne. Dann sank die Nacht hernieder, und auf offenem Meer in der Nähe der Insel Ré bei La Rochelle ging das Flugschiff zu Wasser. Die Nacht war hereingebrochen. Weit, weit am Horizont schimmerte ein kleines Lichtlein: La Rochelle. Um uns der Hugenottenstadt etwas zu nähern, rollte die Do X zwei Stunden lang über die bewegte See dahin. Eine bemerkenswerte Leistung für das Schiff und die Motoren. Wir hatten eben beschlossen, für die Passagiere die Betten herzurichten und das Abendessen zuzubereiten, als ein Dampfer auf uns zuhielt. Der gute Kapitän war sichtbar erschrocken ob des mystischen Ungeheuers, das mit seinen leuchtenden Bullaugen im Scheine des eigenen gegen die Tragfläche gedrehten starken Scheinwerfers wie ein vorsintflutliches Ungeheuer ausgesehen haben mag. Er kam gerade vom Fischfang und wußte noch nicht, daß unser fliegendes Schiff auf seiner Europareise war. Die Passagiere wurden nach La Rochelle gebracht, wohin auch die Do X am andern Morgen rollte. Für uns alle war diese improvisierte Nachtlandung auf hoher See ein schönes Erlebnis. Einzig der arme Funkoffizier Kiel hat sie verwünscht, denn zwei Stunden lang versuchte er vergeblich, im Schweiße seines Angesichtes eine Verbindung mit der Welt herzustellen, bis endlich der Dampfer Arizona sein »Punkt-Strich-Flehen« hörte. Am andern Tag ging es nach Bordeaux, wo uns

Start im spanischen Hafen La Coruna.

kurz nach der Landung auf der Gironde die unangenehme Nachricht überbracht wurde, daß die avisierten Gäste aus Paris erst in zwei Tagen kommen werden, da sie nicht abgefahren seien, in der Meinung, der Do X sei ein Unglück bei La Rochelle zugestoßen. Also wieder zwei Tage warten und wieder Besucher, wieder der Sturm der Presse. Endlich fanden die Gäste doch den Weg nach Bordeaux, wir konnten unsere Rundflüge absolvieren. Ihnen folgte der versprochene Flug über die Stadt mit anschließendem Versuch, die Marinestation beim Lac d'Hourtin zu erreichen. Die Wolken, die bis auf 30 m herunterhingen, versperrten den Weg. Nach einstündigem Versuchen durchzukommen, kehrten wir zum alten Landungsplatz zurück. Doch welche Überraschung! Der Wind hatte umgeschlagen und stand genau entgegengesetzt der äußerst starken Strömung der Gironde. Das alte Lied der Wasserflieger hob an. Wie soll man unter solchen Umständen landen? Gegen den Strom oder gegen den Wind? Man entschließt sich, mit Rükkenwind gegen den Strom zu wassern. Weich setzte die Maschine auf, als sie im gleichen Moment vom Rückenwind erfaßt vorne ins Wasser gedrückt wurde und im Bruchteil einer Sekunde einen rechtwinkligen Hackenschlag nach links machte. Die Wucht der Drehung verursachte eine kleine Unordnung. Die Maschine, oder besser gesagt das Boot, hat bei dieser außergewöhnlichen Kraftprobe einem ungeheuren Druck standhalten müssen. Die sofortige Kontrolle ergab, daß auch nicht das geringste am und im Boot gelitten hatte, außer unserem schönen Porzellan, das schaufelweise als Trümmer durch das kleine Bullauge der Küche in die gelben Fluten der Gironde flog.

Am denkwürdigsten bleibt uns allen der Flug über den Golf von Biscaya vom 20. November. Anfänglich, als das Schiff der flachen Küste der »Landes« entlangflog, ging alles gut. Je mehr wir uns den Pyrenäen näherten, wuchs die Stärke des Windes. Bei Biarritz erhielten wir die ersten Backpfeifen. Der Wind wuchs zum Sturme an. Die See war sehr bewegt; so weit das Auge reichte, eine bleierne Fläche mit Tausenden und aber Tausenden von weißen Wellenkämmen. Die von den kalten Höhen der zum Teil schneebedeckten Pyrenäen gegen das warme Wasser stoßweise niedersteigenden Winde schüttelten gewaltig an unserem Schiff, so daß die Piloten zeitweilig das Verwindungssteuer auf seinen größten Ausschlag bringen mußten.

Über dem Turm von Belem, dem Wahrzeichen Lissabons.

Die Do X schaukelte ganz ordentlich, doch nicht wie wir es bisher im Flugzeug gewohnt waren mit kurzen, harten Schlägen, sondern in weichen, langsamen Bewegungen, wie ein Dampfer auf stürmischer See. Wir hatten schon Santander passiert, als die Berechnung ergab, daß Coruna erst mit der Dunkelheit erreicht werden könne. Die Tage sind eben Ende November sehr kurz, gegen 5 Uhr wird es schon Nacht. So entschloß sich Christiansen umzukehren und in der bei Südwind gefährlichen Bucht von Santander zu landen. Als die Maschine über dem wunderbaren königlichen Schloß zur Landung ansetzte und wir unten die zwei Meter hohen Wellen sahen, war es uns, offen gestanden, nicht gerade zum Singen zumute (nur einer sang auch in diesem Moment: unser Bordkanarienvogel, der sich vollständig an das Schiff gewöhnt hatte). Mit 90 km in diese Wellenbrecher hineinzujagen ist sicher keine Kleinigkeit. Ich überlasse es gerne den Mathematikern, die Wucht des Aufpralles zu berechnen; zu unserem größten Erstaunen zeigte uns ein weicher, dumpfer Schlag an, daß wir das Wasser berührten; ein zweiter, das Flugschiff sprang über die Wellen und setzte wirklich weich ins nasse Element ein. Die Verankerung war ein neues Problem, denn die Windstärke wuchs von Minute zu Minute. Kaum waren die Passagiere an Land, blies der scharfe Süd mit solcher Wucht, daß es nicht mehr möglich war, mit den großen Fischermotorbooten eine Verbindung zwischen dem Hafen und der 3 km draußen ankernden Do X herzustellen. Um die beiden faustdicken Ankertaue zu entlasten, mußten die ganze Nacht 4 Motoren laufen.

Wir dürfen wirklich feststellen, daß das Flugschiff in Santander seine Seeprüfung gut bestanden hat. Es hat sich im Sturm in der Luft wie auf dem Wasser bewährt.

Die nächsten zwei Tage brachten keine Besserung des Wetters. Endlich am 23. konnten wir den Flug nach Coruna entlang der wundervollen Küste Kantabriens fortsetzen. Landschaftlich war dies einer der schönsten Flüge. Die von den Höhen des Pico d'Europa gegen das Meer eilenden zahlreichen Flüsse schneiden am Ufer tiefe Fjorde in die steile felsige Küste und geben dem Land einen wildromantischen Charakter. Nach zweistündigem Flug erreichten wir Cap Ortugal, die Nordwestecke Spaniens, und verließen den Golf von Biscaya. Die Landung in Coruna war ein Kapitel für sich. Als wir wenige Meter hoch mitten über der Stadt zum Gleitflug ansetzten, schossen die drei zu unserem Empfang herbeorderten Torpedoboote Salut. Die Sirenen der flaggengeschmückten Schiffe übertönten das Hurrageschrei der Tausende am Ufer wartenden Zuschauer und der Musikkapellen. Fürwahr, die Spanier verstehen es, Gäste zu empfangen. Unsere Ausbootung war der gefährlichste Moment des ganzen Europafluges. Wir mußten uns wehren, nicht von der Menge erdrückt zu werden. Dafür stellten die Spanier einen Besucherrekord auf. Bleich vor Schrecken erfuhren wir vom liebenswürdigen Bürgermeister, daß er in Anbetracht unseres etwas verspäteten Erscheinens »bloß« 2800 Personen zur Besichtigung des Schiffes eingeladen habe. Fürwahr genug Arbeit für die nächsten zwei Tage!

Am 27. November konnten wir endlich die letzte Etappe unter die Flügel nehmen. Entlang der zerklüfteten, reich besiedelten Westküste ging es dem 7. Land unserer Reise, Portugal, entgegen. Das Wetter war sehr schlecht. Tiefe Wolken hinderten die Aussicht. Bei Aveiro näherte sich das Schiff der Küste, uns Gelegenheit bietend, die sonderbare melancholische Landschaft Portugals zu bewundern. Die Erde ist blutrot. Darin die kleinen, quadratisch gebauten weißen Häuschen, umgeben von dunklen Zypressen.

Beim Felsenriff Farilhoes warfen wir einen flüchtigen Blick auf die gestrandete »Highland Hope«, um festzustellen, daß Werk von Menschenhand nie und nimmer der Gewalt der entfesselten Elemente trotzen kann. Dann kam Lissabon, jene Stadt, die vor 150 Jahren das schwere Erdbeben, das 30000 Menschenleben forderte, erlebte und es dank der Lebenslust der Menschen siegreich überstand. Noch eine Schleife über dem Palast des Präsidenten der Republik und dann wasserte unser Schiff auf den Wellen des Tejo.

Lissabon

Der offizielle Empfang am Ufer war durch den heftigen Regenguß vereitelt, und so konnte die Besatzung in Ruhe ihre Quartiere beziehen und die Vorbereitungen zum Weiterfluge nach Cadiz treffen, wo in der uns befreundeten Werft der Construcciones Aeronauticas S.A. alles zum zweiten Teile des Flugprogramms klargemacht werden sollte.

Der von Lissabon abwesende Präsident der Republik hatte sofort nach der Landung seinen Adjutanten zur Begrüßung und zu unserer Unterstützung an Bord gesandt. Die Herren der Vacuum Oil Company warteten schon mit dem Betriebsstoff, und am anderen Morgen kam der Tank-Leichter längsseit, um Do X den angeforderten Betriebsstoff anzuliefern. Es wurde getankt und klar Schiff gemacht.

Am 29. mittags erhielt die Besatzung Landurlaub, um sich die Hauptstadt Portugals anzusehen. An Bord waren außer Wachoffizier Merz und zwei Monteuren noch Kapitän Christiansen, M. Dornier und Ingenieur Stagnet. Nach dem Mittagessen stiegen die drei Letztgenannten in das Motorboot, um bei einer kleinen Rundfahrt um Do X eine Zigarette zu rauchen.

Kaum 100 m hinter dem Schiff angelangt, sah M. Dornier ein Feuer auf dem Mitteldeck, das kurz darauf von Monteur Brombeis bekämpft wurde. Mit Vollgas wurde Do X, dessen Backbordfläche in Rauch und Feuer gehüllt war, angesteuert, um zu Hilfe zu eilen. Da Explosionsgefahr bestand, wurde das Motorboot sofort weggeschickt mit

Brand der Do X in Lissabon.

Der Brand der linken Flügelhälfte zerstörte die Flügelbehäutung, die tragende Struktur blieb intakt.

dem Auftrag, von der gegenüberliegenden Marineflugstation Hilfe mit Feuerlöschern anzufordern. Kapitän Christiansen verschwand im Tankraum, um die Tanks unter Gasschutz zu setzen, während die anderen mit allen vorhandenen Feuerlöschern der Wache zu Hilfe eilten. Zum Glück kamen auch schon die wackeren Marineflieger mit ihren Schnellbooten an, brachten große Feuerlöscher mit und gaben sogar drei mutige Matrosen an Bord, während von den Booten aus von unten der Brand im Flügel bekämpft wurde.

Durch den Strom lag Do X quer zum Wind, der landeinwärts wehte und das Feuer vom Schiff gegen das Flächenende trieb. Es war nicht möglich, den Brand der Bespannung aufzuhalten, doch konnte das Feuer erfolgreich vom Schiffsrumpf, den Motorgondeln und den Benzintanks in der Flügelnase abgehalten werden. Zum Teil mußten die im Motorenlaufgang liegenden Sitzkissen der Monteure brennend mittels Bootshaken heruntergezogen werden.

Nach 20 Minuten aufregender, intensivster Tätigkeit war der Brand gelöscht und jede Gefahr vorüber. Dafür starrten die angebrannten Duralrippen zum Himmel, und wenn auch die Pressemeldungen – Do X sei abgebrannt – falsch waren, hieß es doch: Zähne zusammenbeißen – reparieren – warten – und den Mut nicht verlieren.

Sofortige telefonische Beratung mit Friedrichshafen ergab die rasche Reparaturmög-

Luftaufnahme der Do X im Hafen von Belem/Lissabon vor dem Einsetzen neuer Hautfelder.

Reparaturarbeiten nach dem Brand.

lichkeit, wenn der Transport der Ersatzmaterialien schnell vor sich gehen würde.
Es ist ein eigentümliches Verhängnis, daß der Do X, die die ganze 4000 km weite Reise ohne Störung zurückgelegt hatte, am Endpunkt eines Europafluges das Brandunglück zustoßen mußte. Kleine Ursachen haben oft große Wirkung.
Der Brand entstand nicht, wie man vielfach in der Presse lesen konnte, durch Kurzschluß, sondern auf folgende Weise:
Das Flugschiff lag an der Boje auf dem Tejo vor Lissabon. Es war getankt und klar zum Abfluge gemacht. An dem Tage herrschte ein starker Wind und ein Windstoß trieb eine zum Trocknen auf das Bootsdeck gelegte Segeltuchplane auf das Auspuffrohr des D.K.W.-Hilfmotors, der u.a. auch den Strom zum Generator zu liefern hat. Dieser Motor befand sich gerade in Tätigkeit, da die täglichen Wettermeldungen auf drahtlosem Wege eingeholt wurden. Die Plane entzündete sich an den heißen Abgasen, schwebende Stücke wurden vom Winde auf die Fläche getrieben, und ehe die Wache, welche den Vorgang verhältnismäßig rasch be-

merkte, eingreifen konnte, brannte schon ein großer Teil des Flügels. Im Fluge wäre natürlich ein solcher Unfall nicht möglich gewesen.
Nur der leichten Auswechselbarkeit der Flügelabdeckung ist es zu verdanken, daß in verhältnismäßig sehr kurzer Zeit, im Freien und beinahe ohne jede Hilfsmittel, die Reparatur ausgeführt werden konnte.

DIE ERFAHRUNGEN DES EUROPAFLUGES
(von Kapitän Friedrich Christiansen)

Der Zweck des Fluges war, in Etappen über die Häfen Amsterdam, Southampton (Calshot), Bordeaux, La Coruna nach Lissabon zu fliegen. An eine bestimmte Zeitdauer sollten diese Etappenflüge nicht gebunden sein, sondern vor allem sollte das Flugschiff bei diesen Flügen eingehend auf seine Eigenschaften und Leistungen in der Luft und auf dem Wasser durchprobiert und geprüft werden. Ferner war beabsichtigt, nach zufriedenstellenden Leistungen das Flugschiff in Lissabon einer eingehenden technischen Nachprüfung zu unterziehen und alsdann den Flug in Etappen über den Ozean fortzusetzen. Der früher beabsichtigte Weg: Lissabon, Azoren, Tankschiff 600 Meilen östlich Bermudas, Bermudas, New York wurde wegen vorgerückter Jahreszeit fallengelassen und statt dessen in Aussicht genommen, über die Kanarischen Inseln, Cap-Verdischen Inseln, Fernando Noronha, Natal, Habana, Florida nach New York zu fliegen. In den verschiedenen Etappenländern sollte gleichzeitig das Flugschiff sachverständigen Interessenten und dem großen Publikum vorgeführt werden.
Wenn wir – Dr. Dornier, die Schiffsleitung und Besatzung der Do X, sowie die mitgeflogenen Flugsachverständigen – uns jetzt nach Ablauf des ersten Programmteiles ehrlich fragen: Hat das Flugschiff Do X das erfüllt, was wir von ihm erwartet haben, und ist es in vollem Maße fähig, den Flug über den Ozean fortzusetzen, so gibt es nur eine klare Antwort, und zwar ein überzeugungsvolles Ja! Die Erwartungen des Konstrukteurs und der Besatzung sowie der sachverständigen Gäste wurden voll erfüllt, wenn nicht sogar übertroffen.
Die reine Flugzeit in der Luft betrug bis Lissabon rund 26 Stunden und die Durchschnittsgeschwindigkeit 151 Kilometer oder 81 See-

Nahezu ohne Hilfsmittel wurde der linke Flügel wieder hergestellt.

Bei 0° Zeigerstellung im Führerraum :

Querruderausgl. ∥ Flügeloberseite
Höhenruderausgl. ∥ H. Flossenobers.
Seitenruderausgl. ∥ S. Flossenobers.

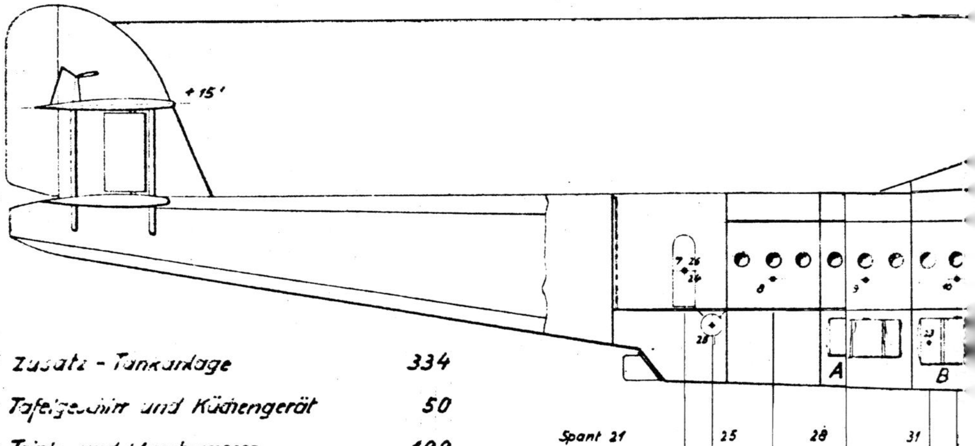

23	Zusatz - Tankanlage	334	
24	Tafelgeschirr und Küchengerät	50	
25	Trink - und Waschwasser	100	
26	Verbrauchsproviant	100	
1	2 Führer	160	
2	1 Kapitän, 1 Navigationsoffizier	160	
3	1 Fahringenieur	80	
4	1 Funker	80	
5	1 Brennstoffwart	80	
6	6 Monteure	480	
7	1 Steward	80	
8	8 Fluggäste	600	
9	8 Fluggäste	600	
10	8 Fluggäste	600	
11	10 Fluggäste	750	
12	8 Fluggäste	600	
13	8 Fluggäste	600	
14	8 Fluggäste	600	
15	8 Fluggäste	600	
16	Gepäck für 66 Fluggäste	660	
17	Brennstoff Flügeltanks G	400	
18	Brennstoff Trimmtank F	950	
19	Brennstoff Haupttanks C	1791	900
20	Brennstoff Haupttanks D	4200	2700
21	Schmierstoff Gondeltanks	300	
22	Schmierstoff Haupttank	370	
	Zuladung	15325 kg	
	Abfluggewicht	48000 Kg	

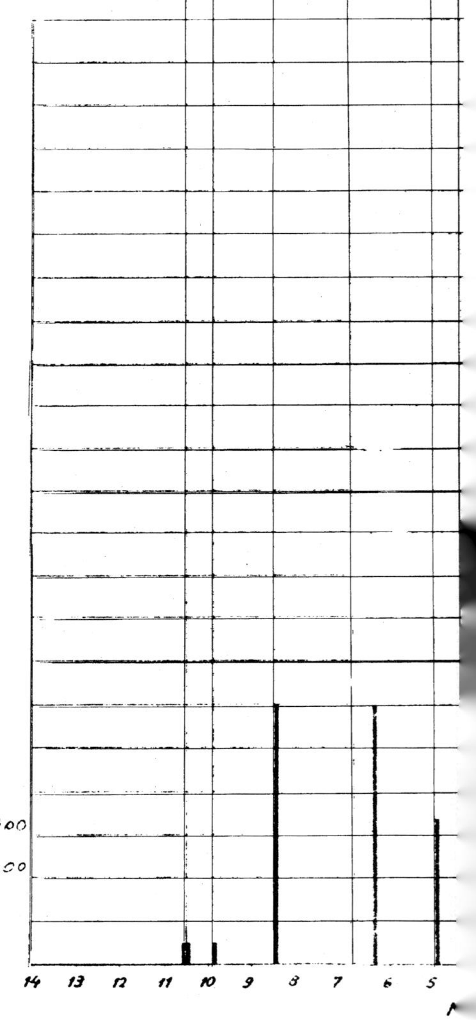

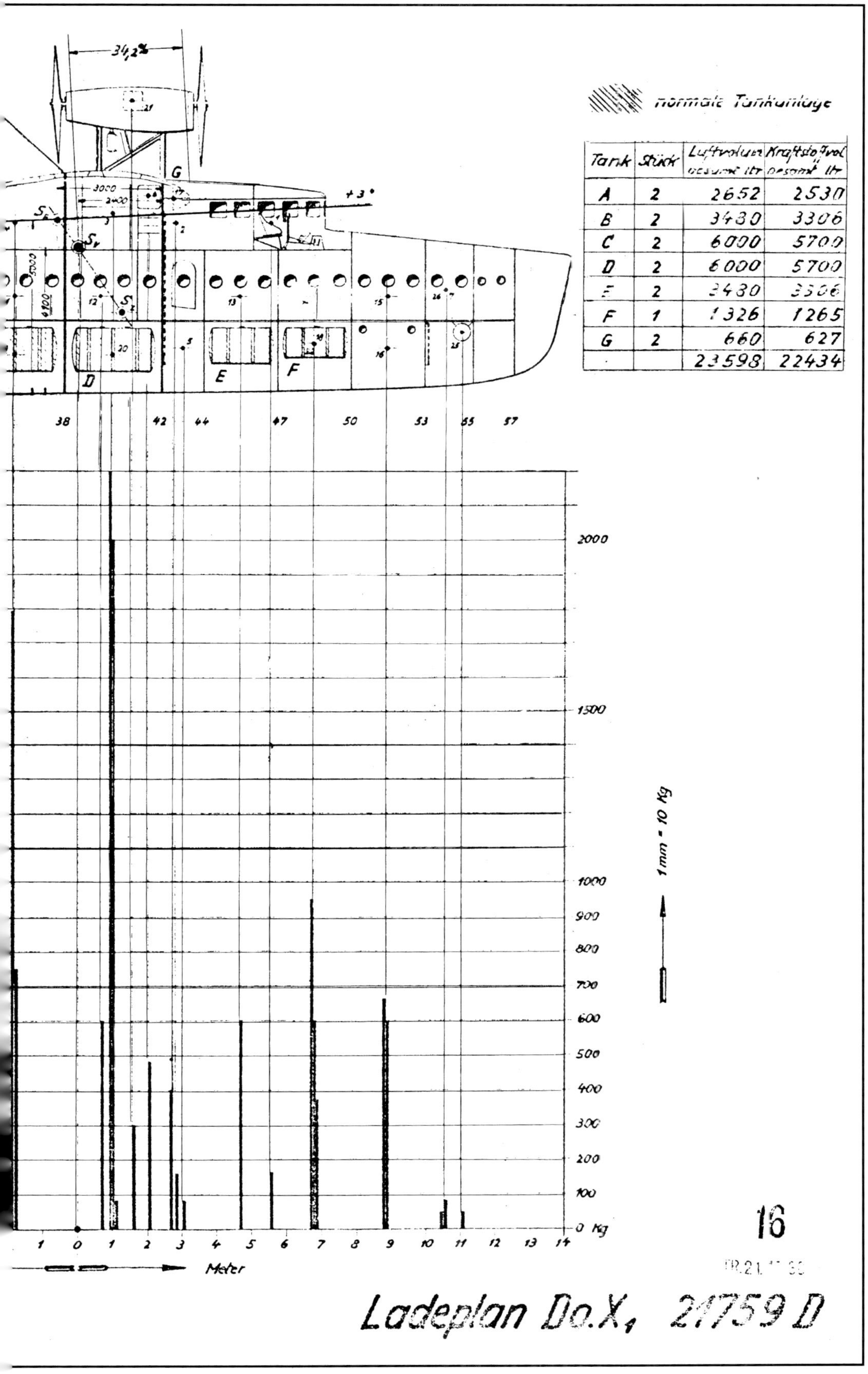

Tank	Stück	Luftvolum gesamt ltr	Kraftstoffvol. gesamt ltr
A	2	2652	2530
B	2	3430	3306
C	2	6000	5700
D	2	6000	5700
E	2	3430	3306
F	1	1326	1265
G	2	660	627
		23598	22434

Ladeplan der Do X vor dem Start zum Europaflug.

Lissabon, den 30. November 1930.

Unfallbericht über den Flügelbrand Backbordseite auf dem Flugschiff "Do X" im Hafen von Lissabon.

a) Hergang und wahrscheinliche Ursache des Brandes.

Der Unfall ereignete sich am Samstag, den 29.11.30 nachmittags 1440 M.G.Zt.

Zur Zeit des Unfalles befanden sich zwei Damen als Besucher an Bord.

Das wachhabende Besatzungspersonal bestand aus: Flugkapitän Merz, Maschinisten Brombeis und Bautz. Der Kommandan Christiansen befand sich bei Ausbruch des Brandes zusammen mit Herrn Maurice Dornier und Kontrolleur Stangnet 50 m vom "Do X" entfernt auf einem Motorboot. Ca. 10 Minuten vor Ausbruch des Brandes wurde der D.K.W. Hilfsmotor zum Aufladen der Batterie für die erforderliche Notbeleuchtung in Betrieb gesetzt. Plötzlich wurde von Brombeis und den in den angelegten Booten befindlichen Marinesoldaten der Marineflugstation Feuer auf dem Flügel über dem Hilfsmaschinenraum gesehen. Herr Brombeis hat beobachtet, dass der Brand von der Segeltuchdecke ausging, welche zum Abdecken bei Nacht und Regen der auf dem Flügel montierten Apparate diente und bereits auf die Nachbarfelder des Flügelendes übergegriffen hatte. B. warf die Decke brennend über Bord ins Wasser. Mit den an Bord befindlichen Feuerlöschern wurde der Brand von Herrn Merz, Brombeis, Bautz und dem inzwischen herbeigeeilten Kommandanten Christiansen, Maurice Dornier, Stangnet sowie von den bereitliegenden Booten der Marineflugstation, welche weitere Feuerlöscher mit Matrosen an Bord gaben, ganz energisch bekämpft.

Kapitän Christiansen setzte die Tankräume sofort unter Feuerlöschgas. Mit den Feuerlöschern konnte das Übergreifen des Brandes auf die in der Flügelnase eingebauten Benzintanks und die Motorengondeln verhindert werden.

Die Entstehung des Brandes ist folgendermassen zu erklären:

Die bereits erwähnte Decke lag zum Trocknen ausgebreitet auf dem Flügel und wurde offenbar durch den z.Zt. herrschenden starken Ostwind über den Auspufftopf des D.K.W. Motors getrieben, von den Auspuffgasen angeschmort und durch den Wind zum Brennen gebracht. Das an die Bordwand anschliessende Flügelende wurde am meisten in Mitleidenschaft gezogen und bildete auch den Ausgangspunkt des Brandes über den ganzen Flügel.

Das Feuer lief auf dem Flügelende entlang bis an die Aussenkante und dem Winde entgegen, zurück über die Hautfelder zwischen den Holmen. Die Unterhautfelder wurden hauptsächlich durch herabfallende, brennende Teile von den Oberhautfeldern entzündet. Die Flügelnase bot einen guten Schutz gegen eine intensivere Auswirkung des Brandes, weil der Wind über dieselbe hinwegblies. Der Brand war stichflammenartig und dauerte etwa 10 Minuten.

meilen, wobei zu berücksichtigen ist, daß zum Teil sehr erhebliche Gegenwinde herrschten (Sturmfahrt über dem Golf von Biscaya). Die Motoren arbeiteten einwandfrei und in jeder Beziehung zufriedenstellend. Es ist nie ein Start verschoben worden wegen unklarer Maschine, sondern die längeren Liegezeiten in den Häfen sind zurückzuführen auf eingelegte Besichtigungstage und Vorführungsflüge zum Teil auch auf Startbehinderung durch starken Nebel. Das Schiff ist bei denkbar schlechtestem Wetter, Regen, böigem Wetter, Fallböen unter Steilküsten usw. mit Windstärken bis 9 und 10 (rund 70 bis 80 Stundenkilometer Windgeschwindigkeit) geflogen worden.

Insbesondere ergab sich die Gelegenheit, die Seefähigkeit des Flugschiffes zu erproben. Beim Start in Amsterdam herrschte beispielsweise Windstärke 4 bis 5 bei Seegang 3 bis 4. Die Startdauer betrug nur 35 Sekunden bei einem Abfluggewicht von 46 t. Sehr bemerkenswert war auch die Landung vor Santander auf offener Bucht, welche bei einer Windstärke von 6 bis 7 und Seegang 5 bis 6 erfolgte und die Eignung des Flugschiffes für rauhe See bewies.

Die Flugeigenschaften sind bei jedem Wetter gut, wovon sich viele namhafte internationale Flieger überzeugen konnten. Das weiche Einsetzen des Schiffes in hohem Seegang ist weiterhin sehr bemerkenswert und nach Ansicht der erfahrenen Seeflieger der Do X-Besatzung mit keinem andern Seeflugzeug zu vergleichen. Die Stabilität auf dem Wasser und das Manövrieren sind gut. In Santan-

Faksimile des Unfallberichts über den Flügelbrand in Lissabon von Kapitän Christiansen.

Betanken der Do X in Schellingwoude bei Amsterdam.

der wurde ein zehnstündiger Sturm vor Anker geritten bei Windstärken bis zu 88 Stundenkilometern. Zur Entlastung der Ankertrossen mußten zeitweise Motoren laufen. Die Höchstbelastung auf den Flügen war rund 48,6 t mit einer Startzeit von 55 Sekunden. Das mittlere Abfluggewicht auf den verschiedenen Flügen betrug 47,4 t. (Das für den Ozean-Flug zugelassene Abfluggewicht ist 54 t.)
Die Schiffsleitung ist sich absolut darin einig, daß nach den bisherigen Erfahrungen unsere ursprüngliche Absicht, eine Zwischenlandung bei einem Tankschiff auf freiem Ozean vorzunehmen, ohne großes Risiko hätte durchgeführt werden können, wenn der Flug in einer besseren Wetterperiode angetreten worden wäre.
Die mitfliegenden Gäste haben sich bei den an Bord vorhandenen Bequemlichkeiten immer sehr wohl gefühlt; die Besatzung war stets frisch und in bester Form. Am anstrengendsten waren die Besichtigungsprogramme; ich schätze, daß etwa 8000 Besucher im Schiff gewesen sind, die immer mit Booten herangebracht wurden.
Es ist selbstverständlich, daß auf diesen Flügen mit dem ersten Flugschiff reiche praktische Erfahrungen gesammelt wurden, die für den Weiterflug nutzbringend ausgewertet werden können. Jedoch sind die gegebenenfalls noch vorzunehmenden kleinen Änderungen so nebensächlicher Natur, daß man den abgeschlossenen Europaflug mit Recht als einen vollen Erfolg buchen kann.

b) Verursachter Schaden.

1.) Das ganze Flügelende vom Boot bis an die Aussenkante ist ausgeglüht und in der Nähe des Bootes zum Teil geschmolzen und stark deformiert.

2.) Die Ober- und Unterhautfelder zwischen den Holmen sind ebenfalls mehr oder weniger ausgeglüht, aber nicht deformiert.

3.) Die Feldverspannungsstäbe sind ausgeglüht, am meisten die unteren.

4.) Das Querruder ist ausgeglüht.

5.) Die Querrudergestänge haben gelitten, ebenso die Querruderstützen.

6.) Die Querriegel vom Flügelende sind ausgeglüht.

7.) Die Füllstäbe sämtlicher Holme vom Querriegel zehn ab haben gelitten. Die obigen Positionen 1-7 müssen vorbehaltlich weiterer Teile, welche sich im Verlauf der weiteren Untersuchung als beschädigt herausstellen, durch neue ersetzt werden.

- - - - - - -

Empfang in La Coruna; Herr und Frau Dornier in der Mitte

Do X in Alfeite bei Lissabon an Land gesetzt für Überholungsarbeiten vor dem Weiterflug nach Afrika.

ÜBER DEN SÜDATLANTIK 1931

Die spektakulärste Etappe der Reise führte von Lissabon über Afrika und den Südatlantik nach Südamerika. Außer einer Bootsbeschädigung bei einem Startversuch vor Teneriffa sind auch auf dieser langen, durch verschiedene Klimazonen führenden Demonstrationsreise keine ungewöhnlichen technischen Probleme an der Do X aufgetreten. Obwohl Langstrekken- und Atlantikflüge damals noch keineswegs zu den Selbstverständlichkeiten des Luftverkehrs gehörten, zeigte die Do X eine erstaunliche Betriebssicherheit auch unter vielfach sehr schwierigen Bedingungen. Als technische Meisterleistung wurde die Do X überall während dieser langen Reise begeistert gefeiert. Den folgenden Reisebericht schrieb Maurice Dornier, der den Flug von Lissabon nach Rio de Janeiro an Bord der Do X erlebte, 1932 für die »Aero Revue«.

Untersuchung des Bootsbodens in Alfeite.

Lissabon nach Las Palmas

Nachdem am 20. Januar 1931 die Reparaturarbeiten der abgebrannten Flächenbespannung beendet waren, wurde das Flugschiff mit Schlepperhilfe nach der Bucht von Alfeite gebracht, um dort am Strande eine Bodenreinigung vorzunehmen. Die dortige deutsche Baustelle unter Direktor Herzog des Marinearsenals unterstützte uns in bester Weise und so konnte die Do X am 21. Januar bei Hochwasser auf den Sandstrand gesetzt werden. Er lag bei Ebbe vollkommen trocken und die Bodenreinigung konnte ohne Schwierigkeit schiffsmäßig vorgenommen werden. Dazu wurde das Schiff zunächst nach einer Seite gekrängt, um ganz unter den Boden zu gelangen. Am 22. Januar wurde in derselben Weise die andere Seite vorgenommen.

Am 24. und 25. Januar wurde das Flugschiff eingeflogen, Brennstoffverbrauchs-, Funkpeilversuchsflüge gemacht und die Kompasse auf dem Wasser und in der Luft kontrolliert. Am 26. Januar startete Do X zu einem Rundflug mit den Spitzen der Militär- und Civilbehörden Lissabons. An diesem Flug nahm auch die deutsche Gesandtschaft teil. Das Flugschiff wurde von acht verschiedenen Armee- und Marinefliegern geflogen, welche sich äußerst anerkennend über das Schiff und dessen Eigenschaften äußerten.

Diesem Flug folgten am 27. und 28. Januar Belastungs-Startversuche, zunächst mit einem Abfluggewicht von 52 tons, 84 Se-

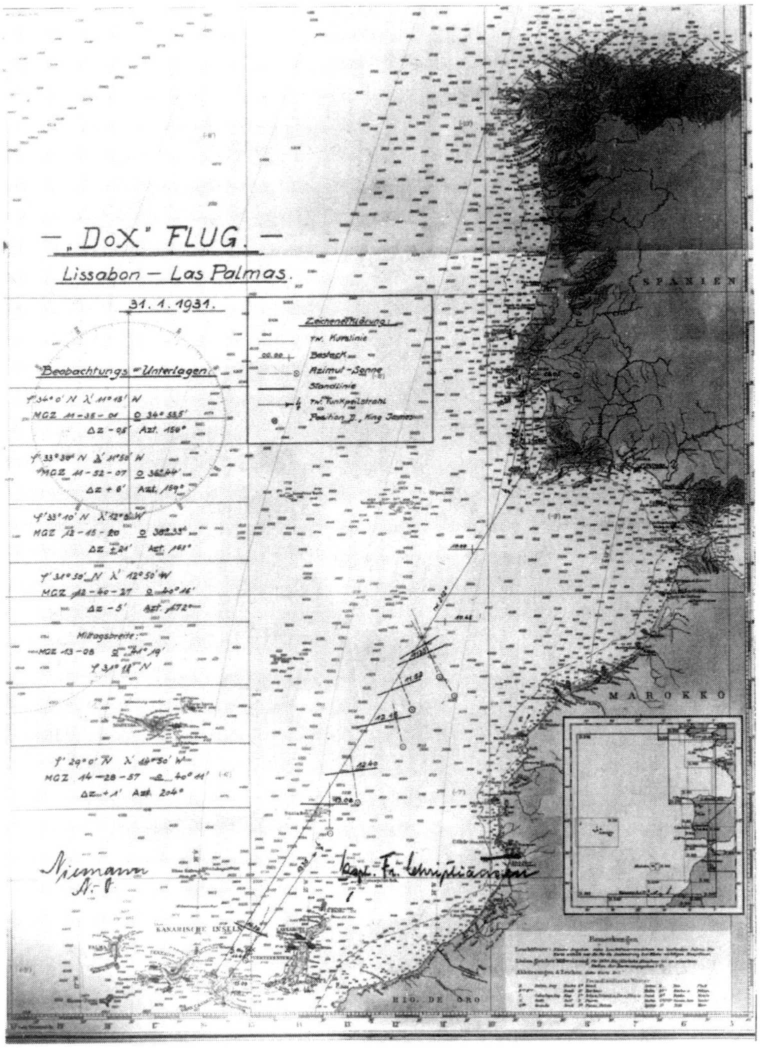

Navigationskarte der Flugstrecke Lissabon – Las Palmas.

kunden, und abschließend mit einem Abfluggewicht von 54,17 tons, 112 Sekunden Startzeit. Diese Ergebnisse kann man als recht gute bezeichnen, zumal die Versuche bei fast Windstille und gegen einen Strom von 4 m/s Geschwindigkeit gemacht wurden.

Am 29. und 30. Januar wurde das Schiff bis in alle Einzelheiten überholt und für die erste Übersee-Etappe Lissabon – Las Palmas flugklar gemacht. Um mit einem schweren Schiff Flugerfahrungen zu sammeln, wurde ein Abfluggewicht von etwa 51 tons gewählt. Hierin waren enthalten sechs Passagiere und 250 kg Post. Unter den Passagieren befand sich als Gast der portugiesische Admiral Gago Coutinho, welcher mit größtem Interesse die ganzen Flüge verfolgt hatte. Wie auf den vorangegangenen Etappenflügen bediente uns auch jetzt die deutsche Seewarte in vorbildlicher Weise mit Wetternachrichten, und konnte nach der zu erwartenden Wetterlage der Start nach Las Palmas auf den 31. Januar festgesetzt werden. Morgens um 8.05 Uhr erfolgte ein glatter Start von 65 Sekunden auf dem Tejo-Fluß vor Lissabon.

Um über die Navigationsmöglichkeit weitere Erfahrungen zu sammeln, war beschlossen, zunächst Kap Vincente quer zu fliegen und alsdann Las Palmas direkt anzusteuern. Trotz des durchweg etwas dunstigen und recht böigen Wetters steuerte das Schiff sehr gut. Es konnten alle navigatorischen Methoden mit großer Genauigkeit einwandfrei durchgeführt werden, und Las Palmas kam nach einem etwa 6 Stunden dauernden Überseeflug rechts voraus in Sicht. Admiral Coutinho beteiligte sich laufend nach seiner eigenen Methode an der Navigation. Die Peilungen mit dem Telefunken-Peilgerät stimmten mit den astronomischen Beobachtungen überein. Die Flughöhe betrug durchweg zwischen 150 bis 200 m und die Höhenmessungen der Sonne, durch Wolkenlücken, wurden teils über den natürlichen Horizont, teils mit dem Libellen-Sextanten gemacht, wozu der geräumige Navigationsraum alle Möglichkeiten gab. Die Bord-FT-Station von Lorenz arbeitete gut mit Land- und Schiffsstationen. Alle Meldungen von und nach dem Flugschiff konnten ohne Störungen gegeben und empfangen werden.

Die Landung in Las Palmas erfolgte um 15.15 Uhr im neuen Hafen, wo an der Boje festgemacht wurde. Für den Weiterflug nach den Kap-Verdischen Inseln wurden am selben Tage aus einem Leichter 15000 Liter Benzin und 200 Liter Öl an Bord genommen. Die Tankvorrichtung hat sich bestens bewährt. Mit der an Bord befindlichen Allweiler-Pumpe und Schlauchleitung können per Stunde 7000 Liter getankt werden. Der Antrieb der Pumpe wird dabei durch 2 Mann betätigt.

Da in der Bucht von La Luz bei der eingetretenen ungünstigen Wetterlage die Startmöglichkeiten schlecht geworden waren, wurde am 2. Februar nach der etwa 13 sm entfernten Gando-Bucht gerollt. Trotz der hohen Querdünung und Seegang in Küstennähe, ein Manöver, welches bis dahin unter denselben Umständen noch nicht erprobt war, benahm sich das Flugschiff sehr gut und zuverlässig im Manövrieren. Der am 3. Februar 1931 angesetzte Start zum Weiterflug mußte wegen Beschädigung der Hauptspanten durch eine kurze Querdünung kurz vor dem Abheben vom Wasser aufgegeben wer-

Start der Do X in Lissabon.

den. Wegen anhaltender steifer nördlicher Winde mit hohem Seegang konnte das Flugschiff erst am 8. Februar nach La Luz zurückgeführt werden, wo es am 26. Februar, auf einem hergerichteten Slip auf Land gezogen wurde.
Die Reparatur wird etwa am 11. April beendet sein und es wird damit gerechnet, daß der Flug Mitte April fortgesetzt werden kann. Am 15. Februar besuchte der italienische Luftfahrtminister Balbo mit seinen Fliegeroffizieren, von Südamerika heimkehrend das Flugschiff und sprach sich sehr anerkennend über die bisher durchgeführten Flüge aus.

Las Palmas – Villa Cisneros am 1. Mai 1931

Bei herrlichem Sonnenschein stehen wir alle vor unserem Hotel versammelt und warten schon seit 5 Uhr auf unsere Autos, die uns nach der eine Stunde Fahrt entfernten Gandobucht, wo Do X vor Anker liegt, bringen sollen.
Heute ist der 1. Mai, den die neue spanische Republik mit besonderem Gepräge feiern will, und der gesamte Verkehr, einschließlich Post und Telegraph, ist bis nach dem Umzug eingestellt. Zum Glück haben wir uns gestern bei dem liebenswürdigen Gouverneur Zirkulatios-Erlaubnisscheine besorgt, trotzdem bedarf es einiger Überredungskunst unserer Las Palmas-Freunde, um die Fahrer von deren Gültigkeit zu überzeugen.
Gegen 8 Uhr kommen wir, unterwegs noch durch eine Autopanne aufgehalten, endlich in der Bucht an, wo uns Kapitän Christiansen, der an Bord geschlafen hat, schon ungeduldig erwartet. Nach raschem Abschied von unseren Freunden, unter denen Konsul Sauermann, Herr Vogel der Woermann-Linie und die Herren der Hafenbauwerft der »Coppa« so viel Mühe mit uns gehabt haben, booten wir uns ein und werfen um 10.50 Uhr los.
Zum Anwärmen unserer Motoren rollen wir unsere Startbahn ab und um 11.25 Uhr starten wir zwischen die Hügel nordwärts, gerade über die Köpfe unserer winkenden Freunde hinweg.
11.53 Uhr nehmen wir Kurs auf Villa Cisneros und haben bald die Küste aus den Augen verloren.
Bis zum afrikanischen Festland sahen wir außer einigen kleinen Fischdampfern, die unter uns herumschlingerten, nur einen Segler, über dessen rote Segel der Schatten unseres Flugschiffes dahinglitt. Gegen zwei Uhr kommen die Umrisse der afrikanischen Küste in Sicht, aber je näher wir heranfliegen, desto größer ist die Enttäuschung derjenigen, welche sich Afrika mit Palmenstrand und blühender Vegetation vorgestellt hatten. Eine steil abfallende Küste mit starker Brandung (nicht umsonst côte de fer genannt) und landeinwärts, soweit das Auge reicht, flaches, leicht gewelltes Wüstenland. Sand, Steine, Sand! Kein Baum, kein Strauch, nur

Ankunft über Las Palmas.

Sand! Trotzdem entdecken wir in zwei kleinen, etwas geschützten Buchten Fischkutter vor Anker, suchen aber vergeblich an Land nach irgend einer Ansiedlung oder einem Lebewesen. In 500 bis 1000 m Abstand fliegen wir die Küste entlang, bis wir um 14.30 Uhr die große Bucht von Rio de Oro vor uns sehen. Die schmale Landzunge wird niedrig überflogen und wir holen in weiter Kurve aus, um die Landemöglichkeiten erst von oben anzusehen. Da ablaufendes Wasser ist, läßt sich jede Sandbank und Untiefe genau feststellen und um 14.46 Uhr landen wir neben dem Segelboote der Militärstation, das uns Rauchbomben ausgelegt hat. Sofort kommt Fliegerhauptmann Nunez der Chef der Flugstation Villa Cisneros an Bord geklettert und begrüßt uns auf das Herzlichste. Wir werfen unseren Anker, da keine Boje ausliegt und besorgen uns einen Hilfsanker von Land, denn der Wind frischt ständig weiter auf. Das ablaufende Wasser macht auch das Ausbooten schwierig und die letzte Strecke müssen wir uns von den Mauren an

Do X in der Gando-Bucht von Las Palmas.

Land tragen lassen. Richtig trocken kam nur der Admiral Cago Coutinho an Land und zwar mit einem ganz kleinen lustigen Kanu, welches zwei Seitenstummel hat wie unsere Do X und der Bootsform des Dornier Wal Flugbootes, das die Spanier ja seit langen Jahren benützen, nachgebildet ist. Das kleine Boot, das sehr stabil ist und nur einige Zentimeter Tiefgang hat, wird von den Eingeborenen bis aufs Trockene geschoben. Am Strand begrüßt uns der Gouverneur mit den hier stationierten 5 Fliegeroffizieren und sofort wird die Brennstoffübernahme, zu der auch der Flugleiter der Aeropostale, Herr Chabbez, seine Hilfe anbietet, in Angriff genommen, denn wir wollen ja am 2. Mai weiterfliegen. Leider ist diese Arbeit wegen des ablaufenden Wassers, das zuletzt jeden Bootsverkehr mit Do X unmöglich macht, und des starken Windes, welcher das Segelmanöver des Schleppbootes unserer Benzinleichter erschwert, nicht ganz einfach. Bei einbrechender Dunkelheit, als sich auch noch ein Schleppkahn losreißt und nur mit Mühe vom Flugschiff abgehalten werden kann, beschließt Kapitän Christiansen schweren Herzens, das Tanken auf den nächsten Tag zu verschieben. Es bedarf dann auch aller Anstrengung, um am 2. Mai vor der Ebbe den ganzen Brennstoff an Bord zu nehmen und die spanischen Offiziere, die uns mit ihren Leuten wacker geholfen haben, gestehen uns abends ein, daß sie nie geglaubt hätten, uns so schnell fertig werden zu sehen.

Der Transport des Brennstoffes war äußerst interessant. Ein von drei Mauren bedientes Segelboot schleppte ein anderes Fischerboot, dessen Mast wir umgelegt hatten, mit ein oder zwei Schlägen bis etwa 100 Meter vor Do X, zog die Segel ein und ließ beide Boote rückwärts mit der Strömung gegen das Flugschiff treiben, bis die Entfernung etwa den auf den beiden Booten befindlichen Leinenlängen entsprach. Das Segelboot warf dann Anker und ließ den Schlepper langsam längsseits von der Do X treiben, wo er von unseren Leuten herangeholt und festgemacht wurde. Bei dem starken Seegang und Wind sah das Manöver manchmal so gefährlich aus, daß wir meinten, von beiden Booten gerammt zu werden. Die Geschicklichkeit der maurischen Bootsleute, vereint mit den Anstrengungen der Besatzung, wurde aber auch dieser Schwierigkeiten Meister. Es war die schwierigste Brennstoffübernahme bisher, weswegen sie auch so ausführlich geschildert wird. Abends waren wir Gäste von Commandante Rigueral, des Gouverneurs von Rio de Oro und der Fliegeroffiziere Nunez, Conejos, Medina und Presa; der Flugleiter der Aeropostale, Chabbez war ebenfalls zugegen. Nach dem Essen sahen wir uns die sehr eindrucksvolle Nachtlandung des Postflugzeuges Dakar-Casablanca an. Es kam bei völliger Dunkelheit in die Scheinwerfer hereingelandet, der Pilot übergab seine Post, wechselte die Maschine und war 20 Minuten später bereits wieder in der Nacht verschwunden, um am nächsten Morgen Casablanca zu erreichen.

Diese einmotorigen Postflugzeuge haben einen Piloten, einen Funker und statt des Bordmonteurs einen eingeborenen Dolmetscher an Bord, damit die Besatzung bei Notlandungen mit den der Zivilisation feindlichen Mauren-Stämmen wegen Lösegeld verhandeln und bis zur Auslösung sein einigermaßen erträgliches Dasein fristen kann.

Der Flugplatz hat eine ganz moderne Nachtbeleuchtung, die unser Freund, Commandante A. Mas, ein alter Dornier Wal-Flieger, eingerichtet hat. Der Funkmast bleibt als Richtungszeichen erleuchtet, bis das ankommende Flugzeug meldet, daß es die Antenne einzieht, dann wird der große Scheinwerfer eingestellt. Der Flugplatz selbst ist durch rote Standlichter abgegrenzt.

Kapitän Nunez, der als alter Dornier Wal-Flieger für unseren Flug vollstes Verständnis aufbrachte, war unermüdlich, uns Alles zum Weiterflug vorbereiten zu helfen, so daß wir, als wir endlich abends 11 Uhr an Bord zurückfahren konnten, mit aufrichtigen Dankesworten von diesen prächtigen Menschen schieden.

Der italienische General Balbo (links) mit seinen Fliegeroffizieren, von Südamerika heimkehrend, an Bord der Do X in Las Palmas am 15. Februar 1931.

Sonnabend den 31. Jan. 31

0755 Ab Boje mit 6 Passagieren

Restgewicht	32,0 tons	
Brennstoff	16,0 tons	(0,73)
Öl	0,6 tons	
Wasser	0,3 tons	
Besatzung	1,4 tons	
Passagiere	0,7 tons	
Fluggewicht	51,0 tons	

Wind N 2-3, Seegang 2, 7/10 bedeckt,
Wolkenhöhe ca. 400m, dunstig.

0805 Start - 65 Sek.
0815 Fort Beugio
0824 Kap Espichel - 120m

Stark dunstig.	Rechtw. Kurs	179 Grad
	Ortsmissweisg.	16 Grad
	Kompasskurs	195 Grad

Wind N 3-4, Seegang 3, 7/10 bedeckt,
Wolkenhöhe ca. 400 m

0843 Funkpeilung Monsanto 10 Grad rechtw.,
Leicht dunstig.

0850	Rechtw. Kurs	212 Grad
	Ortsmissweisung	+ 16 Grad
	Missweis. Kurs	228 Grad
	Deviation -	1 Grad
	Kompasskurs	227 Grad
	Abdrift +	6 Grad
	Zu steuernder K.	233 Grad

0910 Kap St. Vincenc quer.
1000 Besteck: 35 Grad 45 Min. N und 10 Grad 20 Min. West.
Wind NO. 4. Seegang 3-4, Duenung N3, 10/10 bedeckt,
Wolkenhöhe 500m, Sicht 15 Seemeilen.
1045 Besteck: 34 Grad 31 Min. N 10 Grad 51 Min. W.
1100 227 Grad per Kompass.
Chronometerstand = -8 Sek.

1116-29 Sonnenunterrand 32 Grad 58 Min. Flughöhe 130m
Standort 34 Grad 18 Min. N und 11 Grad 20 Min. W.
11-35-09 Sonnenunterrand 34 Grad 53,5 Min. Flughöhe 180m
Standort 33 Grad 48 Min. N und 11 Grad 48 Min. W.
11-52-15 Sonnenunterrand 36 Grad 44 Min. Flughöhe 180m
Standort 33 Grad 8 Min. N und 12 Grad 0 Min. W.

Auszug aus dem Schiffstagebuch über den Flug Lissabon bis Las Palmas.

Flug: Villa Cisneros – Bolama, portugisisch Guinea 3. Mai 1931.

Mit einem Abfluggewicht von 50 Tonnen starten wir am 3. Mai, morgens um 9.03 Uhr. Ein früherer Start war nicht möglich, weil das ablaufende Wasser in der Nacht unsere Do X auf Grund gesetzt hatte.

Während der ersten Flugstunden zeigt die Küste, der wir folgen, die gleiche Eintönigkeit wie vor Rio de Oro. Erst bei Cabo Blanco sahen wir die erste Vegetation, erst spärlich auf flachem welligem Gelände, dann allmählich in niederen Busch übergehend. Kurz vor St. Luiz-Senegal geht die mit Flußläufen durchzogene Baumsteppe in üppige tropische Vegetation über, die mit vielen kleinen Negerdörfern besiedelt ist.

St. Luiz ist sehr hübsch angelegt mit seinen großen Faktoreien und den luftig gebauten Bungalows. Wir passieren die Stadt um 13.48 Uhr und nehmen Kurs auf Dakar. Gegen 10 Uhr hatten wir etwas Regen, jetzt fliegen wir in herrlicher Sonne und bester Sicht in 100 m Höhe bis Dakar, das wir nach Überfliegen des Leuchtturmes um 14.55 Uhr in Sicht bekommen. Wir haben Funkverbindung mit Dampfer »Antonio Delfino« und wechseln Grüße. Kurz darauf, um 16.27 Uhr sind wir an der Grenze von Port Guinea angelangt, um 17.20 Uhr überfliegen wir den Handelsplatz Bissan und landen um 17.45 Uhr vor der Hauptstadt Bolama, nach einer Flugzeit von 8 Stunden 42 Minuten, für die Entfernung von 1500 Kilometern.

Eine Motorbarkasse mit der Präsidentenflagge kommt längsseits und die Herren begrüßen den Admiral, teilen ihm aber gleichzeitig mit, daß sie vor wenigen Tagen die rechtmäßige Regierung abgesetzt, den Gouverneur und seine Beamten zwangsweise nach Lissabon gesandt und eine provisorische Revolutionsregierung errichtet haben. Wir haben uns nicht um Politik zu kümmern und werden auch von den neuen Herren auf das Beste aufgenommen.

Der Admiral und zwei unserer Herren finden im Palast Unterkunft und Verpflegung, die Anderen werden von dem einzigen Hotel, das einem Portugiesen gehört, untergebracht. Kapitän Christiansen wohnt, wie gewöhnlich an Bord, es ist auch erheblich kühler als an Land, wo wir Tag und Nacht schwitzen. Der deutsche Konsul Seifert geht uns in der Betriebsstoffübernahme zur Hand und bald ist Alles zur Vorbereitung für den Weiterflug im Gange.

Da wir uns die Inselgruppe des Bissago-Archipels nach günstigeren Startplätzen ansehen wollen, erhalten wir 12 Uhr Nachts die Regierungs-Motorbarkasse gestellt. Leider ist der Steuermann zwar ein sehr höflicher Portugiese, scheint aber nachts noch nie zwischen den Inseln gefahren zu haben, denn, nachdem er uns drei Stunden in weiten Kreisen um einen gestrandeten holländischen Dampfer herumgesteuert hat, fährt er sein Boot gegen 3 1/2 Uhr hoffnungslos auf einer Sandbank, die jetzt bei ablaufendem Wasser immer mehr auftaucht, fest.

Es bleibt uns nichts übrig, als zu schlafen und auflaufendes Wasser abzuwarten statt wie beabsichtigt um 6 Uhr die Wasser- und Windverhältnisse draußen beobachten zu können. Bei aufgehender Sonne liegen wir mit unserem Boot einen halben Meter hoch und zwar genau auf dem höchsten Punkt auf einer mehr als ein Kilometer langen und 500 Meter breiten Sandbank und können im Wattenmeer spazieren gehen.

Um 8 Uhr erst werden wir wieder flott, kommen um 10 Uhr zu der Insel Bubaque, wo eine portugiesisch-deutsche Pflanzungsgesellschaft eine Fabrik zur Verwertung der Ölfrüchte von den wilden Ölpalmenbeständen der Insel errichtet hat.
Wir werden von Herrn Pflanzer Habich freundlichst aufgenommen und finden in ihm einen Mann, der für unsere Pläne größtes Verständnis zeigt und uns in der Folge noch im Einvernehmen mit seinem Chef, dem Pflanzungsleiter Gerboth, zum unermüdlichen Mitarbeiter wurde.
Rasch haben wir uns überzeugt, daß hier die Verhältnisse in jeder Beziehung günstiger sind als in Bolama und schon kurz nach 11 Uhr fahren wir wieder zurück, mit dem Entschluß, sobald unsere Motorüberprüfung beendet sein wird, hierher zu kommen.
War Rio de Oro Sand und Steine und trockene, aber gesunde Hitze, so ist Bolama und der ganze Bissago-Archipel richtiges Tropenland und hatte schwüle, drückende Hitze mit üppiger Vegetation, Palmen, riesigen Kapokbäumen, vielen Schlangen, Affen, Vögeln und noch unverfälschtem Negerleben, das das Entzücken unserer Besatzung auslöst, die unzählige Neger, Männlein und Weiblein auf die Platten bannt. Wir müssen für alle Tropenhelme einkaufen, um Sonnenstiche zu vermeiden. Nur der Kapitän behält sein dünnes Seglermützchen auf und behauptet, sein Schädel wäre hart genug, um auch der Tropensonne standzuhalten.

12-15-28 Sonnenunterrand 38 Grad 33 Min. Flughöhe 180m
Standort 32 Grad 40 Min. N und 12 Grad 16 Min. W.
12-40-35 Sonnenunterrand 40 Grad 16 Min. Flughöhe 180m
Standort 31 Grad 45 Min. N 13 Grad 0 Min. W.

1308 Meridianbreite: Sonnenunterrand 41 Grad 19 Min.
Flughöhe 200m

Rechtw. Kurs	212 Grad
Ortsmissweis.	+16 Grad
Missw. Kurs	228 Grad
Deviation	-1 Grad
Kompasskurs	227 Grad
Abdrift	-4 Grad
Zu steuernd.	223 Grad

Wind ONO 4-5, Seegang 4, sonst unverändert.
1330 Funkpeilung Las Paömas 3 Grad an Steuerbord.
1350 Kompasskurs 227 Grad
Wind NO 5, Seegang 4-5, Wolkenhöhe ca. 500m,
Stark dunstig. Flughöhe 280m.

Kompasskurs	227 Grad
Abdrift	+3 Grad
Zu steuernd. K.	230 Grad

14-29-05 Sonnenunterrand 40 Grad 11 Min. Flughöhe 250m
Standort 28 Grad 58 Min. N und 14 Grad 50 Min. W.

1503 Las Palmas, Fliegen Runde.
1515 Landung in den neuen Hafen hinein.

Flugzeit	6 Stunden 58 Minuten
Gesamtdistanz	720 Seemeilen
Durchschnittsfahrt	103 Seemeilen

1545 Fest an Boje im neuen Hafen
1555 Behörden und Agentur an Bord, die für die Kanaren und
Madeira bestimmte Post wird der Agentur übergeben.
1730 bis 2200 nehmen 15000 Liter Brennstoff (0,725)
und 200 Liter Oel aus Leichtern ab Bord.
Nachtwache N.-O. Niemann, Monteure Brombeis, Marquardt.
Ankerlampen nach Vorschrift, Pumpen lenz.

Las Palmas, den 5. Februar 31.

Niemann N.-O. Kapt. Fr. Christiansen

Do X in Bubaque an der afrikanischen Westküste.

Eingeborene und Besatzungsmitglieder am Strand von Bubaque.

Am 7. Mai sind die Überholungsarbeiten beendet und wir lichten um 12.30 Uhr Anker und rollen nach der Insel Bubaque. Pflanzer Habich ist inzwischen mit einem Segelboot nach Bolama gekommen, und wir haben einen schwarzen Steuermann, der hier jede Sandbank kennt, als Lotsen mit an Bord genommen, denn die Karten sind sehr ungenau. Er ist der erste Schwarze auf dem Do X, und der Bengel kennt sich vor Stolz gar nicht mehr. – In einer gut geschützten Bucht zwischen den Inseln Ruban und Bubaque finden wir einen guten Ankerplatz in nächster Nähe der Fabrik und treffen unsere letzten Vorbereitungen zum Start nach Südamerika.
Am 9. Mai 3.30 Uhr morgens ist Tagwache, und um 4 Uhr lichten wir den Anker, aber erst kurz vor 6 Uhr ist es hell genug um den Start ansetzen zu können. Leider ist die warme, feuchte Jahreszeit, wir stehen kurz vor der großen Regenzeit, schon zu weit vorgeschritten, und alle unsere, in den nächsten Wochen ständig wiederholten Versuche mit dem für den Atlantikflug nötigen Abfluggewicht zu starten, mißlingen. Es ist dies nicht das erste Mal, denn schon der italienische Flieger de Pinedo hatte, trotzdem er zu günstiger Jahreszeit hier war, ähnliche Schwierigkeiten und mußte sich schließlich, wie wir es auch zuletzt machten, dazu entschließen, mit weniger Zuladung nach Kap Verden zu fliegen, um von dort aus Natal zu erreichen.
Luftfeuchtigkeit, welche wir sorgfältig registrierten, verbunden mit der großen Hitze bringen eine verminderte Tragfähigkeit der Luft, welche mit der aus gleichen Gründen geringeren Motorleistung einen so starken Gesamtleistungsabfall für ein Flugzeug bewirkt, daß ein Start mit stark belasteter Maschine ohne kräftigen Wind einfach unmöglich wird.
Es dürfte das erste Mal sein, daß zu dieser Jahreszeit mit Flugzeugen bei ähnlichen Temperaturen und Luftfeuchtigkeitsgraden so eingehende Versuche gemacht wurden.
In diesen Gewässern wächst der Bootsboden sehr schnell an und zweimal mußten wir mit unserem Do X auf den Strand rollen zur Bodenreinigung. Daß dies bei einem Schiff solcher Ausmaße ohne jede fremde Hilfe und ohne Schwierigkeiten möglich ist, bedeutet einen großen Vorteil dieser Bauart.
Kurz soll hier auch erzählt werden, welchen anderen Schwierigkeiten während unseres Bubaque-Aufenthaltes noch zu begegnen war. Daß die ungewohnte Hitze manche Seufzer entlockte, ist verständlich, und das Chinin schmeckte auch nicht besonders gut, – am schwierigsten war jedoch die Verpflegungsfrage. Wir waren auf diese Insel mit zwei Tage frischem und unserem Notproviant gekommen, und nun lagen wir 17 Mann drei Wochen in einem abgelegenen Gebiet, das durch Revolution keinen Verpflegungsdampfer mehr gesehen hatte und auf einer Insel, deren wenige Weiße selbst nur das Notwendigste noch hatten. Der Übersicht des Pflanzungsleiters, Herrn Gerboth und der unermüdlichen Mithilfe seiner Gattin haben wir die gute Lösung dieses schwierigen Problems zu verdanken. Ein Teil von uns wurde bei den 5 verschiedenen Angestellten der Gesellschaft untergebracht, während für das technische Personal ein moskitosicheres Haus vollständig zur Verfügung gestellt wurde. Für die Bordwache und die ganze übrige Besatzung kochte Frau Gerboht abwechselnd mit der Gattin von Herrn Habich drei Wochen lang Mittag- und Abendessen, das immer schmackhaft und immer reichlich ausfiel. Es liegt eine erstaunliche Arbeitsleistung in dieser Verpflegungsaktion, was nur richtig beurteilen kann, wer die Verhältnisse dort kennt und, wenn wir alle diese Zeit gut durchhalten konnten haben wir es diesen echt deutschen Familien zu verdanken.
Freilich war Herr Gerboth als alter Kameruner am besten in der Lage, solch schwierige Verhältnisse zu meistern. Der Admiral und Major Brenta waren im Hause des portugiesischen Buchhalters, Herrn Leiton, einquartiert und fühlten sich dort sehr wohl.
Als wir am 30. Mai endlich nach den Kap Verden starteten, schieden wir mit dem Bewußtsein, auf Bubaque wirkliche Freunde gefunden zu haben, die uns eine in jeder Be-

ziehung tatkräftige Hilfe angedeihen ließen. Bubaque – diesen Namen wird wohl keiner der ganzen Do X-Besatzung je in seinem Leben wieder vergessen. Es würde zu weit führen, alle Einzelheiten berichten zu wollen, aber es stellt der Besatzung ein glänzendes Zeugnis aus, daß trotz Hitze, Mißerfolgen und Widerwärtigkeiten aller Art, immer der Glaube an einen guten Ausgang des Unternehmens unerschütterlich festgehalten wurde und wenn auch oft Tag und Nacht gearbeitet werden mußte, so sah man doch nie einen unserer famosen Leute mißmutig. Immer waren sie mit Feuereifer bei der Arbeit, und stets hatte jeder sein Bestes gegeben für den Do X. Man muß bedenken, daß unsere Erprobungsflüge Anfang November 1929 begonnen haben und die technische Besatzung seit dieser Zeit ununterbrochen mit dem Flugschiff unterwegs ist, dann erst wird man verstehen können, wie sehr Do X allen diesen Männern ans Herz gewachsen ist und wie stolz sie sind, allem Mißgeschick zum Trotz unseren stolzen großen Vogel immer weiter über Meere und Länder zu führen.
Gerade in dieser Zeit in Bubaque haben wir unsere Leute richtig schätzen gelernt. Jeden Tag machten wir einen Startversuch, jeden Tag wurde überlegt, um was die Maschine erleichtert werden könnte und selbst als es hieß, daß zwei unserer tüchtigsten alten Meister zurückbleiben müßten, fügten sie sich zwar ungern, aber doch mit vollem Verständnis für das Gelingen unserer großen Aufgabe. Nur wer diese täglichen Kämpfe mit der Materie dort miterlebt hat, bekommt ein richtiges Bild der ganzen Lage. Immer wieder wurde durchgerechnet, wieviel Brennstoff, wieviel Öl, wieviel Besatzungsgewicht, wieviele Reserveteile vorhanden waren und jeden Tag entschloß man sich zu einer neuen Erleichterung, so daß sich zuletzt im Magazin der »Agrifa«, Bubaque, ein ganzer Stapel Do X-Teile, Gepäck etc. ansammelte. Alle diese Sachen wurden mit dem endlich einlaufenden Dampfer Lili Woermann nach Las Palmas geschickt, um dann nach Rio de Janeiro weitergeleitet zu werden.
Es war ein typisches Bild, beim Bodenreinigen den Kapitän neben seine Offizieren unterm Schiff herumkriechen zu sehen, den Farbpinsel in der Hand und trotz Sonnenbrandgefahr nur mit Hose oder Badeanzug bekleidet. Mit gleichem Eifer waren alle bei der Sache, und dieser Geist hat auch nur diese lange schwere Zeit überwinden können, wo man zu Hause natürlich nur mutmaßen konnte, warum wir nicht weiter kamen und regelmäßiger Post- oder Funkverkehr wegen der politischen Unruhen in portugiesisch Guinea nicht möglich waren.

Flug: Bubaque – Porto Praia, Kap Verden. 30. Mai 1931.

Im Einvernehmen mit Friedrichshafen haben wir nun den Flug nach Kap Verden angesetzt, da wir dort sehr wahrscheinlich um diese Jahreszeit günstigere Startverhältnisse, sicher aber stärkere Winde vorfinden werden als hier in der Guinea.

Um 4 Uhr ist Tagwache. Alles wird klar gemacht und um 6.40 Uhr starten wir in dem Kanal zwischen den Inseln Ruban und Bubaque hindurch, wo vor vier Jahren schon der portugiesische Fliegermajor Sarmento de Beires mit Dornier-Wal seinen Abflug nach Südamerika ausführte. Zwischen den Inseln fliegen wir in niedrigster Höhe, haben um 8.20 Uhr den Atlantik erreicht und nehmen Kurs der Küste entlang gegen Dakar, da wir hier fast völlige Windstille haben, während weiter draußen Gegenwind herrscht. Ganz niedrig fliegen wir mit 170 bis 180 km Geschwindigkeit, höchstens fünf Meter nur sind es, und es ist ein eigenartiges Gefühl, mit diesem großen Schiff so nahe am Wasser zu fliegen. Das Gefühl der Geschwindigkeit, das in größeren Höhen fehlt, ist jetzt ähnlich wie in einem Rennwagen oder einem Rennboot.

Um 10.15 Uhr sind wir in Höhe von Dakar und nehmen 300 Grad Kurs auf Kap Verden. Trotzdem der Wind in 8 bis 10 Meter Stärke aus Nord, Nordost kommt, machen wir gute Fahrt, und die starke Dünung dicht unter uns läßt so recht die Eigengeschwindigkeit empfinden. In der Höhe von Dakar fliegt uns eine Möwe in den Propeller des Backbord Motors 2 vorn und bleibt in der Nähe der Nabe am Kühler hängen. Wir müssen sie also bis Kap Verden mitnehmen.

Gegen 14 Uhr kommt die erste Insel von Kap Verden, die Insel Maio in Sicht. – Wir steigen langsam auf 200 Meter, passieren sie um14 Uhr und nehmen Kurs auf die Insel Sao Thiago, welche wir um 14.30 Uhr erreichen. Vor Porto Praia steht eine starke Dünung, Wind kommt aus Nord, Nordost, trotzdem ist die Landung vorbildlich weich und ohne Stöße. Wir rollen an die für uns vorbereitete Boje, bleiben jedoch nicht dort liegen, da sie direkt in den von den Felsen herunter kommenden Fallböen liegt, sondern rollen mit eigener Kraft etwas näher an Land und lassen uns einen Hilfsanker von 150 kg besorgen. Morgen wollen wir auftanken und uns längs der Insel nach einem günstigen Startplatz umsehen. Motorboote werden uns hierfür von der Aeropostale und vom Gouverneur angeboten.

Schon um 5.30 Uhr beginnt am 31. Mai die Bootsfahrt die Insel entlang, nach zwei Stunden aber nimmt der Seegang derart zu, daß das Motorboot nicht mehr vorwärts kommt. Wir müssen daher umkehren und nach Sao Martinho, der Funkstation der Aeropostale zurückkehren und zwar zu unserem Glück, denn gerade in der Hafeneinfahrt wird das Boot durch Defekt an der Kardan-Kupplung manövrierunfähig.

Wir müssen durch Boten ein Auto aus der Stadt bestellen, denn Telefonverbindung besteht nicht und kommen erst gegen Mittag wieder zurück. Der Gouverneur, dessen Gast Admiral Coutinho ist, hat uns zum Diner eingeladen und versichert uns bei dieser Gelegenheit, daß er uns in jeder Hinsicht behilflich sein wolle und uns dem am 3. Mai eintreffenden Hochseeschlepper »Infant Henrique« zu unserem Start oder zum Abfahren der Insel zur Verfügung stellen würde.

Am 1. Juni 1931 wird eine neue Erkundungsexpedition längs der Inseln nach der Bucht Ribeiro da Barca durchgeführt, doch liegen die Startverhältnisse auch hier nicht günstiger als vor der französischen Funkstation. –

Vom Dampfer Lutetia aus im Südantlantik gesichtet: die Do X, nur wenige Meter über dem Wasser den Bodeneffekt nutzend, auf dem Flug von Porto Praia nach Fernando Noronha.

Das Flugschiff Do X ins Meer gestürzt?

Inkrafttreten der Krisensteuer am 1. Juli. – Zollerhöhungen schon in den nächsten Tagen. – Harry Domelas Nachahmer.

100 Kilometer von Porto Praia niedergegangen

Ein neuer Unfall des Do X?

Porto Praia, 4. Juni. (Durch United Preß.) Der Do X, der um 10 Uhr 50 nach mehreren Startversuchen (vergl. Seite 3) zum Flug nach Brasilien aufgestiegen war, soll 100 Kilometer vom Standort entfernt, zu einer Notlandung gezwungen worden sein. Nach den neueren Feststellungen scheint es sich um einen Unfall der Do X zu handeln. Ueber das Schicksal des Flugschiffes und der Besatzung ist im Augenblick noch nichts bekannt.

„Wir fallen ins Meer".

Lissabon, 4. Juni. (Durch United Preß.) Die Nachricht von einem Absturz des Do X wurde nach Funkmeldungen aus Porto Praia vom Do X selbst dort empfangen. Es lief nur eine kurze Meldung ein, die wörtlich lautete: „Wir fallen ins Meer." Der Funkstation von Porto Praia ist es seither trotz andauernder Bemühungen nicht möglich gewesen, ein weiteres Lebenszeichen vom Do X zu erhalten. Mehrere Schleppdampfer sind bereits unter Volldampf ausgelaufen, um Nachsuche nach dem verunglückten Flugschiff zu halten.

Vorsteh[illegible] Meldungen [illegible]en im wesentlichen durch Telegramme der Agenturen Havas und Reuter bestätigt. Alle Meldungen scheinen aber auf eine Quelle zurückzugehen, vermutlich auf portugiesische Telegramme von Porto Praia. Es ist also möglich, daß doch eine irrtümliche Verschlimmerung der Meldungen über die vergeblichen Startversuche des Do X vorliegt. Zum mindesten braucht nicht gleich an einen katastrophalen Absturz gedacht zu werden, da in diesem Falle der Bordfunker kaum Zeit gehabt hätte, noch zu telegraphieren, um so mehr, als das schwer belastete Schiff sicher sehr niedrig flog. Vielleicht handelt es sich nur um eine neue Notlandung.

Herabsetzung der Kohlenpreise?

□ Berlin, 4. Juni. (Drahtbericht unseres Büros.)

Wie wir von unterrichteter Seite erfahren, ist in dem Notverordnungsabschnitt, der sich mit der Arbeitslosenversicherung beschäftigt, eine Ermächtigung für die Reichsregierung enthalten, einzelne Gewerbszweige von der Beitragspflicht zur Arbeitslosenversicherung unter gewissen Bedingungen zu befreien, bei gleichzeitiger Aufrechterhaltung der Versicherungsleistungen an die betreffenden Arbeiter und Angestellten. Diese Maßnahme dürfte zunächst für den Steinkohlenbergbau zur Anwendung kommen, um eine Kohlenpreisherabsetzung um 6 bis 7 Prozent und damit eine Produktionsbelebung herbeizuführen.

Voreilige Falschmeldung der Tagespresse über einen angeblichen Unfall der Do X.

Es handelt sich also jetzt darum, früh aus dem Hafen auszulaufen und draußen günstige Startverhältnisse abzuwarten. Diese treten ein kurz vor dem Windwechsel im Laufe des Vormittags oder gegen Mittag. Dünung und Seegang sind zu dieser Zeit am schwächsten, während doch schon ein sehr kräftiger Wind aufkommt. Motoren und das ganze Flugschiff werden nochmals peinlichst überprüft, um jederzeit startklar zu sein.

Am 3. Juni 1931 waren jedoch die Startverhältnisse nicht so günstig wie wir sie gewünscht hätten, weshalb auch nur kurze Startversuche gemacht wurden um festzustellen, wieviel Geschwindigkeit die Maschine aufnimmt.

Am 4. Juni 5.30 Gmt. morgens ist alles an Bord. Berner, M. Dornier, Meister Fischer und Marquardt, die leider zurückbleiben müssen, gehen an Bord des Hochseeschleppers. Es besteht Funkverbindung mit Do X, und so ist jederzeit eine einwandfreie Verständigung möglich. Um 7.15 Gmt. wird der erste Start versucht, der jedoch wegen aufkommenden Rückenwindes und starkem Seegang abgebrochen wird. Do X stellt darauf seine Motoren ab, um günstigeren Wind abzuwarten. Der Schlepper fährt inzwischen Richtung Bucht Ribeira de Barce, um dort die Möglichkeiten zu untersuchen. Gegen 11.00 Gmt. kommt guter Startwind auf, was vom Schlepper sofort an Do X gemeldet wird.

Um 12.20 Gmt. macht Do X klar und rollt nördlicher gegen die Station Sao Martinho, um kurz darauf um 12.50 Gmt. am Schlepper vorbei zu starten. Das Flugschiff geht sofort nach dem Start trotz Rückenwind in 5 Meter Flughöhe auf Kurs und kann noch 5 Minuten lang im Flug beobachtet werden, dann verschwindet es am Horizont. Dieses Niedrigfliegen gab auch Veranlassung zu der von dem porugisischen Frachtdampfer »Maria Christina« ausgegebenen Falschmeldung: »Do X sei ins Wasser gestürzt.« Der Wachhabende verfolgte den Flug von der Brücke aus, bis die Maschine am Horizont verschwand und glaubte sie wäre abgestürzt. – Leider kam diese Meldung vor der ersten Bordmeldung nach Europa und hat dort nicht wenig Schrecken verursacht.

Do X setzte aber trotz allen Falschmeldungen seinen Flug glänzend fort, überflog in der Kalmenzone, 1500 km vor Noronha die französischen Dampfer »Marsilia« und »Lutetia«, um nach einem Flug von 13 1/2 Stunden bei Mondschein nachts um 2.10 Uhr bei der Insel Fernando Noronha zu landen.

Der Flug war in jeder Beziehung zufriedenstellend verlaufen, und Do X setzte am gleichen Tag, nach neuer Brennstoffübernahme seinen Flug nach dem brasilianischen Festland fort und wurde in Natal begeistert empfangen. – War es doch das erste »Flugschiff« und das erste »schwerer als die Luft«, welches Post und Passagiere von Europa nach Südamerika brachte.

Während es der englischen Funkstation auf Sao Thiago nicht möglich war, die Bordfunkstation auf Do X zu hören, oder Verbindung zu halten, haben die Herren der Aeropostale-Funkstation bis nachts halb zwei

Flug: Porto Praia –
Fernando Noronha 4. Juni 1931
(Flugbericht des Kommandanten, Kapitän Christiansen)

Am 4. Juni, 12.52 Gmt, wurde eine frische südliche Seebrise mit leicht bewegter See und Dünung für den Start benutzt. Das Abfluggewicht betrug 52000 kg. Gleich nach dem Start setzte ein leichter NO-Passat eine, welcher bis auf ungefähr 4° nördlicher Breite anhielt. Die sogenannte Regen- oder Kalmenzone wurde unter sehr günstigen Umständen durchflogen und in einem frischen SO-Wind hinüber gewechselt.
Die fliegerischen Eigenschaften des Flugschiffes waren bei jeder Wetterlage und hoher Zuladung ausgezeichnet, und die Durchführung des Nachtfluges, auch ohne Mondlicht, machte keine Schwierigkeiten. Der Flug von Porto Praia bis Einbruch der Dunkelheit wurde naturgemäß in niedriger Höhe durchgeführt, während der Nachtflug in einer Durchschnittshöhe von 50 bis 80 Metern erfolgte. Die Navigation konnte rein schiffsmäßig durchgeführt werden. Die astronomischen Beobachtungen aus Sonne, Sterne und Mond stimmten ganz genau und das Blinkfeuer von Noronha kam rechts voraus in Sicht. Die Motoren liefen während des ganzen Fluges ohne Störung, irgend welche Havarien kamen nicht vor.
Am 5. Juni, 2.10 Gmt. wurde nach einer Flugzeit von 13 Stunden 15 Minuten bei Mondschein in der geschützten Bucht von Fernando Noronha glatt gelandet. Die durchflogene Entfernung betrug 1255 sm oder 2325 km, gleich einer Durchschnittsgeschwindigkeit von 95 Knoten oder 177 km.
Nach Übernahme von Betriebsstoff, welcher mit Ruderbooten längsseits gebracht wurde, konnte der Flug am selben Tage nach dem brasilianischen Festland weitergeführt werden und wurde die letzte 372 km lange Strecke nach Natal in 2 Stunden zurückgelegt. Durch die vorhergegangenen harten Erprobungen des Flugschiffes und seine hervorragenden fliegerisch-technischen Eigenschaften sowie bei der vorbildlichen Zusammenarbeit der ganzen Besatzung bestanden von vorne herein keine Bedenken, den Altantikflug, bei ganzer Auswertung der von der deutschen Seewarte gegebenen Wetterübersicht, durchzuführen. Die Nachrichtenübermittlung durch drahtlose Telegrafie machte keine Schwierigkeiten. Das Flugschiff konnte während des ganzen Fluges Wetternachrichten erhalten und Positions- und sonstige Meldungen abgeben. Nur während einer kurzen Zeit im Bereich der Kalmenzone war es schwer, durchzudringen, teils wegen atmosphärischen Störungen, teils wegen der vielen Schiffsanrufe. Mit der guten Unterstützung der Funkstelle der Aeropostale in Porto Praia, der Funkstelle der auf der Strecke liegenden Schiffe »Macilla« und »Lutetia« sowie durch die Aufmerksamkeit der Funkstellen des Condor-Syndikates und der Aeropostale in Natal wurde während des ganzen Fluges die Verbindung mit dem Festland, wenn auch teilweise nur einseitig aufrecht erhalten. Ganz ausgefallen sind nur die Hafenfunkstellen in Porto Praia und in Fernando Noronha. Zu dem Versagen dieser Funkstellen hat jedoch auch das undisziplinierte Anrufen vieler Schiffe kurz nach dem Start und kurz vor der Landung beigetragen.

Uhr, also eine halbe Stunde vor der Landung in Noronha fast stündlich die Bordmeldung aufgefangen. Das Fehlen einer Telefonverbindung mit Porto Praia machte eine sofortige Weitergabe dieser Funksprüche nach Europa leider nicht möglich.

Porto Praia – Pernambuco – ohne Do X!
16. Juni 1931.
Wir Zurückgebliebenen freuen uns natürlich riesig, daß der Flug nach Brasilien so glänzend gelungen ist, sind aber erklärlicherweise immer noch wütend, daß wir nicht dabei waren, und nun hier sitzen müssen, ohne Schiffsverbindung, also ohne die Möglichkeit, rasch hinter unserem »entflogenem Heim« herzufahren. Von Friedrichshafen kommt Order für uns, so rasch wie möglich nach Südamerika zu reisen und so bitten wir den liebenswürdigen Gouverneur um einen Platz aus dem heute auslaufenden Hochseeschlepper, der in zwei Tagen in St. Vincente sein soll, wo wir viel leichter einen Dampfer finden werden.
Der Schlepper »Infante Henrique« ist bis auf den letzten verfügbaren Platz von den nach der Insel St. Nicolai zu transportierenden deportierten Portugiesen, welche den letztem Aufstand in Madeira und den Kolonien versucht hatten, besetzt und wir sind froh, noch ein Plätzchen zu ergattern, allerdings ziehen selbst Meister Fischer und Marquardt, die durch ihren Außendienst in Rußland und Marokko sicher nicht verwöhnt wurden, es vor, oben auf Deck zu schlafen, denn unsere »Kabine« teilen wir mit einem Wurf junger Katzen und nebenan sind drei farbige, seekranke Frauen mit kleinen Kindern.
Am 7. Juni morgens sind wir im Hafen von St. Nicolai. Vom Städtchen sieht man vom Schiff aus allerdings nur ein paar Häuser, sonst nur kahle Berge, fast keinen Baum oder Grün, für die Deportierten ein trostloser Anblick. Allmählich kommt auch der Frachtdampfer »Maria Christina« mit dem Rest der Gefangenen und das begleitende Kanonenboot auf und beide legen sich neben uns vor Anker. Nachmittags werden die Deportierten ausgebootet und gegen sechs Uhr lichtet der »Infante« den Anker und nimmt Kurs St. Vincente, wo wir morgens um 2 Uhr einlaufen. Sofort sind unsere Freunde von der Firma Schwarz an Bord, um uns abzuholen, doch wir haben die vergangene Nacht so wenig geschlafen, daß wir uns auf vormittags neun Uhr verabreden.

Flug über der Küste in der Nähe von Rio de Janeiro.

8. Juni 1931. Wir haben vergeblich die Dampferlisten nachgesehen, die nächsten acht Tage läuft kein Südamerikaschiff hier ein. In unserer Verzweiflung fangen wir an, die erreichbaren Schiffe anzufunken und haben das Glück, den deutschen Frachtdampfer »Argentina«, der Hamburg-Süd, 40 Meilen ab St. Vincente zu erwischen, der sich bereit erklärt, uns abzuholen und nach Pernambuco mitzunehmen. Besser hätten wir es gar nicht treffen können und um vier Uhr sind wir mit unserem Gepäck, der Ärztin, den Konsulen, welche unsere Visa an Bord bestätigen müssen, und den Agenten der Linie am Hafen und schauen nach dem Ausguck auf dem Berg über der Hafeneinfahrt, da von dort die in Sicht kommenden Schiffe signalisiert werden. Wir stehen noch keine zehn Minuten, da geht das Zeichen hoch, und um die Felsenecke schiebt sich kurz darauf ein schöner deutscher Passagierdampfer, der »Monte Sarmiento«, der nach Rio fährt, hier aber nicht anläuft. Fast werden wir schwach und überlegen, ob wir nicht den Monte-Dampfer abstoppen und unseren Frachtdampfer fahren lassen sollen. Wir laufen noch einmal zur Funkstation, um beim »Monte Sarmiento« anzufragen, ob die Argentina auch sicher kommt, um uns mitzunehmen. Auf die zustimmende Antwort

wandern wir befriedigt zum Hafen zurück, steigen in den kleinen Schlepper der Agentur und sind 5.30 Uhr an Bord der kurz nach dem Monte Sarmiento in Sicht kommenden »Argentina«. Die Argentina war früher ein Auswanderer-Schiff, nimmt heute aber keine Passagiere mehr. Der überaus entgegenkommende Kapitän Feddersen räumte Herrn Berner die unbesetzte Doktorkabine und mir sein eigenes Kartenzimmer als Wohnraum ein. Fischer und Marquardt bekamen zusammen eine gute Kabine neben dem Speisesaal. Wir werden ordentlich verwöhnt hier an Bord, erholen uns und haben wundervolle Zeit, uns die letzten Wochen nochmals durchzudenken und Berichte aufzusetzen, die, bis sie nach Hause kommen werden, an Aktualität eingebüßt haben werden.

Ein Tag ist schöner als der andere und mit Ausnahme eines Abends in der Kalmenzone wo wir so heftigen Regen passierten, daß das Schiff wegen der schlechten Sicht auf langsame Fahrt ging war das Meer ständig so, daß man mit Do X hätte überall ohne jedes Risiko landen, treiben und wieder starten können. Uns zuliebe hält der Kapitän dicht an der Insel Fernando Noronha vorbei, so daß wir ohne Fernglas genau die Bojen bei der Aeropostale-Funkstation und den Liegeplatz von Do X, bei dem gestrandeten griechischen Dampfer in Augenschein nehmen konnten. Auch hier hätte man an diesem Tage mit jedem Seeflugzeug starten und landen können. Vor Pernambuco bekommen wir nochmals schlechteres Wetter, das uns zwingt, die Einfahrt in den Hafen auf den nächsten Morgen zu verschieben, da kein Lotsenboot mehr ausläuft.

Wir sind guten Mutes, denn wir haben Nachricht, daß auf Do X alles klar ist und wir zum Weiterflug nach Rio erwartet werden.

Flug: Natal – Rio de Janeiro

Am 16. Juni morgens läuft unser schöner Frachtdampfer Argentina, Kapitän Feddersen, wo alle es uns so gemütlich wie möglich zu machen versucht hatten, in Pernambuco ein. Wir sind kaum im Hafen, da steht schon der Vertreter des Condor-Syndikats, Herr Breitenbach, ein lebhafter, kleiner Herr, vor uns, erzählt uns, daß Herr Sauer, der Betriebsleiter des Condor-Syndikats am Kai auf uns wartet, um uns nachmittags mit einer Junkers W 34 nach Natal zu fliegen. Die Formalitäten sind Dank des landeskundigen Breitenbach sehr schnell erledigt, unser Gepäck geht an Land, Herr Sauer und Pilot Dreyer, ein früherer Marineoffizier, kommen mit einigen anderen deutschen Herren zu unserer Begrüßung und zu dem seltenen Genuß eines Glases deutschen Bieres an Bord und nach herzlichem Abschied von unserem Kapitän und seinen Offizieren fahren wir in die Stadt, wo uns nach kurzer Rundfahrt Herr von Steinen, der deutsche Konsul, in einem sehr guten Restaurant zum Essen erwartet. Um 13 Uhr fahren wir zum Hafen, wohin Dreyer pünktlich aus dem entfernten Flughafen, dessen tiefer Wasserstand zur Zeit einen Start mit Zuladung verbietet, kommt. Es stellt die Junkers mit laufendem Propeller gegen den Strom, wir steigen rasch in das bereit stehende Ruderboot und klettern in die W 34, die wir mit unserem Gepäck, wir sind mit Besatzung sieben Personen, bis zum Rand füllen. Nach überraschend kurzem Start und einer kurzen Kurve über die Stadt nehmen wir Richtung Natal, das wir mit Rückenwind und gutem Wetter um 15 Uhr erreichen. Von weitem sehen wir schon unseren braven Do X auf dem Fluß verankert und begrüßen ihn freudig, als wir in niederer Kurve darüber hinziehen. Die tadellose Landung bringt uns ganz nahe an die Flughalle des Condor-Syndikats, wo wir die ganze Do X-Besatzung versammelt sehen. Die Begrüßung ist herzlich aber kurz, denn wir wollen ja keine Zeit verlieren, um morgen den Weiterflug nach Rio antreten zu können.

Natal ist von einer tropischen Hitze, die uns ständig den Schweiß aus den Poren treibt und so bleiben wir denn auch nicht lange am Hafen stehen, um unsere Fluggäste Admiral Cago Coutinho und Major Brenter zu begrüßen, sondern fahren schnell einmal zu Do X hinüber, um auch ihm Guten Tag zu sagen. Alles ist wohlgemut, denn die Maschine ist in Ordnung, die Kabine wieder eingebaut und die Besatzung hat sich von den Strapazen der letzten Wochen ganz gut erholt. Nur Navigationsoffizier Niemann, der alte Seefahrer, der einzige, der sich Malaria geholt hatte, ist noch etwas schlapp, doch das werden wir in Rio schnell auskuriert haben. Alle freuen sich, aus Natal, das weder hervorragende Hotels noch ein sehr angenehmes Klima hat, fortzukommen und Schildhauer, der schon seit Wochen hier auf Do X wartet, freut sich am meisten.

Heute war das Wetter noch gut, für morgen soll es allerdings weniger angenehm werden, doch wir setzen den Start für Tagesgrauen an und legen uns frühzeitig schlafen.

17. Juni 1931. Wir sind heute zu früh aufgestanden, denn als wir bei Tagesgrauen mit unserer schwer beladenen Maschine starten wollten, war es uns bei der regenschweren, feuchtwarmen Luft nicht möglich, die nötige Startgeschwindigkeit auf dem knappen zur Verfügung stehenden Platz zu erreichen und wir brachen den Start ab, um etwas auszutanken und den Tag zu einer Bodenreinigung zu benützen, da Do X sich wieder einen ordentlichen Bart zugelegt hatte, der zum Start nicht gerade förderlich war.
Rasch war eine günstige Stelle am Strand ausgesucht, wo flacher Sandstrand leichtes Auslaufen mit eigener Kraft ermöglichte und die noch stehende Flut benützend, waren wir eine halbe Stunde später an Land, konnten sofort die nötigen Negerlein anstellen und mit dem fallenden Wasser unsere Do X unten schön sauber bürsten. Mit der wiederkehrenden Flut war alles fertig und wir konnten nun sicher mit gutem Abkommen für den 18. rechnen.
Mit Tagesgrauen wird am 18. Juni von Clausbruch ein tadelloser Start durchgeführt und in weiter Kurve ausholend, nehmen wir unseren Kurs nach Bahia, unserem heutigen Ziele auf. Wir haben den Agenten des Condor-Syndikates, Herrn Lueck, von der deutschen Firma Gurgel und Lueck, als Gast mit. Herr Lueck ist schon 25 Jahre im Land und war seit etwa 20 Jahren nicht mehr in Rio. Man kann sich also seine Freude, die Hauptstadt wiederzusehen, die sich laut und ehrlich äußert und ihn ständig zurück nach unserer Bar führt, wohl vorstellen. Herr Sauer hat außerdem noch einen Monteur des Condor-Syndikates, Kleinert, mitgenommen, der sich überall nützlich macht. In Maceio, einer Baumwollstadt von etwa 70000 Einwohnern landen wir, um nachzutanken, auf dem hinter der Stadt gelegenen See, der immer geschützt und gerade tief genug für unser Schiff ist.

Do X über Rio de Janeiro, begleitet von einem brasilianischen Flugzeug.

Demonstrationsflug vor dem Zuckerhut.

Nach der Wasserung in der Bucht von Rio.

Hunderte von Booten staaken sofort heran, zu unserer Freude auch unser Benzinboot. In einer Stunde ist die Arbeit getan und Clausbruch führt Do X in elegantem Start über die Landzunge, an der Stadt vorbei auf Kurs. Pernambuco konnten wir nur überfliegen und einige Kurven über dieser so bedeutenden Stadt machen, da die Landverhältnisse für Seeflugzeuge dort zu ungünstig sind; selbst die kleinen Junkersmaschinen haben dort oft Startschwierigkeiten. Die Küste ist flach mit Palmen oder Busch bewachsen und, da wir nun in etwa fünf Meter Höhe den Strand entlang fliegen, können wir die Landschaft mit Muße betrachten.

Alles was Beine hat, kommt ans Ufer gesprungen. Die Erwachsenen winken und schauen und die Kinder und die Hunde versuchen stets mit uns einen Wettlauf aufzunehmen. Programmäßig überfliegen wir in weiter Kurve Bahia, um bei unserer Boje zu landen.

Herzliche Begrüßung seitens der mit Motorbooten herbeigeeilten Deutschen, mit einer Einladung in den deutschen Club Germania für abends und rasche Erledigung unserer verschiedenen Wünsche für unseren morgigen Weiterflug geben uns frohe Stimmung, die auch nicht getrübt wird, als uns die Damen Bahias sehr kampflustig erklärten, wir würden überhaupt nichts zum Essen erhalten, wenn wir am nächsten Tag nicht einige Rundflüge mit ihnen machen würden. Schließlich gelingt es aber, sie trotz ihrer Flugbegeisterung von der Notwenigkeit unseres Weiterfluges zu überzeugen, und der Friede wird wieder hergestellt.

Wir verleben einen ganz reizenden Abend im Club Germania, wo wir auch unseren alten Bekannten von der »Argentina« Kapitän Feddersen wiederfinden und kommen erst in früher Morgenstunde zurück in unser Hotel, wo wir um 4 Uhr schon wieder geweckt werden.

Flug: Bahia – Rio de Janeiro.
19. Juni 1931

Heute haben wir mehr Fluggäste an Bord. Journalisten aus Rio und Herren vom dortigen Verkehrsministerium sowie Herrn Stadthagen, den Flugleiter der CS. in Bahia. Weitere Journalisten, welche sich angesagt hatten, sollen noch im Laufe des Tages in Caravellas, unserem Zwischen-Tankplatz dazusteigen. Das Wetter ist gut, die Stimmung ebenfalls und wir nehmen nach kurzem Start und einer Runde über der in der aufgehenden Sonne noch schlafenden Stadt unseren Kurs gegen Rio, das wir aber heute nicht mehr anfliegen wollen, um die vorgesehenen Empfangsvorbereitungen für Samstag nicht zu stören.

In dem Meeresarm von Caravellas landen wir zum Tanken und erst hier werden unsere etwas übernächtigten Passagiere wieder richtig munter. Herr Stadthagen ist unermüdlich und sorgt für jeden und für alles, hat für jeden ein nettes Wort oder einen Witz und fühlt sich offenbar auf Do X schon ganz Zuhause. Die Herren vom Verkehrsministerium sitzen abwechselnd neben unseren Piloten am Doppelsteuer und sind restlos begeistert. Die Zeitungsleute haben sich gemütlich eingerichtet und schicken Telegramme, soviel Funker Kiel nur los werden kann.

Wir halten etwas landeinwärts auf das herrlich gelegene Viktoria zu, Klein-Rio genannt, wegen seiner wunderschönen Bucht, fliegen dann bei guter Sicht wieder der Küste entlang um gegen 4 Uhr bei Cabo Frio in einer entzückenden Lagune zu landen. Es ist wohl das stimmungsvollste Bild, das wir auf dem ganzen Flug angetroffen haben. Ein weiter, stiller See mit bewaldeten Hügeln umgeben. Weiße Häuslein und ein Kirchlein am Strande, kein Boot, kein Geräusch, nur Frieden und Stille. Allmählich erst wird den Dörflern klar, was da angekommen ist, und nun bricht das südländische Temperament durch. Kanonenschläge werden abgefeuert zu unserer Begrüßung.

Christiansen antwortet ebenso und, da tatsächlich kein Boot in der Nähe zu sein scheint, beginnt ein Mann zu uns herauszuschwimmen, denn wir wollen wegen des niedrigen Wassers nicht näher an Land. Nach einer halben Stunde endlich kommt aus einer anderen Bucht ein Ruderboot und der Verkehr mit dem Land ist hergestellt.

Die Journalisten und ein Teil der Besatzung gehen an Land, um die Gegend zu betrachten. Wir bleiben in dem tiefen Frieden zurück und werden durch einen märchenhaft schönen Sonnenuntergang belohnt. Erst gelb, dann rot, dann blauviolett strahlt unsere Lagune und die Hügel, und noch nach Eintritt der Dunkelheit sitzen wir lange stumm, bis uns die Stimmen der von Land Zurückkehrenden daran erinnern, daß es Zeit zum Abendessen ist. Da man uns wohl an Land Unterkunft angeboten hat, wir es aber an Bord bedeutend schöner finden, richtet sich jeder sein Nachtlager her und bald herrscht wieder tiefe Stille, nur unterbrochen vom leisen Plätschern der Wellen an die Bordwand.

Flug nach Rio.
20. Juni 1931.

Mit der Sonne ist alles schon auf und freut sich auf den Morgenkaffee. Von Rio haben wir Nachricht, daß die von uns erwarteten Journalisten gestern irrtümlich nach Viktoria weitergeflogen sind und heute bei uns eintreffen wollen. Auch zwei Savoia-Flugboote der Marine sind unterwegs hierher, um uns zu eskortieren.

Wir haben unsere Ankunft in Rio auf 13 Uhr gemeldet und starten daher erst gegen 11 Uhr. Nun geht es langsam steigend von der kleinen Junkers, welche unsere verspäteten Gäste an Bord brachte, und den »Savoia« begleitet, Rio zu. Die Berge steigen immer mehr an, die Landschaft wird imposanter, und genau zur angegebenen Zeit biegen wir in die herrliche Rio-Bucht ein und überfliegen als erstes den französischen Dampfer »Lutetia«, denselben, welcher so gute Aufnahmen von Do X mitten auf dem Atlantik machte und nach Rio brachte. Von allen Seiten kommen nun die Begrüßungsflugzeuge auf uns zu, sie begleiten uns auf unserer weiten Runde über die Stadt, bis zur Marineflugstation und zurück in die Botafogobucht.

Punkt 13 Uhr landen wir an der uns ausgelegten Boje, machen fest und erwarten die offiziellen Besucher, welche in den zahlreichen Motorbooten warten. Es ist ein ganz großer Empfang, von ehrlicher Begeisterung getragen, und wir bedauern alle, daß Dr. Dornier, der so viel um Do X kämpfen mußte, diesen Tag nicht miterleben kann.

Die ganze Hafenmauer ist dichtgedrängt von Menschen, und als wir nach der Begrüßung durch den Präfekten und die Regierungsvertreter, denen sich unser Gesandter Kipping mit seinen Herren angeschlossen hat, an Land fahren, ist es schwer sich Platz zu machen, um in die Wagen zu steigen. Ein wirkungsvoller Empfang beim Außenmini-

Treibstoffübernahme in Caravellas.

ster, mit ganz offiziellem Gepräge, wobei jedoch weder die Zigarette noch die Tasse Kaffee fehlt, ein herzlicher Empfang in der deutschen Gesandtschaft, und wir können nach unserem Hotel »Paysandu« fahren. Der zur Zeit abwesende Präsident ließ uns informieren, daß er uns nach seiner Rückkehr sehen würde. Die Stadtverwaltung, Innenminister, Marineminister, Verkehrsminister, kurz alle wichtigen Stellen, bemühten sich um uns, und am Sonntag konnten wir bereits einen Teil der Freundlichkeiten durch zwei wohlgelungene Rundflüge mit prominenten Gästen erwidern.

Wir richteten darauf eine Besichtigung des Schiffes ein, zu der das Syndicato Condor die Karten ausgab und die Organisation übernahm, da wir ja vorerst niemand kannten. Bis wir Do X nach der Schiffswerft von Caneco nach »Caju« brachten, war der Besuch sehr rege und wir hatten etwa 4000 bis 5000 Besucher, während der Strand ständig schwarz von Menschen war. Es gibt kaum etwas, was mehr Interesse für das große Publikum hat wie Do X und es wird schwer sein, irgend jemand in den Küstenstädten Brasiliens oder all den Häfen, welche wir angeflogen haben, zu treffen, der nicht genau Bescheid über unser Flugschiff weiß. Nachdem uns das schlechte Wetter gezwungen hatte, den für den brasilianischen Präsidenten, Dr. Getulio Varga, vorgesehenen Rundflug immer wieder zu verschieben, freute sich alles, als endlich dieser wichtige Flug bei schönstem Sonnenschein gemacht werden konnte. Der Präsident war mit Frau und Töchtern und seinen ganzen Ministern erschienen. Verkehrs-, Kriegs-, Marine-, Finanzminister mit Referenten waren erschienen und wurden durch unseren Gesandten Knipping begrüßt. Der Flug verlief zur vollsten Zufriedenheit der Teilnehmer, die über der Stadt auch unseren guten Do X-Cocktail nicht verschmähten. Nachmittags flogen wir zu der Marineflugstation, legten Do X vor Anker, um den Offizieren und Mannschaften eine eingehende Besichtigung zu ermöglichen. Auf dem Heimflug nahmen wir alle Fliegeroffiziere, welche sich frei machen konnten, an Bord, ebenso den neuernannten Kommandanten des Marineflugwesens.

Am 4. August wurde alles für unseren Abflug vorbereitet und abends konnten wir mit bestem Gewissen erklären, daß nichts versäumt worden war, um in bestem Einvernehmen mit allen offiziellen und inoffiziellen Stellen von Rio zu scheiden.

Die Wetterberichte lauten nun auch für die Nordstrecke wieder günstiger und der Einzige, der unseren Abschiedsbesuch wehmütig aufnimmt, ist unser alter Flugbegleiter Admiral Cago Coutinho, der zu gerne noch weiter mitgeflogen wäre, wenn es seine Zeit gestattet hätte.

STREIT IN DER BESATZUNG

Die Überquerung des Südatlantik war eine der spektakulärsten Etappen der großen Demonstrationsreise des Flugschiffs Do X. Allerdings entstand nach der Ankunft in Rio de Janeiro innerhalb der Besatzung ein Streit darüber, wer eigentlich für diese Leistung verantwortlich war. Nachdem die Startversuche vor Las Palmas auf Teneriffa erfolglos geblieben waren, stieß auf Bitten von Claude Dornier der Flugboot-Pilot Cramer von Clausbruch zur Besatzung. Mit seinen Erfahrungen aus der Wal-Fliegerei im Südatlantik trug er ganz wesentlich dazu bei, daß die Expedition erfolgreich weitergeführt werden konnte. Aus folgenden Originaldokumenten wird deutlich, daß nicht zuletzt die auf verschiedene Personen verteilte Verantwortung für die Flugdurchführung zu deutlichen Differenzen geführt hat.

Persönlicher Bericht des Piloten Cramer von Clausbruch für Herrn F. W. Hammer, Direktor des Condor Syndikats, über seine Eindrükke und Erfahrungen auf den DoX-Flügen von Las Palmas bis zur Ankunft in Natal, vom 17. April bis 5. Juni 1931

Auf die Bitte des Herrn Dr. Dornier, an dem Fluge nach Südamerika als Führer teilzunehmen, reiste ich nach Las Palmas. Trotzdem ich von den Dornier Metallbauten (wenn auch erst wenig vor Ankunft des Dampfers) den in Las Palmas befindlichen Herren avisiert war, wurde ich von niemanden empfangen oder erhielt sofort die nötigen Informationen, welche mir doppelt wichtig sein mußten, da ich laut Kabeln des Herrn Dr. Dornier annehmen mußte, daß der Start für den kommenden Morgen angesetzt war.
Ich mußte also spät abends (1/2 11) mit meiner Frau in der uns unbekannten Stadt nach dem Standort der Schiffsleitung suchen, welchen wir erst nach unendlichen Fragen in einer kleinen, wenig bekannten Pension ausfindig machten.
Ich stellte mich nach kurzer Besprechung mit den Herren der bisherigen Schiffsleitung sofort für den nächsten Morgen zur Verfügung und erhielt Bescheid, daß alle Herren erst nachmittags an Bord gehen würden.
Meine Frau und ich hatten schon nach dieser ersten Besprechung absolut den Eindruck, als wenn alles furchtbar viel Zeit hätte und jeglicher Schwung zum Vorwärtsbringen der Expedition fehlte, ein Eindruck, dessen Richtigkeit im weiteren Verlauf der Ereignisse unzählige Male erhärtet wurde. Bei meinem verständlich, großen Interesse und den Erwartungen, die ich hegte, machte ich mich doch am nächsten Vormittag auf den Weg zum Do X, um ihn mir wenigstens einmal flüchtig anzusehen. Ich war sehr überrascht, dort fast sämtliche Herren einschließlich des Kapitäns entgegen den mir gegebenen Informationen vorzufinden. Dem technischen Personal wurde ich nicht vorgestellt, was laut späterer Aussage der Monteure selbst von diesen als bewußt taktlos empfunden wurde. Ich hatte das starke Empfinden, daß ich nicht willkommen war!
Da ich mir über die Begrenzung meiner Funktion an Bord nicht im Klaren war, sprach ich mittags mit einem der mir gut bekannten Offiziere, wobei zwar festgestellt wurde, daß unter den Piloten mindestens Gleichgewicht herrsche, andererseits aber meine Bemerkung, ich dächte nicht daran, meine Pilotenfähigkeiten anderen unterzuordnen, scheinbar als Spitze aufgefaßt wurde und die Antwort auslöste, man käme auch ohne mich nach Brasilien.
Als einige Tage später die Herren M. Dornier und Berner eintrafen, erfuhr ich von ihnen ihre mir sehr interessanten, früheren, nicht immer günstigen Erfahrungen.
Bei einer Besprechung zwischen Expeditions- und Schiffsleitung wurden meine Nachfragen nach der Organisation des Nachrichten- und Wetterdienstes in Brasilien seitens der Schiffsleitung als bereits geordnet abgetan und besonders vom Kapitän betont, daß er sich betreffs Wettererfahrungen in Brasilien keinesfalls hineinrede lasse. In der Praxis stellte sich dann heraus, daß in keiner Weise genügend vorgesorgt war. Ich äußerte hierbei auch meine Bedenken über Bolama und bezeichnete Cap Verde als günstig.

Kommandant Fritz Hammer und Flugzeugführer Cramer von Clausbruch (rechts).

Am 26. April ging die Maschine zu Wasser mit anschließendem Rollen auf See zwecks Motorenkontrolle. Schon bei diesem ersten Versuch empfand ich deutlich, daß man sich über die Fähigkeiten der Maschine und deren Ausnutzung, in keiner Weise klar war. Auf meine Frage, warum nicht alle Eigenschaften der Maschine ausprobiert würden, wurde mit geantwortet, daß dazu keine Zeit und Gelegenheit gewesen wäre und die Maschine in Frankreich bei einer halben Rückenwindlandung stark ausgebrochen sei. Man war allseits erstaunt, als ich in Las Palmas und später in Bolama beweisen konnte, daß die Maschine trotz der hochliegenden Massen fast die gleichen Eigenschaften wie unser altbekannter Dornier-Wal hat.
Als ich am 1. Mai zu einem Probeflug bei seitlich laufender Dünung um 30 Grad aus dem Wind starten wollte, rief mir der Kapitän zu, daß er bei solchem Start jegliche Verantwortung ablehne. Trotzdem hielt ich durch und wir kamen nach kurzer Zeit aus dem Wasser, ohne daß irgendein Gefahrenmoment aufgetreten wäre.
Auch beim Start nach Rio de Ouro gelang dieser unter gleichen Bedingungen. Ich war schon da der Überzeugung, daß man der Maschine erheblich mehr zutrauen könne, was sich in der späteren Praxis bestätigte, im Verlaufe derer sich Kapitän Christiansen der Ausnutzung der nunmehr gewonnenen Erfahrungen nicht verschloß.
In Rio de Ouro fiel mir trotz außerordentlich starken Windes die lange Startstrecke auf, die ich mir nach Bolamaflugerfahrungen später erklären konnte.

Auf dem Fluge von Rio de Ouro nach Bolama verlangte ich Niedrigfliegen zwecks entsprechender Erprobung. Es wurde abgelehnt von Herrn Merz, welcher später erklärte, keine diesbezüglichen Anweisungen gehabt zu haben. Spätere Erfahrung zwischen Bolama und Cap Verde ergab, daß die Maschine in etwa 5 m Höhe um 12 bis 15 km aufholte.
Im Wesentlichen werden Herren Berner und M. Dornier über die Ereignisse während der Liegezeit in Bolama und Bubaque berichtet haben. Ich möchte ausdrücklich betonen, daß selbstverständlich, wenn Startversuche angeordnet waren, alles daran gesetzt wurde, sie erfolgreich zu gestalten. Aber meines Erachtens wurden nicht alle sich bietenden Chancen mit der nötigen Energie ergriffen. Ich verlangte zum Beispiel ein Herauslegen des Do X nachts zwischen die vorgelagerten Inseln zwecks der von unserem Liegeplatz aus unmöglichen Beurteilung plötzlich aufkommender, für Startversuche günstiger Winde. Diese Maßnahme wurde von der Schiffsleitung abgelehnt.
Auch schlug ich Abend- oder Nachtstarts vor, woraufich beschieden wurde, daß die Verantwortung für einen derartigen Start der schwer beladenen Maschine nicht tragbar sei. Endlich wurde verabredet, einen Abendstart um 4 Uhr nachmittags anzusetzen, dieser wurde aber wegen Windstille abgebrochen. Eine kurz drauf (gegen 5 Uhr) sich bietende Möglichkeit infolge Aufkommens stärkeren Windes wurde leider nicht ausgenutzt mit der Begründung, daß am Tage vorher ein Start nach 5 Uhr nicht vereinbart worden sei. Auf die Frage von Herrn Berner, ob ich einen

Start doch noch ansetzen würde, erklärte ich in Gegenwart der Schiffsleitung, die Gelegenheit ausnutzen zu wollen.
Es zeigten sich auch bei dieser Gelegenheit die Hemmungen, welchen eine Expedition, wie die des Do X, durch nicht immer glückliche Eingriffe eines von einer fernen Behörde eingesetzten Bevollmächtigten zu begegnen hat.Leider mußte ich bei Besprechungen oft spüren, das man mich, genau wie Herrn Hammer, in gänzlicher Verkennung meiner gutgemeinten, rein sachlichen Vorschläge, als »Unfriedensstifter« bezeichnete.
Schon nach kurzen Aufenthalt in Bolama bestätigte sich meine primäre Empfindung, daß Cap Verde für uns das Richtige wäre, genau gemäß den Vorschlägen des Herrn Hammer. Auf die Mitnahme des Ankers mußte ich, entgegen der Ansicht der Schiffsleitung, unbedingt Wert legen, insbesondere bestand ich darauf, nachdem man sich wieder für die Mitnahme der beiden Passagiere entschlossen hatte.

Flug nach Cap Verde:
Dieser verlief verhältnismäßig glatt und gab Gelegenheit, verschiedene meiner Vorschläge nun doch und zwar mit Erfolg zur Erprobung zu bringen, dies teilweise durch die Situation (z.B. Nachlassen von Motoren infolge Störungen an Labin-Pumpen) bedingt.
Die Landung vor Porto Praia erfolgte unter sehr günstigen Umständen. Zum Nachsehen der Maschine, Motorenkontrolle und Tanken benötigten wir drei Tage.

Flug nach Fernando Noronha:
In einer privaten Besprechung , welche die Herren Berner und Dornier bestätigen werden, legte ich mich bereits vor Antritt des Überseefluges nach Natal daraufhin fest, daß ich durch Niedrigfliegen und dadurch Herausholen besserer Flugzeiten das Erreichen unseres Zieles erzwingen würde. Bei Nachrechnung nach gelungenem Flug an Hand des Benzinverbrauches stellte sich dann auch heraus, daß bei Nichtausnutzung dieser Erfahrung bereits vor Noronha der Betriebsstoff ausgegangen wäre, während wir nunmehr bei Ankunft sogar noch für eine gute Stunde Benzin in Reserve hatten.
Am 4. Juni erfolgte nach einem Fehlversuch infolge Windstille der Start nach Brasilien. Es standen etwa 7 m/sec Wind von vorn und seitlich anlaufender Seegang und Dünung. Wie immer, war die Maschine sofort auf Stufe. Nach etwa 2 Minuten Start schralte der Wind seitlich, und wir mußten um das hohe Gewicht herauszuheben, etwas schräg gegen die Dünung anlaufen, da selbstverständlich bei dieser Riesenzuladung die Maschine nicht mit reinem Seitenwind herauszubekommen ist. Wir bekamen natürlich einige unvermeidbare Stöße, wonach sofort schwerste Bedenken gegen Weiterstart geäußert wurden. Blitzschnell wurde mir klar, daß die Maschine durch die enorme Beanspruchung der letzten Zeit und des Momentes möglicherweise derart Schaden genommen haben könnte, daß ein gänzliches Aufgebenmüssen des Ozeanfluges möglich, ja sogar die Rückbringung des Do X nach Europa gefährdet war. So konnte es nur Durchhalten geben, was ich durch Schreien und Handbewegungen gegenüber den Bedenken der Schiffsleitung schärfstens zum Ausdruck brachte. Ich setzte mich durch, und so gelang der Start, nach welchem wir sofort im Rückenwind in niedrigster Höhe den Flug durchführten.
Gegen den Plan, bei Eintritt der Dunkelheit auf See zu landen, um einen Nachtflug zu vermeiden, wandte ich mich entschieden, trotz der vorliegenden Möglichkeit einer solchen Maßnahme, weil gegen die Fortsetzung des Fluges keinerlei Bedenken vorlagen. Diese meine Einstellung erwies sich in der Folge als richtig, der Weiterflug in der Dunkelheit verlief so glatt wie erwartet, ja ich konnte sogar für Momente die Augen zu kurzem Ausruhen schließen, was ich sicher nicht getan hätte , wenn das geringste Gefahrenmoment ersichtlich gewesen wäre.
Anhand der hervorragenden navigatorischen Fähigkeiten des Herrn Niemann konnten wir genau planmäßig Fernando Noronha ansteuern, wo auf der Dünung mit Seitenwind nachts glatt gelandet wurde.
Leider war man, obwohl ich die Empfindung hatte, daß das technische Personal sofort mitmachen würde, gegen sofortiges Tanken und Weiterstarten.
Am 5. Juli erfolgte glatt der Weiterflug und die Ankunft.
Die Grundlagen zu obigem Bericht sind meinem, fast täglich geführten Tagebuch entnommen. Einen gesonderten Bericht über den Gesamteindruck der Maschine, Flugeigenschaften etc. lasse ich folgen.

Rio de Janeiro, den 10. Juni 1931

gez. Cramer von Clausbruch

STREITGESPRÄCH IN RIO

Nach der Ankunft der Do X in Rio de Janeiro kam es am 1. Juli 1931 zu einer Besprechung im Büro des Condor Syndikats, bei der die Probleme der Südatlantik-Überquerung diskutiert wurden. Teilnehmer dieser Sitzung waren: Maurice Dornier (Leiter des Außendienstes, Bruder von Claude Dornier), Paul Berner (Expeditionsleiter, Direktor der Dornier-Werft in Altenrhein), Kommandant Friedrich Christiansen sowie die beiden Flugzeugführer Cramer von Clausbruch und Horst Merz. Nachfolgend das nur leicht gekürzte Protokoll dieser Besprechung:

Flugzeugführer Horst Merz

Berner: Veranlassung zu dieser Zusammenkunft geht, wie Sie wissen, von Herrn Merz aus, der mich gebeten hat, eine Aussprache zwischen Herrn v. Clausbruch und ihm herbeizuführen. Der Grund ist eine Meldung der Deutschen S. Paulo-Zeitung, durch die sich Herr Merz, wie er mir sagte in seiner Berufsehre sehr gekränkt fühlt. Er sagt, es wäre darin zum Ausdruck gekommen, daß Herr v. Clausbruch als einzigster Führer bei dem Überseeflug genannt worden sei, daß sämtliche anderen Herren darin erwähnt, er jedoch totgeschwiegen wäre.
Dann bringt Herr Merz weiter zum Ausdruck, daß er nicht zurückstehen könne wegen der Verdienste, die jedem Einzelnen zustehen die zum Gelingen beigetragen haben. Er ist der Meinung, daß die Verdienste gleichmäßig zu teilen sind.
Ich bitte die einzelnen Herren, sich über diese Frage zu unterhalten. Vielleicht ist Herr Merz zunächst so freundlich, um sich darüber zu äußern.
Merz: Als ich diesen Artikel in der S. Paulo-Zeitung gesehen habe, war ich sehr erstaunt; umsomehr, als ausdrücklich die Namen aller Herren, außer meinem genannt werden. Anscheinend ist doch der Artikel auf Auskünfte von Herrn v. Clausbruch zurückzuführen und es hat mich, wie gesagt, besonders gewundert, daß jeder Einzelne der Besatzung erwähnt ist, wie, außer dem Kommandanten, Herr Niemann, Cago Coutinho, die Bordmonteure Brenta usa.. Der Einzige der fehlt, bin ausgerechnet ich. Der Zweck meiner gewünschten Aussprache ist, Sie zu fragen, wie es sich erklärt –, umsomehr als unter anderem auch zwei Sachen darin stehen, die gar nicht richtig sind:
1) die vollkommene Inanspruchnahme jeglichen Verdienstes für sich allein bei gleichzeitigem Totschweigen meines Namens, der ich ja immerhin auch beteiligt war.
2) Daß der Reporter alle Namen sehr genau bringt, manches hat er sehr geschickt bearbeitet; ich halte es nach diesem Artikel nicht für möglich, daß er nur vergessen hatte, mich zu erwähnen wenn ich in irgend einer Form genannt worden wäre. Herr von Clausbruch hatte zwar keine Verpflichtung, mich zu erwähnen, aber wenn schon berichtet wird, so dürfte es nur so gemacht werden, wie es wirklich war. Im Artikel sind eine ganze Reihe von Unrichtigkeiten, die alle zusammen den Eindruck geben, daß das gesamte Verdienst Herrn v. Clausbruch gebührt. Es ist bisher nicht üblich gewesen, Einzelne herauszustellen, *wir* haben die Sache gemacht; es ist sonst verboten gewesen, daß einzelne Herren etwas berichten. Wenn das aber in diesem Falle gemacht worden ist, habe ich das Recht, im Hinblick auf meine Berufsehre auch genannt zu werden. Der Artikel stellt glattes Totschweigen meiner Berufsehre dar. Ich bitte Herrn v. Clausbruch dazu Stellung zu nehmen.
v. Clausbruch: Ich möchte erst mal Folgendes richtigstellen: Sie nehmen an, daß ich die Namen angegeben habe, ohne Sie zu nennen. Die Presseleute sind, als ich ankam über mich hergefallen. Die Firma bat mich aber, möglichst wenig Auskunft allein zu geben. Herr Dudenhoeffer kennt mich seit Jahren und ich habe ihm nur ganz Weniges in aller Ruhe erzählt. Daß Ihr Name absichtlich herausgelassen wäre, können Sie niemals sagen. Es ist genau wie in Natal, als wir da ankamen.

Kapitän Friedrich Christiansen und Flugkapitän Horst Merz

Dann stimmt es auch nicht, daß Ihnen 50 Prozent des Verdienstes am Fluge gutgeschrieben werden sollen. Herr Berner hat mir gesagt, daß Sie 80 Prozent verlangt haben. Ich habe bereits Herrn Berner erklärt, daß ich hier keine Auskunft erteilt habe; Sie haben hier aber genau dieselbe Einstellung wie in Natal und vorher und glauben, daß wir hinter Ihrem Rücken gegen Sie gearbeitet hätten, das ist nicht wahr, – Bitte, sagen Sie mir, *was* steht in dem Artikel?

Merz: 1. Hier steht zum Beispiel Folgendes: »In Rio traf Herr von Clausbruch ein, der das Flugschiff über den Ozean geführt hat«.

2. »Um es vorweg zu nehmen, niemand anders als Herr v. Clausbruch«.

Ich werde hier dauernd von meinen Bekannten angesprochen: »Was ist denn los, haben Sie nichts getan?« Sie waren doch auch dabei?«

Dann bei der Meldung über das Tieffliegen, da heißt es: »Da wurde uns klar, daß Herr v. Clausbruch steuert«. Haben Sie allein tiefgeflogen?

v. Clausbruch: Sie haben doch nie tiefgeflogen.

Merz: Bitte Halt! Im englischen Kanal sind wir auch tief geflogen. Wir sind den ganzen Kanal in zwei Meter Höhe geflogen.

v. Clausbruch: Bitte Herr Berner äußern Sie sich dazu.

Berner: Ich war nicht dabei, ich weiß aber, daß Herr Doktor Dornier beim Kapitän beantragt hat, daß man auch mit gedrosselten Motoren Proben machte. Er empfahl dringendst, daß man auch niedriger fliegt. Er weiß das aus Erfahrung und wollte duch die Erprobung mit dem Do.X auch feststellen, was man aus dieser Maschine bei Niedrigfliegen herausholen kann.

Merz: Jeder von uns hat das schon gemacht.

Dornier: Mein Bruder hat mir gesagt, daß man auch von Las Palmas ab unbedingt niedriger fliegen sollte, um festzustellen, was man herausholen kann, es lagen ja keine Erfahrungen fest.

Berner: Es lagen keine Zahlenwerte fest.

Dornier: Daher seine Bitte, auf alle Fälle niedrig zu fliegen.

v. Clausbruch: Herr Kapitän, nun sagen Sie: Wären Sie von Porto Praia auf 2 m Höhe geflogen?

Kapt. Christiansen: Gewiß hätte ich das getan.

Berner: Ich kann nur sagen, daß Herr Merz immer wieder Bedenken wegen des Tieffliegens mit Rückenwind geäußert hat.

Merz: Natürlich, für alle Fälle, wo man es nicht unbedingt muß. Wir hatten ja schon Erprobungen damit gemacht und das war der Grund, warum wir nicht nochmals Versuche zu machen brauchten.

Berner: Es lagen überhaupt keine Zahlen darüber vor: Wir haben erst Zahlen darüber von dem Fluge Bolama nach Bubaque.

Merz: Richtig, da konnten wir es machen, weil wir Gegenwind hatten, da konnten wir Messungen machen. Falls noch erforderlich, hätten wir noch Erprobungen machen können, aber nachdem die Versuche gemacht waren, lag kein Grund dafür vor, sie zu wiederholen. Auf dem Fluge Bubaque nach Porto Praia hatten wir keinen Rückenwind. Nach dem Arikel ist also das Tieffliegen eine Erfindung des Herrn v. Clausbruch.

v. Clausbruch: Das ist es sowieso. Ich war der Erste, der mit Walen tiefgeflogen ist. Damals im Ostseedienst saßen Sie immer alle fest und ich war der Einzige, der immer durchkam. Sie werden sich dessen noch genau erinnern können, Herr Merz, denn auch Sie kamen nicht durch.
Merz: Ich habe folgendes Bedenken: Einer Sache zuzustimmen, die gegen meinen Auftrag ist. Ich hatte insofern einen Formfehler gemacht, daß ich das R.V.M. nicht sofort benachrichtigt habe. Ich hätte dem R.V.M. sofort mitteilen müssen, daß wir das und das vorhätten, dann wäre man informiert gewesen.
v. Clausbruch: Aber Herr Merz, Sie hatten schon 8 Tage vor dem Start von Porto Praia ein ganz klares Telegramm in der Hand; Sie hätten die ganze Maschine in Trümmer fahren können.
Merz: Ich möchte ausdrücklich feststellen, daß kein Startversuch, aus irgendeiner Idee von mir aus, unterblieben ist; auch als ich das Telegramm an das R.V.M. wegen Nachtfliegen geschickt hatte. Ich habe dann noch ein anderes Telegramm abgeschickt; dann wurde morgens ein Versuch gemacht und dann auch noch abends einer.
v. Clausbruch: Ich behaupte auch heute noch, daß wir mit 51 To. von Bubaque weggekommen wären.
Merz: Dann will ich nur feststellen, daß nach Ihrer Ansicht also das Nachtfliegen nicht gemacht wurde, nur weil ich auf Antwort vom R.V.M wartete.
v. Clausbruch Ich hatte deswegen niemals Bedenken. Sie sagten »nein«, weil kein Vollmond war.
Dornier: Es steht jedenfalls fest, daß der Kapitän, Herr Berner und Herr v. Clausbruch fliegen wollten; Sie wollten nicht.
v. Clausbruch: Der Kapitän hat leider immer wieder durch eine kleine Sache, die von anderer Seite kam, kein Vertrauen gehabt.
Berner: Er hatte allerdings große Hemmungen durch Ihre (H. Merz) Einsprüche und ewigen Einwendungen.
Merz: Ich weiß eine Sache: Meine Hauptbedenken waren stets, zu dicht vor der Abenddämmerung zu starten.
v. Clausbruch: Wir hatten vereinbart, bis mindestens 5 Uhr nachmittags Startversuche zu machen.
Berner: Es ist sogar abgesprochen, eventuell bis 6.00 Uhr nachmittags zu starten. Und an diesem Abend warteten wir von 4 Uhr die Gelegenheit ab. Um 5 Uhr wurde abgeblasen, denn Sie hatten Bedenken „weil in dieser Nacht zu wenig Mond wäre«, wir müßten 2 bis 3 Stunden vor Dämmerung starten, denn wenn uns was passiert wäre, hätte es sonst restlosen Bruch gegeben.
Merz: Ich weiß noch genau, daß ich ausgerechnet hatte, daß wir dann morgens in der Dunkelheit hätten landen müssen.
Berner: Nein, das ist ausgeschlossen, denn wir haben ausgerechnet, daß wir 13 bis 14 Flugstunden brauchten und wenn wir abends gestartet wären, wären wir morgens nach Hellwerden gelandet. Wir hatten ferner ausgerechnet, daß wir vielleicht eine Stunde brauchten, um die Maschine leicht zu fliegen.
Kapt. Christiansen: Wir hatten uns ausgerechnet, daß wir etwa 2 Stunden brauchten, um die Maschine zu erleichtern. Wir wollten nachts nicht gerne an die Calm-Zone heran,

New York, den 12. Sept. 1931

Herrn Kapt. Fritz Hammer
An Bord DO-X

Lieber Herr Kapitän,-

Ich möchte Ihnen hierdurch danken für Ihre Kooperation bei der richtigen Behandlung der DO-X Motoren während der Zeit wo Sie das Kommando inne hatten.

Ich möchte Ihnen gegenüber auch meine Bewunderung ausdrücken für die Kaltblütigkeit und Intelligenz, die Herr von Clausbruch jederzeit an den Tag legte; besonders zur Zeit unseres Startes von Porto Praia hat er die Situation gerettet, nachdem das Abstoppen des Startes angeordnet war.

Nur einer Konzentration wie seiner ist es zu danken, daß man an solchen Start denken konnte und diese Konzentration, verbunden mit seiner sicheren, kaltblütigen, praktischen Erfahrung hat uns schließlich hoch über den Ozean gebracht.

Ich Wünsche Ihnen Allen eine angenehme Reise und hoffe wieder einmal Gelegenheit zu haben, mit Ihnen zusammenzuarbeiten.

Herzlichst

Ihr

gez. Harvey Brewton

Übersetzung des Briefes von Ing. Harvey Brewton, Vertreter der Curtiss-Wright Werke an Bord der Do X. Dieser Augenzeuge bestätigt die entscheidende Rolle, die Cramer von Clausbruch bei der Südatlantiküberquerung spielte.

weil man nie weiß, ob man da nicht schwere Regenböen kriegt oder so was. Deshalb wollten wir 2 Stunden vor Dämmerung starten, um die Maschine eben noch herauszufliegen und um vor der Calm-Zone die Maschine schon erleichtert zu haben.

v. Clausbruch: Nachts ist es schwerer als am Tage.

Merz: Es war bis circa 7 Uhr hell und um 5 Uhr wurde abgeblasen.

Berner: Sie haben schon vorher abgeblasen. Es war ausgemacht worden, die Zeit zwischen 4 und 6 Uhr zu nützen, da das das günstigste war.

Merz: Wir haben dann ja auch einen Startversuch gemacht.

v. Clausbruch: Gegen 5 Uhr kam aber Wind auf und dann hatten Sie Bedenken, und sagten, daß nur bis 5 Uhr Start vereinbart wäre und daß nachher nicht mehr gestartet werden sollte.

Merz: Wir wären dann auch nicht vor 6 Uhr aus dem Wasser gekommen.

Berner: Das ist jetzt auch nicht der Kernpunkt. – Wie ist denn der Start zustande gekommen?

Merz: Ich führe nur Punkte an die nicht richtig sind. Hier steht im Artikel: Es wurden fast 15 km mehr herausgeholt und Herr v. Clausbruch hat darnach das Hauptverdienst, daß alles so glatt ging. Dann wörtlich: »Es war geglückt, ich hatte das Schiff glatt über den Ozean geflogen«.

Dornier: Herr Merz, Sie werden sich noch genau entsinnen, daß Sie uns klar erklärt haben, Sie wären auf der Maschine überhaupt noch nicht eingeflogen. Dann ferner sagten Sie: Die Instrumente wären seit Friedrichshafen nicht in Ordnung gewesen, sodaß man gar nichts riskieren könnte. Die Maschine hat 2 Monate in Las Palmas gelegen; hätte man die Instrumente nicht in Ordnung bringen können?

Merz: Dazu muß ich sagen, ich habe über das Einfliegen wohl mit Herrn Berner gesprochen, aber ich habe nicht gesagt: »Ich bin noch nicht eingeflogen«

Berner/Dornier: Doch, doch ganz bestimmt.

Dornier: Das haben Sie mir ganz klipp und klar gesagt; sowie Sie mir das gesagt hatten, waren Sie bei mir abgemeldet. Das war mir wie ein Schlag vor den Kopf, denn Sie hatten meinem Bruder gesagt, daß Sie mit der Maschine losfliegen könnten. Ich habe dann meinem Bruder telegraphiert, daß Sie, wenn Sie noch nicht eingeflogen wären, die Maschine nicht führen könnten und habe ihm gesagt, daß Sie dann besser nach Hause gehen würden.

Merz: Herr Berner hat mir bereits zugegeben, daß ich das nicht so gesagt habe.

Berner: Das stimmt nicht, Herr Merz.

Dornier: Sie haben uns das gesagt, und Herr Kapt. Christiansen machte mir noch Vorwürfe, daß ich ihm seine Leute madig machte. Können Sie nicht verstehen, daß mich das wütend macht, wenn mir ein Pilot knapp 2 Tage vor dem Überseeflug ins Gesicht sagt, er sei nicht eingeflogen? Ich habe das damals dem Kapitän sofort gesagt.

Merz: Sie waren derartig aufgeregt. Ich werde Ihnen sofort erklären: Zunächst haben wir von Nachtflügen gesprochen und im Nachtflug bin ich auf dem Do X nicht eingeflogen. Ich möchte fragen: Wer ist denn überhaupt im Nachtfliegen auf der Maschine eingeflogen? Niemand. Und das Einfliegen selbst? Ich erinnere mich, daß Ihr Bruder mich dauernd gefragt hat: »Sind Sie eingeflogen?« Es war in Friedrichshaben nicht möglich, durchzuführen, daß wir die Maschine rechtzeitig übernahmen. Als Herr Schildhauer und ich mit der Maschine abflogen, hatten wir jeder keine 5 Flüge gemacht.

Berner: Da ist schon ein Fehler gemacht worden.

Merz: Aber liegt denn der Fehler bei uns?

Berner: Wenn dann der Doktor Sie gefragt hat, ob Sie eingeflogen wären, hätten Sie unbedingt sagen müssen: »Nein«. Aber es ist immer gesagt worden: »Jawohl«. Erst später haben Sie dann in Bubaque widerrufen, indem Sie sagten, Sie waren nicht eingeflogen.

Merz: Wir sprachen über Starts und Landungen und Nachtfliegen; und haben über nichts Anderes gesprochen. Aber von mir zu behaupten, ich hätte das gesagt, ist einfach unglaublich. Von Nachtflügen war vorher nie die Rede gewesen; wenn das der Fall gewesen wäre, dann hätte ich verlangt, daß vorher einmal nachts geflogen wird. Dann wirft man mir vor, daß die Intrumente nicht in Ordnung gewesen wären.

Berner: Es ist doch mein gutes Recht, wenn ich verlange, daß Sie mir sagen, was gemacht wird. Ich habe das Instrumentenbrett gemacht; es war schließlich so, daß der Ingenieur und die Mechaniker zu mir kamen und fragten, was sie tun sollten sagten, Herr Merz kommt und verlangt dies und Herr Merz verlangt das.

Merz: Ich führe die Sache mit den Instrumenten an, weil ich mir in Bubaque sagen

lassen mußte: »Der kennt ja nicht mal die Instrumente, die an Bord sind«. Ich sprach mit dem Kapt. auch darüber, daß der Neigungsmesser nicht anzeigt.
Berner: Aber es ist doch in Altenrhein Zeit genug gewesen, um festzustellen, daß der Neigungsmesser nicht genügt.
Merz: Der ist viel zu klein. Es ist aber auch immer gesagt worden: »Wir fliegen nicht im Nebel und wir fliegen nicht nachts«.
Berner: Wir hatten circa 15 Stunden Flugzeit ausgerechnet und es ist doch vollständig klar, das wir dann auch einige Nachtstunden fliegen müssen.
Merz: Es ist aber immer vorgerechnet worden, wir fliegen nur bei Tag, und das ist der Grund, daß ich mich überzeugen mußte, daß das R.V.M. rechtzeitig ins Bild gesetzt wurde.
Berner: Sie sollten das als Pilot aber doch besser wissen, was für Zeiten in Frage kommen. Es ist da sicher ein Fehler gemacht worden, 2 Stunden vorher abzublasen.
v. Clausbruch: Sicher. Es wäre gar nicht möglich, morgens immer ganz pünktlich zu starten.
Merz. Ich bin nur dafür gewesen, daß der Flug abgestellt wurde, weil es ein vollständiges Novum war, daß wir nachts fliegen wollten und dann wird mir der Vorwurf gemacht, trotzdem jedesmal gesagt worden ist, daß nur bei Tag geflogen werden sollte; ich habe immer gesagt, daß die Instrumente nicht anzeigen.
Berner: Was für Instrumente?
Merz: Die beiden Instrumente.
Berner: Ich habe in Bubaque festgestellt, daß die Instrumente laufen und anzeigen.
v. Clausbruch: Das wohl, aber sie sind auch meines Erachtens für den Do X nicht brauchbar.
Merz: Sie sind vollkommen unbrauchbar.
Berner: Die Instrumente zeigen an, sie zeigen absolut an, sie sind aber vielleicht zu träge, sie sind keinesfalls kaputt, sondern sind vielleicht für *diese* Maschine nicht brauchbar und andere waren nicht zur Verfügung
Merz: Ich erinnere auch an den Sperry, der dauernd beanstandet wurde. Ich wurde aufgefordert von Herrn Dornier, darüber einen Bericht zu geben, den die Lufthansa haben wollte. Ich habe geschrieben, daß wir die Instrumente nicht brauchen können, im übrigen haben wir mit Ihnen ausgemacht, daß wir keine Berichte machen.
Berner: Die Instrumentenfrage gibt Ihnen wieder eine Rückendeckung. Niemand wußte, daß wir nicht die richtigen Instrumente

Friedrich Christiansen, Kommandant der Do X.

hatten und den Eindruck hatte auch Herr v. Clausbruch.
Merz: Das ist für mich der Grund gewesen für das, was ich zu Nachtflügen gesagt habe. Man kann aber mir nicht vorwerfen, daß sie nicht in Ordnung waren.
Dornier: Wir haben das alles zum Glück sofort schriftlich niedergelegt.
Merz: Ich wundere mich sehr, daß Sie (Herr Dornier) mich so schwer angreifen.
Dornier: Als Sie mir als Pilot in Afrika gesagt haben, daß Sie noch nicht eingeflogen sind, da war es bei mir aus.
Berner: Es kommt ferner noch dazu, daß Sie in Las Palmas behauptet haben, man könnte diese Maschine nicht mit Seitenwind starten, – das gebe todsicheren Bruch, – die Maschine wäre ein Monstrum-, und solche Sachen mehr.
Merz: Wir sind doch in Calshot auch mit Seitenwind gestartet, und da ist die Maschine immer ausgebrochen. Irgendwelche weiteren Versuche sind nicht gemacht worden.

Friedrichshafen, den 4. Juli 1931

Herrn Cramer von Clausbruch
c/o. Condor- Syndikat Lda.
Rio de Janeiro

Lieber Herr von Clausbruch,

Heute sind wir hier noch mit Herrn Hammer zusammen, der morgen nach Lissabon reist, um mit der Cap Arcona herüberzugehen.

Ich nütze diese Gelegenheit, um Ihnen ein paar Zeilen zu schreiben und Ihnen meinen herzlichsten Dank auszusprechen für die glänzende Leistung, die Sie mit unserem Do.X. vollbrachten. Es hat mich ganz besonders gefreut, daß gerade Sie es waren, der das erste „Flugschiff" über den Atlantik führte.

Ich hoffe in nicht zu ferner Zeit; eventuell schon in Amerika, Ihnen meinen mündlichen Dank aussprechen zu können. Ich rechne auch damit, daß wir in Bälde in der Lage sein werden, Ihnen unsere Anerkennung auch materiell zum Ausdruck zu bringen.

Herr Hammer übernimmt nun das Kommando und ich rechne zuversichtlich damit, daß Sie bei der Stange bleiben werden und auch bei den bevorstehenden Unternehmungen uns Ihre bewährte Hilfe zur Verfügung stellen werden.

Mit herzlichen Grüßen

gez. Claude Dornier

Prof. Claude Dornier bedankte sich bei Cramer von Clausbruch für die erfolgreiche Südatlantiküberquerung

Der Kapt. hat noch gesagt, wir sollen weitere Erprobungen machen.

v. Clausbruch: Ich habe Ihnen auch gesagt, daß wir, wenn wir mit der Maschine nicht bei Seitenwind starten könnten, dann niemals über den Ozean kommen würden.

Merz: Er (v. Clausbruch) hat aber keine Versuche mehr gemacht.

Dornier: Er hat es aber dann geschafft.

v. Clausbruch: Herr Merz, Sie wollten doch heute nicht mehr sagen, daß man die Maschine nicht mit Seitenweind starten kann? Auch das Wort »kentern« ist von Ihnen gefallen.

Merz: Wir hatten ja auch keine Versuche mehr gemacht.

v. Clausbruch: Warum denn nicht?

Berner: Wäre das verlangt worden, hätte niemand etwas dagegen gehabt.

Merz: Wie sollte das gemacht werden ?

Dornier: Das muß aber doch der Pilot wissen.

v. Clausbruch: Ich hätte mich in Deutschland nicht auf die Maschine gesetzt, wenn nicht auch Erprobungen mit Rückenwind usw. gemacht worden wären.

Merz: Ich bedauere, daß Sie nicht da waren. Es war überhaupt keine Möglichkeit dazu.

Dornier: Wie oft hat Sie mein Bruder gefragt: »Sind Sie eingeflogen?, sind Sie mit der Maschine vertraut?« – Wenn Sie diese Versuche noch brauchten, hätten Sie sie fordern müssen, aber ich habe mitangehört, daß Sie meinem Bruder gesagt haben: Es ist alles klar.

v. Clausbruch: Sie hatten auch Bedenken beim Start in Las Palmas.

Berner: Da hat auch der Kapt. die Verantwortung zum Start abgelehnt und zwar wahrscheinlich auf Grund der vorherigen Erfahrungen. Jeder wird sich an den Start in Las Palmas erinnern.

Kapt. Christiansen: Wir sind da auch nicht mit Seitenwind gestartet.

v. Clausbruch: Die ersten 150 m doch. Dann haben Sie mir beim Start von Porto Praia auch zugerufen »Gas wegnehmen«.
Ich habe aber das Gas dringelassen und wir sind rausgekommen. Wie hätten Sie sich den Start mit Seitenwind in Noronha vorgestellt? Wenn Sie gegen die Dünung angestartet wärten, dann hätten Sie die Maschine kurz und klein geschlagen.

Dornier: Es ist gut, daß das zur Sprache kommt. Wir sind aufgefordert, unsere Ansichten zu sagen. Ich habe ganz offen meine Meinung geäußert, daß Herr von Clausbruch die Maschine herausgebracht hat und nicht Herr Merz.

Berner: Es handelt sich jetzt um den Start in Praia. Es ist mir gesagt worden, daß Herr v. Clausbruch den Start angesetzt hatte, – daß er abgebrochen werden sollte, – und daß Herr v. Clausbruch durchgehalten hat. Nachher soll der Kapt. zum ihm gekommen sein und wäre ihm um den Hals gefallen.

Kapt. Christiansen: Ich bin nach vorne gegangen und habe Beiden auf die Schulter geklopft.

v. Clausbruch: Es war mir ganz klar, daß Sie auch Bedenken hatten.

Kapt. Christiansen: Das ist mir ganz neu, das ich auch Bedenken gehabt haben soll.

v. Clausbruch: Sie haben sich zu mir umgedreht, und haben geschrieen »Gas weg«! Ich habe gerufen.»Weiter, weiter«.

Merz: Ich habe mich nicht um Sie gekümmert.

Kapt. Christiansen: Ganz im Gegenteil, ich hatte überhaupt keine Bedenken, wir hatten

Seitenwind und sind langsam beigedreht. Ich kannte die Startgeschwindigkeit sehr gut. Die konnte niemand so gut übersehen wie gerade ich. Ich ließ nachher etwas beidrehen, um noch die letzten Kilometer herauszuschinden und wußte ganz genau, was für ein großes Risiko für die Maschine dabei war. Herausgekommen sind wir nur dadurch, daß wir das letzte bißchen Wind noch bekommen haben, so ist das gewesen. Es mußte gelingen, oder die Maschine wäre hinüber gewesen, das wußte ich ganz genau Ich habe als Beweis mein Telegramm an Berner: Wir bleiben hier solange, bis Südwind aufkommt, so lange bleiben wir hier und machen dann den Start, sind Sie damit einverstanden? Darauf hatte ich sofort ein Telegramm von Berner: »Einverstanden«. Das war das Startsignal.

v. Clausbruch: Ich wüßte nicht, warum ich so viel geschrieen habe: »Weiter, weiter«.

Kapt. Christiansen: Ich hatte nicht eine Sekunde Bedenken. Wir mußten nur noch die letzten Kilometer vom Wind ausnutzen. Ich zweifele auch heute noch, ob wir in der gleichen Richtung herausgekommen wären. Das war gerade das Interessante und flugtechnisch und meteorologisch Wichtige bei diesem Start, daß man auf Grund aller Berechnungen das letzte für den Start ausnützte.

v. Clausbruch: Ich behaupte auch jetzt noch, daß wir nicht aus dem Wasser gekommen wären, wenn wir nicht durchgehalten hätten.

Kapt. Christiansen: Ich stehe nicht an, zu sagen, daß der Start von Porto Praia eine große flugtechnische Leistung gewesen ist. Es war aber nötig, die Maschine in den Wind hinein zu drehen.

v. Clausbruch: Augenblick! – Vergessen Sie nicht, daß Sie mich angeschrieen haben, ich solle das Gas wegnehmen und ich habe gerufen, weiter, weiter.

Merz: Wir haben jedenfalls die Sache zusammen gemacht. Ich hatte dauernd die Hände am Gashebel.

Kapt. Christiansen: Ich habe die Startmomente alle genau aufgeschrieben und sogar schon in eine Karte eingetragen; die sind alle vielleicht auf ein paar Meter genau eingezeichnet. Der Start war nicht allein fliegerisch interessant, sondern auch meteorologisch, deswegen, weil es nur geklappt hat unter Ausnutzung der meteorologischen Lage. Ich habe sämtliche Bücher nachgeschlagen über Ozeanfliegerei etc. und noch nie ist das so

Maurice Dornier, Bruder von Claude Dornier; Leiter des Außendienstes der Firma.

ausgenutzt worden wie bei unserem Start.

H. Dornier: Das hat Herr Berner auch richtig erkannt, und hat vom Schiff aus telegraphiert, daß etwas weiter über See die Möglichkeiten gut wären, da lagen Sie aber noch mit abgestellten Motoren.

H. Kapt. Christiansen: Der Start war absolut einwandfrei. Ich werde die ganzen Startberichte zusammenstellen und noch mal im Kreis von Fachleuten ganz besonders besprechen. Der Start war flugtechnisch hochinteressant. Es war vollkommen klar, der Start wäre nie geglückt, wenn wir nicht da herausgekommen wären. – Alles über das Wetter lag so klar vorgezeichnet, das können Sie (v. Clausbruch) gar nicht erkannt haben. Wir hätten damit rechnen können, daß wir 400 Meilen breit kalten Regen bekommen hätten. Anhand von Schiffsmeldungen wußten wir aber ganz genau, mit was für Verhältnissen wir rechnen konnten. Daß wir nachher ein Loch in der Calm-Zone getroffen haben, das ist meteorologisch hochinteressant.

Dornier: Das ist auch Glücksache.

Kapt. Christiansen: Das ist keine Glücksache. Ich danke schön. Ich bin nicht 30 Jahre auf See gefahren, um eine Sache auf Glücksache aufzubauen.

Berner: 100 Prozent sicher waren Sie nicht, daß Sie ohne Landung Noronha erreichen würden.

Kapt. Christiansen: Es war vorher vorgesehen. In Besprechungen mit dem Doktor wurde überlegt, nach circa 6 bis 7 Stunden Flug vielleicht eine Seelandung zu machen. Wir wollten dadurch der Öffentlichkeit zeigen,

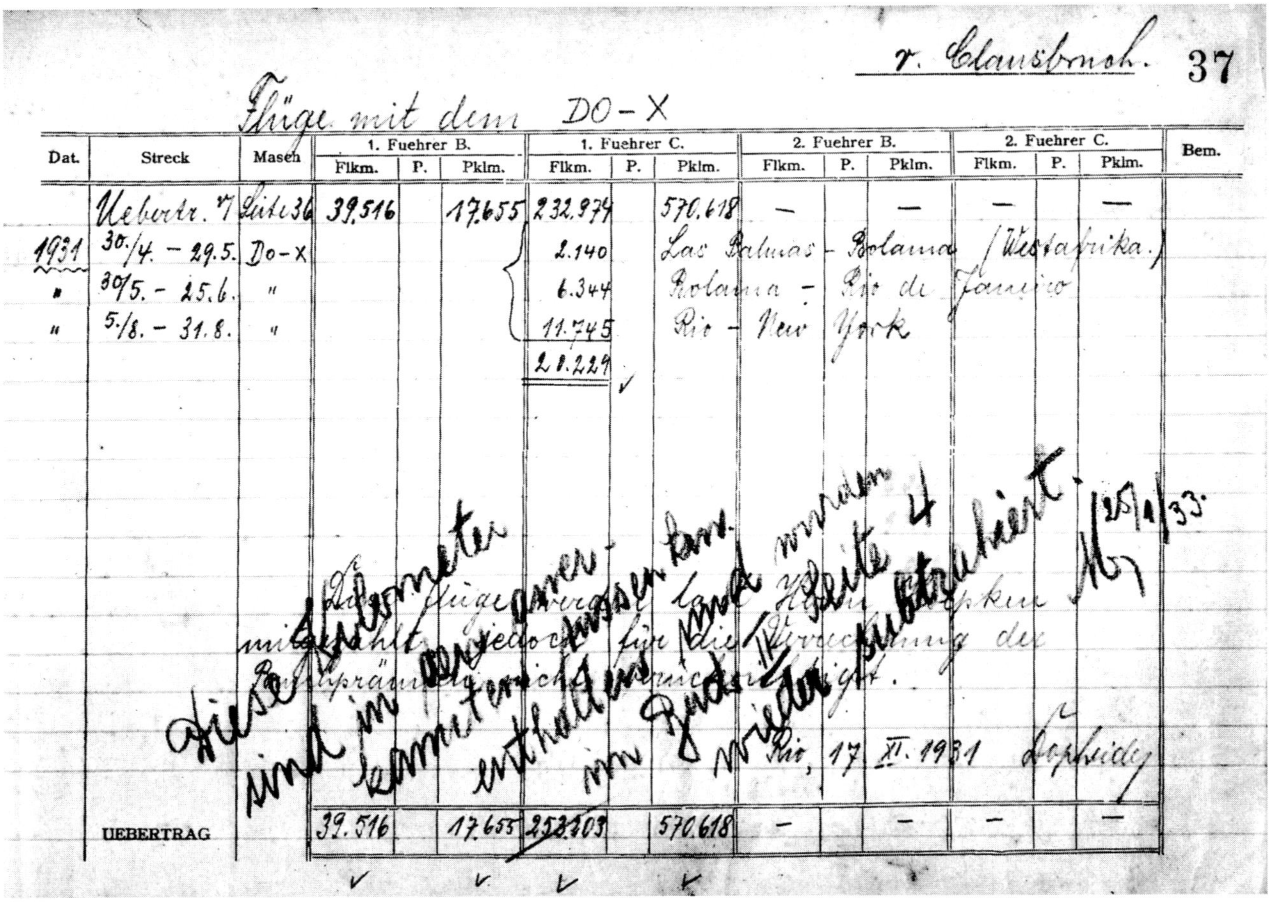

v. Clausbruch. 37

Flüge mit dem DO-X

Dat.	Streck	Masch	1. Fuehrer B. Flkm.	P.	Pklm.	1. Fuehrer C. Flkm.	P.	Pklm.	2. Fuehrer B. Flkm.	P.	Pklm.	2. Fuehrer C. Flkm.	P.	Pklm.	Bem.
	Uebertr. 7	Liste 36	39.516		17.655	232.974		570.618	—		—	—		—	
1931	30/4. – 29.5.	Do-X				2.140		Las Palmas – Bolama (Westafrika.)							
"	30/5. – 25.6.	"				6.344		Bolama – Rio de Janeiro							
"	5/8. – 31.8.	"				11.745		Rio – New York							
						21.229									
	UEBERTRAG		39.516		17.655	253.203		570.618	—		—	—		—	

Rio, 17. XI. 1931

Auszug aus dem Flugbuch des Piloten Cramer von Clausbruch mit seinen Flügen von Las Palmas nach Rio de Janeiro und New York

daß das Schiff auf dem Atlantik landen und starten kann.

Berner: Sie waren also doch nicht 100 Prozent überzeugt, daß wir durchkommen.

v. Clausbruch: Die Presse hier hätte das totsicher anders ausgelegt und hätte gesagt, daß wir nicht in einem Flug herüber kommen können, sondern vorher landen müßten.

Dornier: Es ist wunderbar, daß es so gegangen ist.

Kapt. Christiansen: Im Juni gibt es schon eine Regenzeit auf rund 400 Seemeilen Tiefe, man hat darüber aber nur recht wenig vorliegen und es gibt zusammengefaßte Berichte; die Seewarte in Hamburg kann das auch nicht genau machen.

Dornier: Um nochmals auf die Angriffe auf Herrn Merz zurückzukommen, ich habe das vorhin aus meiner Überzeugung gesagt. Wir haben unendlich viele Besprechungenmit Herrn Merz gehabt, jeden Tag hatte er immer etwas anderes dagegen. Ich habe mich zum Glück nachher der Sache ganz enthalten, nachdem mir der Kapitän ganz unberechtigterweise den Vorwurf gemacht hatte, daß ich Unruhe in seine Leute brächte. Ich stelle aber fest, daß Sie diese Äußerungen gemacht haben, und daß ich aus diesem Grunde auch nicht einverstanden bin.

Berner: Ich weiß ganz genau, daß Herr Merz einen Nachtflug abgelehnt hat.

Merz: Sie haben mich nie nach meinem Urteil über die Maschine gefragt.

Berner: Sie haben jedenfalls einen Nachtflug abgelehnt, und haben gesagt, Sie würden ohne Zustimmung vom R.V.M. die Sache nicht machen. Es mußte bei Nacht geflogen werden und es ist richtig durchgeführt.

Merz: Ich habe erklärt, daß die Entscheidung bei mir liegt, aber daß der R.V.M. informiert werden muß.

Berner: Nein, Sie wollten vom R.V.M. Genehmigung haben und gerade durch diese Geschichte ist kolossale Unruhe hervorgekommen und hat nicht zuletzt auch der Sache sehr geschadet.

Merz: Ich bedauere, daß ich in dieser Stellung an Bord war, es ist nicht mein Verdienst oder meine Schuld. Ich habe das nicht veranlaßt.

Dornier: In Bubaque hatten Sie schon ein so klares Telegramm in der Hand, daß Sie die

Entscheidung hatten. Das R.V.M. hat es Ihnen vollkommen überlassen gehabt.
Merz: Ich hatte vom R.V.M. Auftrag und die Verpflichtung, daß alles was über Vereinbarungen mit dem R.V.M. hinausgeht, dieses auch bekannt wird und konnte mich nicht damit begnügen, daß es nur gemeldet und gemacht wird.
H. Berner: Sie sagten, es wäre in einer Sitzung besprochen, es würde nur bei Tag geflogen.
Merz: Ja, da waren Herr Christiansen, Herr Dr. Dornier und ich in Berlin. Wir behandelten auch diesen außerordentlichen Punkt. In dieser Besprechung wurde grundsätzlich abgelehnt, nachts zu fliegen. Es wurde aber besprochen, daß Versuche gemacht werden sollten. Für mich war das klar. Als Sie dann nachts fliegen wollten, war es für mich ein ganz neues Bild.
Berner: Das mußten Sie aber doch annehmen.
Merz: Was heißt annehmen. Ich habe in meiner Stellung die Verpflichtung, das auszuführen, was besprochen ist.
Sie wissen, in welcher Stellung ich an Bord war und hatte nicht damit gerechnet. Ich lehne es grundsätzlich ab, daß ich mich gegen Niedrigfliegen wegen Rückenwind gesträubt hätte oder ähnliche Geschichten.
Dornier: Die Tatsachen bestehen aber; ob Sie es ablehnen oder nicht, – es bleibt Tatsache.
Merz: Pflichtgemäß, – nur pflichtgemäß.
Dornier: Plichtgemäß oder nicht, – die ganze Geschichte hat mir jedenfalls gezeigt, daß Sie nicht der Mann sind, eine solche Sache zu fördern.
v. Clausbruch: Sie hatten ja auch niemals Vertrauen zum Kapitän.
Merz: Ich mußte wegen der Nachtflüge kabeln, um meine grundsätzliche Ansicht zum Ausdruck zu bringen.
Berner: Ich habe noch nie eine klare Ansicht von Ihnen zu hören bekommen.
Merz: Aber ich habe doch…
Berner: Nein, Herr Merz, niemals haben Sie mir klar Ihre Ansicht mitgeteilt. Stets hatten Sie irgendwelche Bedenken.
Merz: Ich hatte einmal das R.V.M. benachrichtigt und meine persönliche Ansicht gemeldet; auch der Kapitän war dagegen.
v. Clausbruch: Der Kapitän hat sich gegen Nachtfliegen nie ausgesprochen, – ich auch nicht.
Berner: Und jetzt fällt mir noch etwas anderes ein. Sie haben mir da gesagt, das wäre der schwerste Flug Ihres Lebens gewesen, Sie hätten noch niemals einen so schweren Flug gemacht. Herr v. Clausbruch hat mir ganz das Gegenteil gesagt. Ich bitte den Kapitän, sich darüber mal zu äußern, wie der Flug eigentlich war. Clausbruch sagte mir, es sei überhaupt nichts gewesen.
Kapt. Christiansen: Während der Zeit, wo wir im Dunkeln flogen, war der Flug schwer; später war es auch wirklich nichts.
Berner: Da hören Sie es, Herr Merz, – Sie sagen, es wäre der schwerste Flug ihres Lebens gewesen und hier die Herren sind ganz anderer Ansicht.
Merz: Das ist ja auch meine Ansicht.
Berner: Sie haben außerdem gesagt, daß Sie die Maschine in einer schwierigen Situation gerettet hätten:
Merz: Ach ja, das war, als Herr v. Clausbruch eingeschlafen war.
v. Causbruch: Sie glaubten jedenfalls, ich wäre eingeschlafen, weil ich zusammenschreckte, als Sie mich anstießen. Ich habe nie geschlafen, aber weil die Maschine so glänzend lag, wohl mal die Augen leicht zugemacht.
Berner: Sie sagten mir, Sie hätten Clausbruch geweckt und er wäre zusammengefahren und hätte gemeint, es ginge schief.
Merz: Ich wollte ihm nur ein Schiff zeigen, und er schreckte zusammen, als ich ihn anstieß.
Berner: Nein, Herr Merz, Sie haben mir gesagt, Clausbruch sei eingeschlafen und sei nicht fähig gewesen, die Maschine weiter zu fliegen und Sie hätten die Maschine gerettet.
v. Clausbruch: Unglaublich. Ich habe hier in Brasilien, weiß Gott, schon ganz andere Flüge gemacht. Sie können ja mal den Kapitän und Niemann fragen, wie das war und wer durchgehalten hat. Die Sache war nicht immer schön, weil man nicht mal die Fenster aufmachen konnte. Man hat nach vorne heraus keine gute Sicht, aber der Flug war doch vollkommen einwandfrei.
Merz: Ich weiß aber genau noch eine Situation, die sehr ungemütlich war.
v. Clausbruch: Sie meinen wie wir da mal nachgesehen haben; als wir plötzlich höher waren; wir waren nur circa 200 m hoch.
Merz: Na, na, vollkommen einwandfrei war der Flug nicht. Ich habe manchmal Blut geschwitzt! Wenn wir einen Wal gehabt hätten, wäre das alles ein Kinderspiel gewesen.
v. Clausbruch: Ich gebe zu, im allgemeinenen verlange ich für Nachtfliegen auch bessere Sicht vom Führersitz her; das muß im

Do X noch mal geändert werden. Hier handelt es sich aber darum, ob die Maschine beim Überseeflug in einer kritischen Situation gewesen ist, und ich behaupte hier vor allen Herren, daß das nie der Fall gewesen ist. Ich habe mich hernach, abends nach der Landung in Noronha hinten auf das Rumpfende gesetzt und eine Zigarette geraucht; und da habe ich mich gefragt, was wir denn eigentlich gemacht hätten, – also wir waren über den Ozean geflogen! Das kam mir so komisch vor, weil es doch während des Fluges so furchtbar einfach war.

Kapt. Christiansen: Ich habe auch keine Sekunde Bedenken gehabt.

v. Clausbruch: Daß Sie als verantwortlicher Leiter manchmal gewisse Bedenken gehabt hätten, wäre mir absolut klar gewesen.

Kapt. Christiansen: Ich habe tatsächlich keine Bedenken gehabt; besonders weil die Wetterlage ja ganz genau vorgezeichnet war; außerdem war schöner Sternenhimmel.

Dornier: Herr Brenta hat mir dasselbe gesagt; er hat auch keine Sekunde Bedenken gehabt.

Merz: Den ganzen Flug vorher ich auch nicht. Aber mit dieser schweren Maschine und dann vorher das Tieffliegen...

v. Clausbruch: Sie haben auch gesagt, daß Sie erst nach 3 Stunden so tief fliegen würden. Darüber wollten Sie sich aber nicht äußern, haben Sie zu Herrn Brenner gesagt. Und wenn dies der schwerste Flug ihres Lebens gewesen ist, dann weiß ich nicht...

H. Merz: Ich habe lediglich über das Nachtfliegen gesprochen.

H. v. Clausbruch: Aber mein Lieber Merz, entsinnen Sie sich noch, als wir in Natal ankamen, da war das Erste, was Sie Schildhauer laut hinüber riefen »Um gottes Willen, nie wieder mit dieser Maschine nachts fliegen«

Merz: Aber Unsinn!

v. Clausbruch: Der Flug von Porto Praia an war wirklich keine fliegerische Leistung. Die Maschine ist doch viel stabiler als der Wal.

Berner: Der Wal ist zum Nachtfliegen eine unangenehme Maschine.

Merz: Ich will nur feststellen, daß ich das nicht als katastrophal angesehen habe.

H. v. Clausbruch: Dann ist es ja in Ordnung; dann habe ich das vielleicht falsch verstanden. – Sie sagten von einem Zeitungsartikel? Ich hoffe, daß Sie Ihre Ansicht, daß ich gegen Sie gehetzt hätte, als ich in Rio war, geändert haben.

Merz: Daß dieser Artikel mir sehr seltsam ist, ist doch klar.

v. Clausbruch: Daß ich so lange in Porto Praia startete, bis die Maschine heraus war, das stimmt; aber es ist nicht wahr, daß ich gesagt habe, »Ich habe die Maschine über den Ozean gebracht«. – Sie scheinen sich doch der ganzen Sache nicht sicher zu sein, Herr Merz.

Merz: Na, erlauben Sie mal. Ich werde jetzt direkt darauf angesprochen und man fragt mich »Ich dachte, Sie wäre auch mit gewesen«. Ich habe schließlich auch eine Berufsehre; ich habe auch mitgearbeitet. Mit Totschweigen kann man den Menschen kaputt machen. Ich möchte zunächst nochmal feststellen, daß hier steht: »Der Pilot erzählt«; Sie werden zugeben müssen, daß jeder davon den Eindruck bekommt, daß alles angeblich wörtlich diktiert ist. Ich sage ausdrücklich »angeblich«. Jeder wird glauben, daß der Artikel von Ihnen ist.

Dornier: Aber Herr Merz, Sie wissen, wie die Reporter manchmal schreiben. Derselbe Mann erzähl da zum Beispiel auch von mir: Herr Moritz Dornier erzählt usw. usw. und ich habe ihm überhaupt nichts gesagt.

Merz: Ich kann mir nicht helfen, der Artikel ist zum mindesten äußerst seltsam; jeder Einzelne wird hier erwähnt, Christiansen, Brenta Cago, Coutinho, Monteure nur eben ich nicht.

Dornier: Mir ist es vollkommen erklärlich, daß die Leute hier im Lande ihren einheimischen Piloten besonders hervorheben.

Merz. Das war das, was ich zur Sprache bringen wollte.

Berner: Ich glaube es hat keine Zweck, diesen Zeitungsartikel zu ernst zu nehmen; wegen solcher Zeitungsnachrichten kann man meiner Ansicht nach niemanden verantwortlich machen.

Hiermit war die von Herrn Merz gewünschte Aussprache erledigt. Die Herren unterhielten sich dann über verschiedene andere Fragen vor allen Dingen mit den aus Deutschland vorliegenden Zeitungsausschnitten, bei welchen vor allem die Meldung, die vom R.V.M. stammen soll, große Beunruhigung hervorrief, da sie offenbar nur basiert ist auf der bekannten Falschmeldung der UNITED PRESS über den Absturz des Do X kurz nach dem Start von Porto Praia. Herr Kapt. Christiansen las bei dieser Gelegenheit auch ein langes Kabel vor, welches er aus Natal an Metallflug, Berlin und an HAPAG, Hamburg geschickt hatte.

Rio de Janeiro, den 1. Juli 1931

DIE BESATZUNG AUF DEM WELTFLUG

Nachdem das erste Flugschiff auf dem Bodensee durch Chefpilot Wagner der Firma Dornier eingeflogen war, wurde die Besatzung für die Erprobungsflüge und die Vorführungen im Auslande zusammengestellt. Selbstverständlich hat dieselbe im Verlauf der einzelnen Flugperioden verschiedentlich Änderungen erfahren. Außer der für das Flugschiff erforderlichen Stammbesatzung von 12 Mann, waren den Erfordernissen einer solchen Expedition entsprechend noch weitere Flugteilnehmer mitgegeben worden, denen technische und kaufmännische Expeditionsleitung, Außen- und Pressedienst, sowie besondere technische Aufgaben zugeteilt waren. Die amerikanische Motorenfirma Curtiss hatte ihren Motorenspezialisten H. Brewton für die ganze Dauer der Flüge zur Verfügung gestellt.

Do X-Besatzung mit Cramer von Clausbruch (3. v. r.), der zusammen mit Horst Merz (4. v. r.) das Flugschiff von Las Palmas über Afrika nach Rio geführt hat, von dort flog er die Do X nach New York. Flugkapitän Merz führte die Do X von New York über den Nordatlantik nach Berlin (Müggelsee).

Navigationsoffizier Wilhelm Niemann

Expeditionsleiter Paul Berner (oben rechts)

Dr. Tilgenkamp Berichterstatter

Als Gast und dritter Pilot war der italienische Fliegermajor Brenata von Amsterdam bis Rio de Janeiro an Bord, um die gemachten Erfahrungen später auf den von Italien bestellten Dornier-Flugschiffen verwerten zu können. Ein weiterer Gast war der in Luftfahrtkreisen wohlbekannte portugiesische Admiral Cago Coutinho. Er machte die Flüge von Lissabon bis Rio de Janeiro mit, um seine bewährten Navigationsmethoden auch in dem ersten Flugschiffe der Welt zu erproben.

Herr F. Hammer, Direktor des Condor-Syndikates, Rio de Janeiro, welcher in Lissabon die Expeditionsleitung übernommen hatte, mußte wegen Erkrankung seinen Posten in Las Palmas an Direktor Berner der A. G. für Dornier-Flugzeuge abgeben. Herr Hammer übernahm später in Rio das Kommando der Do X für den Weiterflug nach New York, als Kapitän Christiansen, der bisherige Kommandant, zur Berichterstattung über die bisherigen Flüge nach Deutschland berufen wurde. Der amerikanische Pilot Schildhauer, von der Dornier-Company of America, mußte Do X in Las Palmas wegen dringender Geschäfte in USA verlassen und an seine Stelle trat der bekannte deutsche Seeflieger Cramer von Clausbruch, vom Syndicato Condor, Rio de Janeiro, der durch seine Noronha-Flüge und seine Streckenerfahrungen in Brasilien besonders geeignet war. Herr Schildhauer erwartete Do X wieder in Natal, Brasilien, und nahm an den Flügen bis New York teil. Für den Nachrichtendienst waren vom Bodensee bis Lissabon Herr Dr. E. Tilgenkamp aus Zürich; von Lissabon bis New York Herr Maurice Dornier an Bord.

DIE BESATZUNG

Der Kommandant **Friedrich Christiansen** bestand schon 1913 sein Piloten-Examen. War im Krieg einer der bekanntesten deutschen Marineflieger und Kommandant der Seeflugstation Zeebrügge. Bereiste als Kapitän von Fracht- und Passagierdampfern die Meere der ganzen Welt.

Fritz Hammer, Kommandant, Direktor des Syndicato Condor, brasilianische Luftverkehrsgesellschaft. Herr Hammer ist einer der ältesten deutschen Luftfahrtpioniere, früherer Marineflieger und hat nach dem Kriege sowohl in Columbien wie in Brasilien Luftfahrtgesellschaften ins Leben gerufen.

Paul Berner, Expeditionsleiter, Direktor der Bauwerft der Do X in Altenrhein, der älteste technische Mitarbeiter Dr. Dorniers.

Maurice Dornier, Bruder von Dr. Dornier, leitete den Außendienst und die Propaganda der Firma.

Horst Merz*, Flugkapitän, Verkehrsflieger der deutschen Lufthansa, Pilot auf Do X ab Friedrichshafen über europäischen Etappen, Afrika, bis Südamerika, von da ab als Berichterstatter für die deutsche Luftfahrtbehörde an Bord der Do X; Pilot von Neufundland nach Berlin.

Funkoffizier Henry Kiel

Harvey Brewton, Motoreningenieur von Curtiss (links oben)

Leutnant Clarence Schildhauer (links)

Cramer von Clausbruch, Verkehrsflieger des Syndicato Condor, Rio de Janeiro. Pilot der Do X von den Kanarischen Inseln über Afrika, Atlantischer Ozean, Brasilien bis New York. Clausbruch hat im Luftverkehr über 500 000 Meilen mit Dornier-Flugbooten geflogen.

Clarence Schildhauer, Leutnant, von der amerikanischen Dornier-Gruppe und Copilot auf Do X. Herr Schildhauer hat seit eineinhalb Jahren in enger Zusammenarbeit mit dem Werk die Erprobung der Do X und den größten Teil der Flüge mitgemacht.

Walter Diehl, Pilot auf dem Flug New York – Europa

Wilhelm Niemann, Navigationsoffizier

Clarence Schildhauer, Pilot

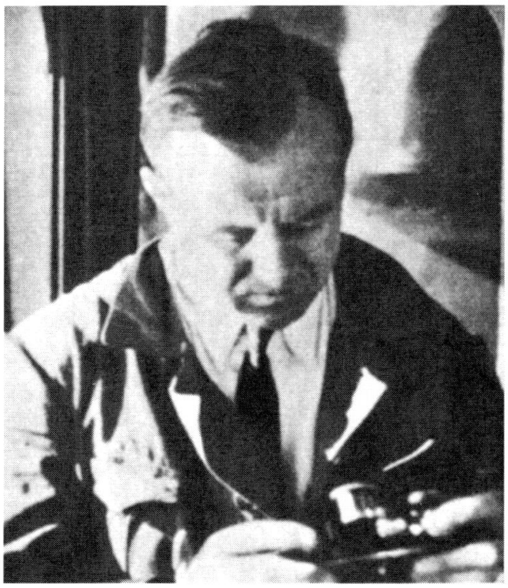

Wilhelm Niemann*, Navigationsoffizier der Do X, erster Offizier von der Hamburg-Amerika-Linie. Niemann war zwei Jahre Navigationslehrer bei der deutschen Verkehrsfliegerschule Warnemünde.

Otto Eitel*, Bordingenieur, hat die Motoren und die Triebwerkanlage an Bord zu überwachen. Er hat den ganzen Bau der Do X in der Werft mitgemacht.

Henry Kiel*, Funkoffizier. Wurde von der DEBEG, Deutsche Betriebsgesellschaft für drahtlose Telegraphie zur Verfügung gestellt.

Harvey Brewton*, Ingenieur der Curtiss-Motor-Comp., welcher seit einem Jahr Einbau, Erprobung und Flüge seiner Curtiss-Motoren auf Do X überwacht und sämtliche Flüge mitgemacht hat.

Emil Fischer*, Bordmonteur. Ist Meister in der Bauwerft von Altenrhein. War fünf Jahre zur Instandhaltung von Dornierflugzeugen in Rußland tätig und hat schon 1914 am ersten Dornier-Flugboot mitgearbeitet.

Adolf Marquardt*, Bordmonteur. Er ist schon über 10 Jahre bei Dornier tätig und war sechs Jahre zur Instandhaltung von Dornier-Flugbooten in Spanien und Spanisch-Marokko.

Ernst Brombeis*, Bordmonteur. Ist einer der ältesten Meister bei den Dornier-Werken; war fünf Jahre für Dornier in Japan tätig.

Heinrich Jäger*, Bordmonteur. Seit sieben Jahren bei Dornier, hat von Anfang am Bau der Do X mitgearbeitet.

Fredy Schmidt, Bordmonteur. Seit 8 Jahren bei Dornier und auf den Bauwerften für Dornier-Flugboote in Italien tätig.

Josef Dabernig, Elektriker.

* Haben den ganzen Weltflug Altenrhein – Berlin mitgemacht

Nr. 7289

Deutsches Reich

Seefahrtsbuch

für

Brombeis,

Ernst

Ausgefertigt

, den 20ten 4 32 19

Das Seemannsamt

Der Preis dieses Buches beträgt 0,60 RM

Unterschrift des Inhabers:

Ernst Brombeis

Es wird bescheinigt, daß der Inhaber die durch das obenstehende Lichtbild dargestellte Person ist und die darunter befindliche Unterschrift eigenhändig vollzogen hat.

Hamburg, 20 APR. 1932

, den 20ten 19

Das Seemannsamt.

Inhaber ist angemustert als Bordwart

auf dem Dampf- Segel- der Motor-Leichter, Schiff – Lustjacht

Flug: Dornier Do X

Unterscheid.-Signal: Br.-Raumgehalt cbm

Heimatshafen / Registerhafen Berlin

geführt von Kapitän F. Christiansen

gegen eine Heuer von monatlich

für die Reise / Zeit

Der Dienstantritt erfolgt am 19. 4. 32.

Dem Inhaber sind laut Musterrolle seit der letzten Abmusterung zur Invalidenversicherung anzurechnen (siehe Seite 4):

für bescheinigte Krankheiten .... Wochen.

Inhaber ist laut Vereinbarung — auf sein Verlangen — in der höheren, seiner Dienststellung nicht entsprechenden Lohnklasse ...... zu versichern.

Hamburg, 20 APR. 1932

, den ten 19

Das Seemannsamt.

Die Anmusterung ist unterblieben, weil

Inhaber hat auf dem Dampf- Segel- der Motor-Leichter, Schiff – Lustjacht

Dornier Do X

Unterscheid.-Signal: Br.-Raumgehalt cbm

während der Reise / Fahrt von Atlantik-

nach u. Deutschlandflug

in der Zeit vom 19. 4. 32.

bis zum 14. 11. 32.

[Dienstzeit: 6 Monate 25 Tage]

als Bordwart gedient.

Dem Inhaber sind für die Zeit vom

bis für Beitragswochen Beiträge

für die Invalidenversicherung zur Lohnklasse insgesamt

RM von der Heuer abgezogen.

Hamburg, den 21ten 11. 1932

Unterschrift des Kapitäns:

i. V. Niemann

Die vorstehende Unterschrift wird beglaubigt und die erfolgte Abmusterung hiermit vermerkt.

Hamburg, den ten NOV. 1932

Das Seemannsamt.

Seemannsamt Hamburg

Die Abmusterung ist unterblieben, weil

Die Besatzung der Do X wurde wie auf einem Schiff vom Seemannsamt Hamburg angeheuert; hier das »Seefahrtsbuch« des Bordwarts Ernst Brombeis.

VON RIO NACH NEW YORK UND EUROPA

Mit veränderter Besatzung startete die Do X von Rio de Janeiro wieder in Richtung Norden. Kapitän war statt Friedrich Christiansen nun Fritz Hammer, und die beiden Piloten Cramer von Clausbruch und Clarence Schildhauer steuerten das Flugschiff. Die Do X flog entlang der südamerikanischen Küste, über die Inselwelt der Karibik und erreichte in Miami zum ersten Mal die USA. Überall, wo dieses gigantische Flugzeug auftauchte, erregte es berechtigtes Aufsehen. Vor allem in New York wurde sie als Meisterwerk deutscher Ingenieurbaukunst gefeiert. Die Besatzung wurde vom Bürgermeister der Stadt, aber auch vom amerikanischen Präsidenten empfangen. Nach einem Winteraufenthalt in New York flog die Do X, nun wieder mit Kapitän Christiansen und den Piloten Horst Merz und Walter Diele über den Nordatlantik zurück nach Deutschland (Autor: Maurice Dornier),

Flug: Rio de Janeiro – Bahia.
5. August 1931.

Unser Rio-Aufenthalt ist beendet und trotz der frühen Morgenstunde hat sich ein Häuflein Getreuer eingefunden, um uns noch einmal die Hand zu drücken und die besten und herzlichsten Wünsche mit auf den Weg zu geben. Daß sich auch unser alter Fluggenosse Admiral Cago Coutinho eingefunden hat, freut uns sehr. Die Abfertigung unserer Passagiere durch die Hafenpolizei hat sich etwas verzögert und so wird es 6.35 Uhr bis wir starten können.

Von Land her kriecht langsam dicker Bodennebel heran, wir aber starten hinaus in die wundervolle Rio-Bucht, gerade hinein in die aufgehende Sonne. Es ist, als wollte uns Rio zum Abschied noch seine ganze leidenschaftliche Pracht enthüllen und stumm ergriffen sitzen unsere Passagiere und schauen und können sich nicht satt sehen, bis unser Bordstewart, der unermüdliche Krause, sie mit duftendem Kaffee in die prosaische Wirklichkeit zurückruft.

Drei Damen haben wir heute an Bord. Die Amerikanerin Mrs. Adams, welche schon im Luftschiff Graf Zeppelin ihre Äquatortaufe in der Luft erlebte. Dann Frau Dorit von Clausbruch, die junge Gattin unseres ersten Piloten und Frau Wachsmut aus Rio.

Während die flugbegeisterte Amerikanerin vorige Woche von den Vereinigten Staaten von Amerika mit einem Streckenflugzeug nach Rio kam, um den Do X-Flug mitzumachen hat auch Frau von Clausbruch einen gewissen Anspruch darauf, mitzufliegen, da sie ihren Gatten, seit er auf Do X ist, sonst gar zu selten zu Gesicht bekommen würde. Als wir damals im April des Jahres von Friedrichshafen aus an v. Clausbruch nach Rio kabelten, ob er Zeit und Lust hätte, als Pilot für Do X nach Las Palmas zu kommen, wußten wir nicht, daß er zur selben Zeit seine Braut erwartete, die nach Südamerika unterwegs war und er selbst eigentlich seinen wohlverdienten Urlaub antreten wollte. Trotzdem siegte der alte Fliegergeist, und umgehend kam seine Zusage. Seine Braut soll nicht wenig über die stürmischen Fliegersitten gestaunt haben, die ihr nach der Ankunft in Rio eben Zeit ließen, Toilette zu machen, um noch am selben Tag aufs Standesamt zur Trauung und schon am nächsten Tag wieder auf See, Richtung Las Palmas zu gehen. Sehr betrübt zog die junge Frau von den Canarischen Inseln dann allein heimwärts, um sofort nach Ankunft des Flugschiffes in Brasilien erneut die Ausreise anzutreten. – Um diesem Wanderleben ein Ende zu bereiten, wurde Frau Dorit nun von der Schiffsleitung zur Teilnahme an dem jetzigen Flug eingeladen und kann aus eigenem Erleben heraus den interessanten Beruf ihres Gatten richtig beurteilen lernen.

Mit vielem Verständnis und Humor haben sich unsere Damen sofort dem Bordleben angepaßt und öfters können wir die tüchtige Frau von Clausbruch sehen, wie sie unserem

Stewart zur Hand geht, damit ja die hungrigen Mägen nicht zu lange auf das Essen warten müssen. Heute sind wir sehr früh aufgestanden und so lassen sich die Damen bald die Ruhebetten aufschlagen und eine halbe Stunde später finde ich bei meinem Rundgang alle in tiefem Schlummer.
Wir fliegen in ca. 2000 bis 3000 Meter Höhe der Küste entlang. Die Berge treten mehr und mehr zurück, um erst kurz vor Viktoria, das wir um 9.40 passieren, an der Küste heranzurücken.
Viktoria, das Klein-Rio genannt, liegt in einer entzückenden Bucht, halb am Berghang hinaufgebaut und ins Grüne gebettet, sieht so hübsch aus, daß alle Photoapparate in Tätigkeit treten. Kurz hinter Viktoria bekommen wir den ersten Regen, es sind aber nur kurze Regenschauer mit mäßigen Böen, die rasch durchflogen sind.
Um 11.30 Uhr landen wir in dem Meeresarm von Caravellas, einer kleinen alten Stadt, die sich vom Ankerplatz aus nur als eine einzige Reihe längs des Strandes stehender Häuser präsentiert. Der Bürgermeister, welcher gleichzeitig der Agent des Syndicato Condor, der uns befreundeten Luftverkehrsgesellschaft, die bis Natal die Bodenorganisation unseres Fluges übernommen hat, ist, macht einen famosen Eindruck und hat unseren Brennstoff sofort zur Stelle. Schon um 12.58 Uhr können wir nach Bahia weiter starten. Den Regen scheinen wir hinter uns gelassen zu haben und bis zur Landung in Bahia um 15.59 begleitet uns schönster Sonnenschein, der dann auch die weite Schleife, die unser Do X bei der Ankunft über der Stadt zieht, besonders eindrucksvoll macht.
Zwei Berufsjournalisten fliegen mit uns bis New York. Der eine davon, Herr Aspinal schreibt für Hearst. Er ist zwar Brasilianer, aber von englischer Mutter. Ein stets vergnügter Mann, der nur auf Herrn Wilkens, den Sekretär Herrn Hammers nicht gut zu sprechen ist, weil dieser ihm angeraten hat, möglichst wenig Gepäck mitzunehmen und nun schwitzt Aspinal in seinem dicken Anzug unendliche Schweißbächlein. Daß seine Arbeitskraft darunter nicht leidet, beweisen die ca. 1000 Worte, die er täglich weiterkabelt.
Der zweite Reporter, Herr Louviral de Almeida vom Journal do Brasil, ist ebenfalls ein weitgereister, gebildeter Mann, der perfekt englisch und französisch spricht. Er ist glänzend über sein Heimatland orientiert, versteht etwas vom Flugwesen, und ist Spezialberichterstatter für alle fliegerischen Ereignisse seiner Heimat. Er macht fleißig Aufnahmen und hat sich längst auf Do X eingelebt, da er schon auf dem Flug Bahia–Rio seinerzeit mit uns war.
Louviral mit seinem schmalen Mongolengesicht und der Hornbrille und sein Kollege Aspinal mit dem breiten Schädel und der beginnenden Glatze, die so gut zu seinem gemütlichen Gesicht paßt, bilden nicht nur innerlich eine famose Ergänzung.

Flug: Bahia – Natal.
6. August 1931

Nachdem wir von morgens vier Uhr ab unsere Passagiere und die Besatzung aus den verschiedenen Hotels und Pensionen zusammen geholt haben, können wir uns um 5.30 Uhr einbooten, legen um 6.10 Uhr von der Boje ab und um 6.43 Uhr wird gestartet. Das Wetter ist gut, die Sicht ausgezeichnet. Unsere vier neuen Passagiere, deren Erstlingsflug der heutige ist, verhalten sich still in ihrer Ecke, bis sie den ersten Eindruck überwunden haben.
Nach einer Ehrenrunde über der Stadt nehmen wir Kurs auf Maceio, unserem heutigen Zwischentankplatz. Das Land unter uns wird flach, leicht gewellt, der Flugsand bezuckert die Küste streckenweise kilometerweit landeinwärts mit weißem Überzug und oft schauen nur die grünen Bäume der Hügelkuppen noch heraus. Das Hinterland, soweit das Auge reicht, ist leicht hügeliges Waldland, manchmal sehen wir Rinderherden oder Pferde, die durch das Brausen unserer Motoren zu wilden Sprüngen veranlaßt werden. In drei bis vier Metern Höhe fliegen wir etwa einen Kilometer von der Küste und passieren kurz nach sieben Uhr eine dicke, schwarze Regenwolke, aus der ein prächtiger Regenbogen zur Erde niedergeht und seine Farben in unseren Fenstern spiegelt.
Manchmal mutet die Landschaft durchaus afrikanisch an. Es gibt da an den Flußmündungen kleine Ansiedlungen mit Palmen, Sandstrand, kleinen braunen mit Palmblättern gedeckten Häuslein, die so absolut tropisch wirken, daß es schwer fällt sich vorzustellen, daß da unten weiße Menschen wohnen. – Es ist immer wieder dasselbe Bild, wenn uns die Leute hören. Die Erwachsenen stehen am Strand und winken, die kleinen Kinder und die Hunde versuchen jedesmal einen Wettlauf mit uns, um das große Ding ja so lange wie möglich zu sehen.
9.47 Uhr, also nach etwas über drei Stunden Flug, landen wir auf dem See hinter dem

Städtchen Maceio. Von oben gesehen, erscheint es weniger bedeutend, es hat doch ca. 70000 Einwohner, durch die vielen Gärten und die weitläufige Anlage scheint es mehr ein dicht besiedeltes Gartenland. Der braungefärbte See ist so flach, daß die hunderte von Booten, die zur Begrüßung herankommen, mit langen Stangen herangeschoben werden und wir müssen immer wieder zur Vorsicht mahnen, damit uns die begeisterte Menge mit den oft drei bis vier Meter langen Stangen keine Löcher in unsere Tragflächen stößt. Der See ist als Flughafen sehr günstig, da immer ruhiges Wasser ist und man ziemlich dicht an die Stadt heranrollen kann.

Wie stets funktioniert die Brennstoffversorgung durch die Vacuum Oil Co. auch hier glänzend, und um 11.35 Uhr starten wir über die Landzunge hinweg, an Maceio vor-

Zur Bootsreinigung wurde die Do X in Natal auf den Strand gesetzt.

bei. Einige Regenböen müssen wir passieren, dann klart es auf, und unsere Begrüßungsrunde über Pernambuco fliegen wir in hellem Sonnenschein. Das etwas landeinwärts gelegene Parahyba wird um 13.25 Uhr überflogen und um 14.18 Uhr landen wir in Natal und machen an unserer alten Boje fest.
Wir haben die Strecke Bahia – Natal von 510 Seemeilen in 5 1/2 Stunden mit einer Durchschnittsgeschwindigkeit von ca. 94 Knoten durchflogen; unser braver Do X hat sich wie stets ausgezeichnet gehalten.

Flug: Natal – St. Luiz do Maranhao.
7. August 1931.
Um 4.20 Uhr ist alles froh aus den heißen Hotels Natals zum Flugschiff zurückgekehrt und sobald es hell genug ist, werden die Leinen losgeworfen. Um 5.15 Uhr starten wir flußaufwärts gegen Land um in weiter Kurve

ausholend, über die Stadt zur Küste zu fliegen. 5.27 Uhr sind wir über offener See und erleben um 5.30 Uhr wieder einen so herrlichen Sonnenaufgang, daß wir reichlich für unser Frühaufstehen belohnt werden. Wir sind bei Kap St. Roque. Das Wetter ist klar, die Sicht gut, nur über Land liegt eine Dunstschicht.
Im Salon wird einen gemütliche Kaffeestunde abgehalten, selbst Kommandant Hammer findet Zeit, mitzuhalten. Dann entwickelt sich das gewohnte Bordleben. Die Damen machen noch ein Schläfchen. Die Journalisten setzen Telegramme auf, der amerikanische Marineattache, Herr Blendy, der den Amazonas hinauf will, studiert eifrig seine Karten, kurz jeder hat sich sein Tagewerk eingeteilt wie es ihm am praktischsten erscheint und alle fühlen sich wie in einer großen Familie. Die Landschaft wechselt ein wenig. Kleine Ansiedlungen, Sanddünen, Buschwald von vielen Flußläufen durchzogen. Die vielen, in eigenartig herzförmiger Form gebauten Fischreusen, die weit von Land ab herausgebaut sind, und die Fischerboote interessieren immer aufs neue.
Um 7.50 Uhr überfliegen wir Fortaleza-Ceara, eine schöne, groß angelegte Stadt von ca. 80000 Einwohnern. Hier ist ein Stapelplatz für Häute, Baumwolle, Kaffee, Zucker, Bienenwachs. 9.25 Uhr sind wir über Camocin, unserem Tankplatz und landen um 9.30 Uhr neben der Pontonboje der Pan-American Airways. Aus dem bunten Farbenbilde am Ufer zu schließen, besteht die Bevölkerung von Camocin zu einem großen Prozentsatz aus Negern. Grellrote, grüne, gelbe und blaue Kleider leuchten in der hellen Sonne herüber und selten sahen wir am Ufer eine so dichtgedrängte, farbenprächtige Menge Neugieriger stehen. Leider verzögert sich die Brennstoffübernahme etwas, so daß wir heute wohl kaum noch bis Belem-Para durchkommen werden, wenn wir dort nicht bei Dunkelheit landen wollen.
Um 11.13 Uhr starten wir wieder gegen Land flußaufwärts. Um 12.10 Uhr überfliegen wir Paranahyba , eine kleine Stadt von 15000 Einwohnern, welche tropische Erzeugnisse und Häute ausführt. Alle diese Städte bieten, soweit neueren Datums, den gleichen Anblick, weit auseinander gezogene, einstöckige Häuser, breite Straßen und große Plätze mit viel Bäumen und Grün. Man merkt, daß wir hier in den Tropen sind, wo der Mensch für seine Wohnung viel Luft und Raum benötigt. Kurz nach dieser Stadt sehen wir einen riesigen Waldbrand, der sich kilometerlang ausdehnt.
Um 12.35 Uhr kreuzen wir uns mit dem von Belem kommenden Flugboot der Pan-Air, das ein dankbares Objekt für die Fotografen abgibt. Über 15 Minuten fliegen wir einer riesigen Sandwüste entlang, ohne Baum und Strauch leuchtet der weiße Sand herauf und erinnert uns an den Anblick der Westafrika Küste längs Rio de Oro. An Bord haben wir einen Passagier mit einem kleinen Töchterlein, das sich anscheinend beim Abschied mit zu viel guten Sachen angefüllt hat, denn es fühlt sich nicht wohl. Ich lege die Kleine auf eines der Betten und reibe das Gesichtlein mit Kölnisch Wasser ein, was das kleine Persönchen bald wieder so munter macht, daß es seine Orangenlimonade trinkt und uns in St. Luiz sehr vergnügt wieder verläßt.
13.52 landen wir in St. Luiz do Moranhao, einer der ganz alten Städte Brasiliens, nach einem Flug ab Natal von 615 Seemeilen und einer Flugzeit von 6 Stunden 16 Minuten.
Der Präsident oder Interventor, ein etwa dreißigjähriger Geistlicher kommt sofort nach der Landung zur Begrüßung an Bord. Wir lernen in ihm einen klugen, gebildeten Mann kennen, der sofort unsere Sympathien gewinnt. Da es zum Weiterflug nach Para zu spät geworden ist, machen wir ihm gegen Abend einen Gegenbesuch in seiner Residenz, einem wundervollen alten Kastell. Er führt uns durch die mit viel Geschmack eingerichteten Säle des Palastes auf eine große Terrasse mit freiem Blick auf Stadt und Hafen und bewirtet uns mit einer Tasse ausgezeichneten Kaffees. Da uns der deutsche Konsul zum Essen in der Pension Bender erwartet, nehmen wir bald Abschied von dem liebenswürdigen Mann, der uns seine Unterstützung für die Dauer unseres hiesigen Aufenthaltes in jeder Weise zusagt.
St. Luiz hat etwa 60000 Einwohner und macht auf uns alle einen tiefen Eindruck, da die Stadt ganz den alten Charakter aus der Portugiesenzeit bewahrt hat. Lebhaft werden wir an Porto Praia erinnert.

Flug : St. Luiz – Belem do Para.
8. August 1931.

Wegen des niedrigen Wasserstandes am Morgen und auch um unseren Passagieren etwas Ruhe zu gönnen, wurde der Start erst auf 10 Uhr festgesetzt.
Um 10.30 Uhr werfen wir los und rollen die Startbahn ab. Wir gehen ziemlich weit in die Dünung hinaus, da im Hafen selbst zwei gro-

ße Sandbänke sind, die morgens vollkommen über Wasser liegen. Wir starten längs der Dünung und gerade vor dem Abheben lassen zwei Motoren, deren Benzinpumpen nicht arbeiten, nach, so daß wir an die Boje zurückmüssen, um die Pumpen nachzusehen. Wir behalten die Passagiere an Bord und servieren ein Mittagessen, das allgemeinen Beifall findet. Es gibt Hühnerbraten mit Erbsen, Kartoffeln, Karotten, Fruchtsalat und Kaffee.
Um 14.12 Uhr starten wir und nehmen Kurs auf Para. Die neuen Passagiere fühlen sich an Bord wie zu Hause. Es sind sieben Damen mit ihren Gatten und Kindern und bald entwickelt sich ein behagliches Leben in den Passagierräumen. Die Damen jagen nach Autogrammen der Besatzung und sind sofort hinter jedem von uns her, der sich unten sehen läßt. Die Kinder werden von den Papas immer wieder zum Stewart nach einem neuen Do X-Cocktail geschickt und bald herrscht eine sehr vergnügte Stimmung; als auch noch unser Bordgrammophon aufgezogen wird, wäre bald ein Tänzchen zustande gekommen. Der Landstrich, den wir jetzt durchfliegen, scheint mehr Wasser wie Land zu haben. Immer größere Flußdeltas tauchen auf und kurz nach 17.30 Uhr biegen wir in die Mündung des Rio Para ein, um bald darauf nach einer Schleife über Belem, in der Nähe der für uns ausgelegten Boje zu landen. Sofort kommt ein schnelles Motorboot der Pan-Air und ist uns beim Festmachen behilflich. Die Passagiere verabschieden sich hochbefriedigt und fahren am gleichen Abend per Dampfer nach St. Luiz zurück, und wir können unsere tägliche Beschäftigung nach jedem Flug, das Auftanken des Brennstoffes vorbereiten.
Das Tanken nimmt bei Nacht mehr Zeit in Anspruch, obwohl Herr Neufeld aus Rio, welcher den Herren der hiesigen Vacuum Oil Co. hier beisteht, uns bestens unterstützt und selbst bis nachts 11 Uhr an Bord bleibt.
Als ich gegen 12 Uhr nachts nach der Stadt zurückfahre, fangen die Herren Hammer und Berner, welche heute zusammen mit dem technischen Personal an Bord schlafen wollen, eben an, sich draußen auf dem Stummel die wohlverdiente Dusche geben zu lassen. Im Grande Hotel Belem ist noch Leben als ich ankomme, ja man will mich sogar noch in den deutschen Club verschleppen, doch ich bin wirklich zu müde und falle ins Bett, denn um 4 Uhr ist Wecken angesetzt, zum Weiterflug nach Paramaribo.

Flug: Belem – Para.
9. August 1931

Gestern haben wir bis nachts um halb zwölf Uhr getankt und unser Flugschiff für den beabsichtigten Flug nach Paramaribo klar gemacht. Da wir in aller Frühe starten wollten, kamen sogar noch abends 11 Uhr Besucher mit ihren Damen an Bord und es wurde bei Tangomusik sogar ein angeregtes Plauderstündchen. Das Grande-Hotel, in dem Passagiere und der Rest der Besatzung, welcher nicht an Bord blieb, untergebracht sind, ist gut eingerichtet und hatte reichlich Platz für uns alle, denn seit der Gummikrise ist dieser früher so bedeutende Ort wie ausgestorben. Der Gummipreis ist ja heute so niedrig, daß er nicht einmal die Zapf- und Transportkosten bezahlt und die Kastanienernte, wie die Paranüsse hier genannt werden, die immer noch etwas abwirft, ist vorüber. Kakao, Felle, Reis, Reptilienhäute, Hölzer bilden die übrige Ausfuhr.
Para mit seinen 200000 Einwohnern ist eine schöne, breit angelegte Stadt, die Hauptstraße mit ihren Doppelalleen von Mangobäumen macht einen freundlichen Eindruck und der mitten in der Stadt gelegene Naturschutzpark mit zoologischem Garten, der schöne Theaterbau, der leider geschlossen ist und viele prächtige Bauten von Behörden und Privatbauten geben Zeugnis von den vergangenen guten Zeiten.
Im Staate Para hat Henry Ford einen großen Landkomplex für Gummibau unter Kultur genommen und mit vielen finanziellen Opfern und zähem Fleiß mitten im Urwald Elektrizitätswerk, Sägewerk, Wasserturm, Beamten- und Arbeiterhäuser, Hospital etc. geschaffen. Ein Werk auf lange Sicht.
Auch eine vorzüglich durchdachte und organisierte japanische Großsiedlung ist auf einem im Staate Para gelegenen Konzessionsgebiet entstanden. Die Japaner haben hier gezeigt, wie man tropische Siedlung betreiben muß. Das Gebiet wurde vor Ankunft der Siedler aufgeteilt. Häusergruppen zur vorläufigen Unterkunft, Magazine mit Lebensmitteln, Geräten etc. geschaffen und der ankommende Siedler kam sofort in ein geordnetes Gemeinwesen mit Verwaltung, Arzt und Kreditanstalt. Es soll auf dieser Siedlung eine starke Organisation herrschen, die Siedler sind gut ausgesucht und man hört hie und da von den Einheimischen die Äußerung, daß der Staat Para in 50 Jahren wohl japanisch sein könnte, wenn diese Siedlungspolitik weitergetrieben würde.

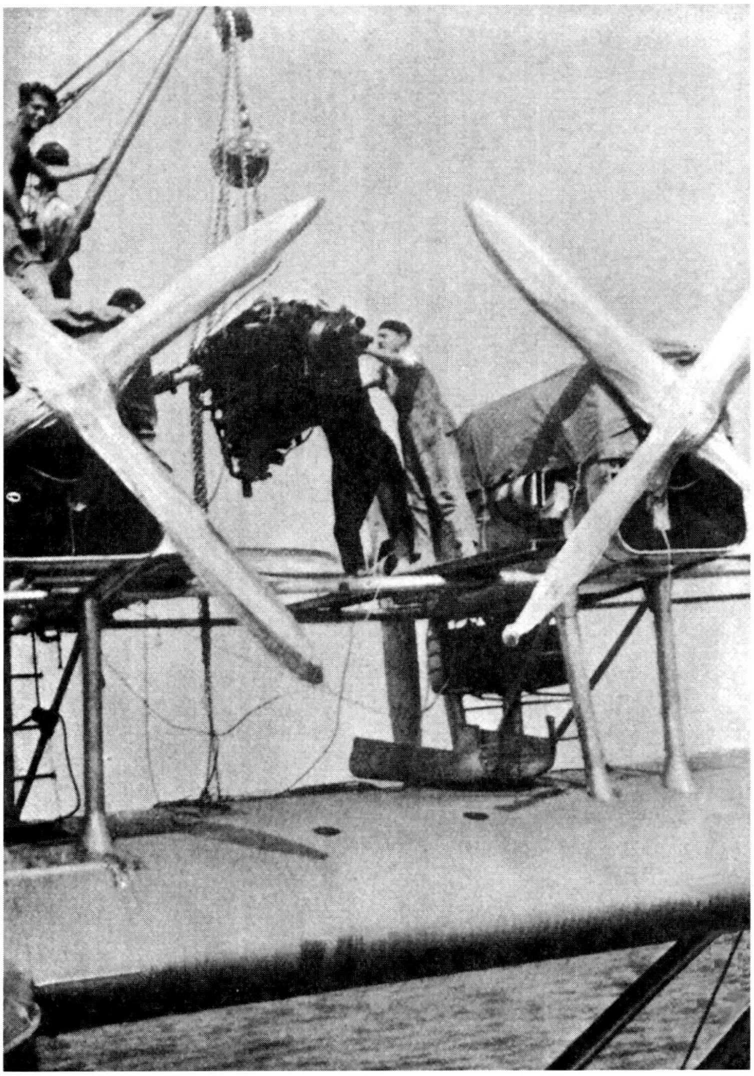

Motorenwechsel in Para

Den Amazonas hinauf verkehren eine Reihe kleiner Flußdampfer, deren Führung nur ganz erfahrenen Kapitänen anvertraut wird, da die vielen Untiefen und Sandbänke eine äußerst genaue Kenntnis des Fahrwassers bedingen. Zu diesen Gefahren kommen noch die vielen treibenden Baumstämme, die häufigen schweren Gewitter, die Stromschnellen und nicht zuletzt die ständige Veränderung des Fahrwassers. So sind im Juli des Jahres plötzlich im Strom Felsen an einer Stelle aufgetaucht, wo die Schiffe viele Jahre lang genügend Wassertiefe vorgefunden hatten. Klimatisch ist der Aufenthalt für uns erträglich, denn, wenn auch tagsüber große Hitze herrscht, so kühlt es doch abends und nachts so angenehm ab, daß man morgens erfrischt wieder an die Arbeit gehen kann.
Das Interesse für unser Flugschiff ist hier wie überall gleich groß und Behörden, Handelsherren, die deutsche Kolonie und die hier ansässigen Ausländer zeigen sich immer wieder aus höchste beeindruckt von den gewaltigen Ausmaßen. Jeder der lesen kann, kennt unseren Do X ja schon lange aus der Presse und für uns ist es immer wieder eine richtig große Freude, festzustellen, daß die ungeteilte Achtung, die dem Flugschiff und seiner Besatzung entgegengebracht wird, sich unmittelbar auf die Arbeit und das Ansehen unserer deutschen Landsleute hier draußen im günstigsten Sinne auswirkt. Eine praktische Auslandspropaganda, wie sie nicht wirksamer sein könnte. Das Flugschiff wird ja auch überall nicht als Firmensache Dorniers, sondern als deutsche Kundgebung angesehen, so etwa wie die Kreuzer-Besuche und wie oft haben wir es erlebt, daß den Auslandsdeutschen von den Einheimischen mit Achtung erklärt wurde: »Heute habt ihr Deutschen hier Euren großen Tag, wie müßt ihr stolz sein, daß Euer Vaterland, trotz verlorenem Krieg und aller Unterdrückung so etwas leisten kann.«
Schade, daß es uns nicht vergönnt war, einen Vertreter unserer Regierung auf diesem Flug mit uns zu haben, damit diese Eindrükke von berufenerer Seite zu Hause vorgebracht werden könnten. – All die vielen Tausende von Besuchern, welche wir Do X bisher zeigten, verlassen unser Flugschiff mit der Überzeugung, daß hier etwas Großes, Nützliches und Völkerbindendes geschaffen wurde, das dem Weltverkehrswesen neue Wege weist und deutsche Tüchtigkeit zum Ausdruck bringt.
Unsere Ankunft gestern abend über der Stadt muß überaus stimmungsvoll gewesen sein und nicht nur Deutsche haben uns versichert, daß sie Tränen in den Augen hatten vor Freude und Begeisterung.
Leider wurde aus unserem Weiterflug am Sonntag morgen nichts, denn kurz nach dem Start um 6.30 Uhr fiel die Tourenzahl eines Motors ab und der Motor blieb stehen. Eine sofortige Kontrolle ergab Kurbelwellenbruch, was einen Motorwechsel bedeutet.
Obwohl wir ohne Bedenken mit 11 Motoren hätten weiterfliegen können, machte sich unter unsren Presseleuten, denen wir diesen Entschluß mitteilten, doch sofort eine starke Abneigung, ohne Ersatzmotor weiterzufliegen, bemerkbar; und da wir uns vor der Tropenregion mit ihren in dieser Jahreszeit häufigen und schweren Stürmen, den Hurrikans befinden, mußte sich die Schiffsleitung, wenn auch schweren Herzens dazu ent-

schließen, den Ersatzmotor aus Natal abzuwarten.
Um aber die absolute Lufttüchtigkeit von Do X mit 11 Motoren zu beweisen, wurde sofort ein kurzer Probeflug durchgeführt, der absolut zufriedenstellend verlief.
Wenn diese neue Verzögerung uns allen auch schwere Sorgen macht, lassen wir trotzdem den Kopf nicht hängen, sondern bereiten sofort alles zum Ausbau des beschädigten und Einbau des neuen Motors vor. Es wird ein kleiner Kranaufbau aus Stahlrohren hergestellt, um die Motoren aus dem in das an der Boje liegende Flugschiff zu heben, die anderen Motoren werden nachgesehen, das ganze Schiff sauber gemacht, kurz Do X wird für den Weiterflug vorbereitet.
Wir alle wissen, daß, wenn uns auch jetzt scheinbar auf diesem Erprobungsflug des ersten Flugschiffes auf so großer Fahrt, über die verschiedensten Länder und Meere, in den verschiedensten Klimaten und Jahreszeiten, nichts an Unannehmlichkeiten erspart bleiben soll, gerade diese Erfahrungen dazu beitragen werden, die Wege zu ebnen für den Flugschiffgedanken und den regelmäßigen Einsatz so großer Flugeinheiten.
Es ist das erste Mal, daß Erprobungsflüge in diesem Ausmaß überhaupt unternommen werden und die Art und Weise, wie das Unternehmen, trotz mancherlei Rückschlägen, die jedoch in keiner Weise mit der Konstruktion des Do X zusammenhängen, mit zäher Energie weiter durchgeführt wird, findet hier draußen in der Welt vollstes Verständnis.
Die hiesige Werft der Pan-American Airways, mit welcher wir ab hier zusammen arbeiten, ist vorzüglich organisiert. Die »Pan-Air« stellt uns ab hier bis Miami ihre Bodenstation, Funk- und Wetterdienst zur Verfügung und erhält dafür wie vorher das Sydicato Condor, einen Anteil aus den für Post und Passagiere anlaufenden Einnahmen.
Durch unseren unfreiwilligen Aufenthalt bekommen wir Muße, uns etwas in der Stadt umzusehen und unsere Passagiere unter Führung von Mrs. Adams sind ständig unterwegs auf der Suche nach neuen Entdeckungen, Erlebnissen und Einkäufen.
Wir haben das Glück, in Herrn L. Neufeld, von den I.G. Farben, resp. der Allianca Commercial de Anilinas Rio einen guten Kenner des Landes und der Eingeborenen zu finden, und freuen uns, durch ihn hier außer der gewohnten Auffüllung unserer Bordapotheke mit Aspirin und anderen nützlichen Bayer-Sachen unsere Kenntnisse über Brasilien erweitern zu können.
Unser »Grande-Hotel« steht in diesen Tagen ganz im Zeichen der Fliegerei und in dem großen Speisesaal beherrschen Do X-Passagiere und Besatzung mit den Pan-Air-Leuten das Feld. Wohl zum ersten Mal wurden in Para Luftverkehrinteressen und Flugwesen von Nichtfachleuten so eingehend besprochen, denn alles interessiert sich brennend für Do X. Damit wird der ganzen Idee des Flugwesens hier im äußersten Winkel Brasiliens eine Propaganda gemacht, für die una die Pan-Air dankbar sein muß.
Im deutschen Club hält uns Herr Berringer, der Chef des bekannten deutschen Exporthauses eine herzliche Ansprache, die wiederum zum Ausdruck bringt, wie stolz die Auslandsdeutschen auf unseren Do X sind und wie günstig sich der Besuch für dieselben auswirkt. Ein gemütlicher, echt deutscher Kegelabend läßt uns hier für einige Stunden unser Mißgeschick und unseren ungetreuen Motor vergessen und versetzt uns zurück in die Heimat.
Unser Ersatzmotor trifft Freitag mittag mit Pilot Erler des Syndicato Condor mit Junkers W 34 aus Natal ein. Sofort wird der Einbau vorgenommen, doch verlieren wir noch viel Zeit, da der Motor zuerst den Öldruck nicht hält. – Doch auch diese Schwierigkeit wird überwunden und am 17. August wird zum Weiterflug für den nächsten Morgen klar gemacht. Allerdings müssen wir vor Abflug noch einen kurzen Probeflug machen, da es heute zu spät dafür geworden ist.

Flug: Para – Paramaribo.
18. August 1931

Morgens sechs Uhr wir zuerst noch ein Probeflug ausgeführt, um zu sehen, ob unser Ersatzmotor nun endgültig zur Mitarbeit entschlossen ist. Nachdem dieser Flug zufriedenstellend erledigt werden konnte, wird der noch fehlende Betriebsstoff aufgetankt, die Passagiere kommen an Bord und um 9.24 Uhr sind wir zum zweiten Mal in der Luft. Der Start war trotz des Abfluggewichts von 48 Tonnen, der schon hohen Außentemperatur, und des Seitenwindes sehr gut.
Wir nehmen Kurs Paramaribo auf und jeder ist froh, die Wartezeit in Para hinter sich zu haben.
Wir passieren eine große Anzahl kleiner Fischerboote, welche Netze ausgelegt haben. Die Bojen daran sind Kautschukballen. Wir fliegen Kurs 341 Grad inklusive Abtrift, um

die Mündung des Amazonas zu überqueren, und entfernen und dadurch etwas von der Küste.
Um 10.36 passiert Do X zum zweiten Mal den Äquator. Wir haben aber lauter weitgereiste Leute an Bord, können also keine Äquatortaufe veranstalten. Von 11.46 Uhr ab, nach Überquerung des Amazonas fliegen wir mit Küstenkursen an der Küste entlang. Die Landschaft ist eintönig, flach, mit dichtem Wald. Ganz vereinzelt steht eine Fischerhütte, liegt ein Kanu halb im Ufergebüsch versteckt. – Hier muß es schwierig sein Steuern einzutreiben! – Wir fliegen jetzt wieder ganz niedrig über den braunen Wassern und freuen uns über die Fische, die links und rechts vom Do X in wilder Flucht aus dem Wasser schießen. Hunderte und Tausende stören wir so aus ihrer Ruhe, manchmal ist auch ein großer dazwischen, doch man kann nicht erkennen von welcher Art, denn zu schnell sind wir vorüber. – Auch große Schwärme roter Papageien stöbern wir auf. Sie sehen wie eine feuerrote Wolke aus.
Bei Kap Orange verlassen wir 13.47 Uhr das gastliche Brasilien, an dessen Präsidenten wir einen Abschiedsfunkspruch richten. Ein zweites Radio geht an den Gouverneur von französisch Cayenne, um ihm mitzuteilen, daß wir von der freundlichst erteilten Landeerlaubnis keinen Gebrauch machen werden.
Die Landschaft ist hügelig und geht kurz vor der Stadt Cayenne in richtige hohe Berge über. Cayenne, das wir überfliegen, macht trotz seines schlechten Rufes einen freundlichen Eindruck mit seinen sauberen Häusern und dem vielen Grün. Die vielgenannte »Teufelsinsel« mit ihren Gefängnisbauten sieht so unschuldig aus, als ob es nie lebenslänglich Verbannte darauf gegeben hätte. Es heißt, daß die Gewässer hier so viele Menschenhaie bergen, daß eine strenge Bewachung der Sträflinge garnicht notwendig sei. Hinter Cayenne flachen die Berge wieder ab

und alles ist wieder eintönig flach. Um 15.27 Uhr passieren wir die Grenze Cayenne-Surinam, holländisch Guiana bei Galibi Point und landen 16.20 Uhr im Surinamfluß vor Paramaribo. – Hinter uns kommt eine schwere Regen- und Gewitterwolke hergejagt, die uns die letzten Minuten schon mit ihren Böen verfolgte und uns nun durch einen mächtigen Regenguß unsere Ankunft stören will. Musikkapelle, Würdenträger, Publikum, alles flüchtet in die nahen Häuser und wir müssen warten, bis der Guß vorüber ist, ehe wir uns ausbooten können. Trotzdem ist der Empfang ganz besonders eindrucksvoll. Der Gouverneur und sein Stab erwartet uns zusammen mit der ziemlich zahlreichen deutschen Kolonie am Landesteg. Der ganze Strand ist mit Flaggen und Wimpeln geschmückt und die Musikkapelle überrascht uns mit den Klängen des Deutschlandlieds, dem die holländische Nationalhymne folgt. – Bei einem Glas Sekt heißt uns der Gouverneur in herzlichster Form willkommen. Während das Empfangskomitee nun zu Do X hinüberfährt, um das Schiff zu besichtigen, wird unsererseits die Brennstoffübernahme geregelt und für Verpflegung, Verproviantierung und Unterkunft gesorgt.
Die Stadt Paramaribo hat durch die vielen verschiedenen Völker, die hier wohnen, ein ganz eigenartiges Gepräge. Javanen, Chinesen, Neger, Indianer werden hier als Plantagenarbeiter verwendet und jede Nation hat ihren heimischen Baustil beibehalten. Auch die Küchendüfte wechseln je nach dem gelben, schwarzen oder braunen Gesicht, das aus den Häuslein guckt. Das Regierungsgebäude mit der großen freien Rasenfläche davor, auf welcher das Denkmal der Königin steht, macht einen imposanten Eindruck. Die Stadt selbst mit den sauberen, gepflegten Straßen, den luftigen Europäerbungalows und dem schönen Hotel gefällt uns ausgezeichnet. Am nettesten finden wir die nach hier verpflanzte holländische Liebhaberei für das Fahrrad, das den Farbigen anscheinend so imponiert, daß alles radelt.
Herr Professor Stahel, ein Schweizer Gelehrter, der Leiter der landwirtschaflichen Versuchsanstalt in Surinam, ist so freundlich, uns trotz der kurzen, zur Verfügung stehenden Zeit seine groß angelegte Station zu zeigen, auf der Versuchspflanzugen mit Nutzpflanzen abwechseln. Alle Arten Pflanzen, Sträucher und Bäume werden hier gezogen und zum Wohle der Kolonie ihre rationelle Kultur, ihre Schädlinge und Krankheiten stu-

diert, damit die Pflanzer sich hier jederzeit Rat und Hilfe holen können.
Abends hat uns der deutsche Club zu einem Essen eingeladen, dem sich trotz der Hitze ein Tänzchen anschließt, das bis spät in die Nacht ausgedehnt wird. Später am Abend erscheint noch der Gouverneur mit seiner Gattin und bekundet sein Interesse an unseren Flügen durch eine längere Unterhaltung, die er in fehlerlosem Deutsch führt.
Die Post hat hier eigene Überdrucke für Do X Flug auf ihre Briefmarken drucken lassen. Leider erfahren wir erst so spät davon, daß wir selbst keinen Gebrauch mehr davon machen können.

Flug: Paramaribo – Port of Spain.
19. August 1931
Am 19. August starten wir nach herzlichem Abschied von den Freunden, die uns so herzlich aufgenommen hatten. Von dem gestrigen Abend, der ziemlich lang ausgedehnt wurde und der, trotz der Hitze dem Tanz gewidmet war, zu dem sogar der Gouverneur mit Gattin erschienen war, haben sich noch nicht alle erholt, welche noch an Bord kommen wollten. Immerhin ist es eine stattliche Anzahl, die zum Flugschiff herüber fahren und uns die besten Wünsche mit auf den Weg geben.
Um 8.30 Uhr starten wir flußaufwärts, folgen der großen Schleife, die der Surinam oberhalb der Stadt macht, und kehren über die Stadt zurück, um der begeistereten Menge das Schiff noch einmal ganz nahe zu zeigen. Jetzt ist die ganze Bevölkerung auf den Beinen und Kopf am Kopf sehen wir sie am Ufer stehen und winken. – Wir fliegen den Fluß hinunter dem Meere zu und nehmen um 8.40 Uhr unseren Kurs auf. Das Gewitter, welches gerstern abend mit gewaltigem Regenguß alles vom Strand verjagte, hat die Luft gereinigt und heute ist es ganz erträglich, so daß die Musikkapelle heute zum Abschiedsmarsch in Paramaribo wahrschenlich weniger schwitzen mußte wie gestern bei unserer Ankunft.
Das Land ist hier ziemlich dicht bebaut, weite Flächen mit Zuckerplantagen werden passiert und schon um 10.17 Uhr sehen wir die Fabrikschornsteine von New-Amsterdam in British Guiana. Es ist eine langgezogene Siedlung mit sauberen Häusern, deren rote Ziegeldächer ganz heimatlich anmuten. Immer der Küste entlang kommt um 10.50 Uhr Georgetown in Sicht. Seine großen Fabrikschornsteine, die ausgedehnten Lagerschuppen am Ufer, die großzügige Anlage der Stadt, alles weist auf rege Tätigkeit hin. Heute allerdings liegt auch dieser Hafen ziemlich verlassen und still, und eine den Fluß herabziehende Gewitterböe veranlaßt uns, ohne viel Aufenthalt weiter zu fliegen. An der Funkstation vorbei geht es wieder in fünf Meter Höhe über die Köpfe der eingeborenen Fischer hinweg, die zum Teil ihre wenigen Kleider vom Leibe reißen, um uns damit zu winken. Eine scharfe Kurve macht uns plötzlich um 11.37 Uhr auf etwas Besonderes aufmerksam. Es ist das Flugboot der Pan-American-Airways, das von Trindad kommend ganz dicht steuerbord an uns vorüberfliegt, allerdings erheblich höher als wir. Nun geht es an der Küste von Venezuela entlang bis die braunen Wasser die nahe Mündung des Orinoco anzeigen. Viele Meilen seewärts wird der Schlamm hinaus gespült, und erst als wir das Land verlassend, direkten Kurs auf Trinidad nehmen, sehen wir wieder das gewohnte blaue Wasser unter uns.
Um 13 Uhr passieren wir die Insel Loran grande und um 13.35 Uhr kommt Trinidad mit seinen bewaldeten Bergen in Sicht. Wunderschön ist diese Insel mit ihrer tropischen Vegetation und ihren großen Pflanzungen von Zucker, Kakao, Kokosnüssen, Bananen, Orangen, usw. An dem Asphaltsee von La Brea und den großen Ölfabriken vorüber geht es weiter, und bald sind wir über der Hauptstadt Port of Spain (ca. 60000 Einwohner). Wir fliegen in weitem Bogen zurück über die vielen im Hafen liegenden Schiffe und landen um 14.37 Uhr bei der für uns ausgelegten Boje bei der Pan-Air-Station. Unser Tankboot liegt schon bereit und sofort wird alles für morgen fertig gemacht, die Passagiere ausgebootet und wir können die offiziellen Besuche antreten. Der deutsche Konsul fährt uns zum Gouverneur-Palast, zeigt uns auf einer Rundfahrt die Stadt und was uns vorerst am meisten interessiert, unsere Bank, welche für uns Geld erhalten haben soll. Leider ist es aber noch nicht eingetroffen und wir lassen es nach Miami weiterleiten.
Im Queens Park Hotel haben wir gute Unterkunft gefunden und sind uns darüber einig, hier auf einem der schönsten Plätze unseres Fluges angelangt zu sein. Wie immer wollen wir morgen wieder sehr früh zur Maschine und lassen uns daher für den Abend beim Gouverneur, dessen Tochter heute Hochzeit hat, entschuldigen. Wir hatten als wir nachmittags da waren, gesehen, daß es eine ganz

große Festlichkeit geben würde und den Konsul gebeten, dem Gouverneur in unserem Namen für die liebenswürdige Einladung zu danken.

Flug: Port of Spain – Porto-Rico.
20. August 1931

Sehr früh sind wir alle an Bord gegangen und schon um sechs Uhr starten wir mit der aufgehenden Sonne. Wir fliegen im karibischen Meer den westindischen Inseln entlang und passieren Grenada St. Vincent, St. Lucia, wo wir den vor 24 Stunden aus Port of Spain ausgelaufenen Dampfer Dominica überholen. 9.05 Uhr sind wir auf Höhe von Martinique mit dem 4428 Meter hohen Mont Pelée. An den Inseln Dominica und Guadeloupe vorbei fliegen wir nach Antigua, wo wir um 11.04 Uhr in der ruhigen Bucht von St. Johns Anker werfen, um Benzin zu tanken. Das Tankboot steht auch hier schon bereit und während der Betriebsstoff aufgefüllt wird, nimmt uns der zur Begrüßung erschienene Gouverneur Sir Reginald Saint Johnston zu einer Erfrischung in seine Residenz mit. In seiner Gattin lernen wir eine Tante von Lady Drummond Hay kennen.

Wir müssen uns aber beeilen, denn wir hatten Gegenwind und es sind noch 250 sm bis zu unserer heutigen Endetappe, so daß wir rasch wieder an Bord fahren und um 13.39 Uhr wieder starten. Wind bleibt Ost-Südost. Wir passieren Nevis Island, St. Eustatius, Saba Island, Santa Cruz und landen um 16.17 Uhr im Hafen von San Juan. Vor der Landung haben wir zwei Schleifen über die Stadt geflogen. Die erste war als Ehrenrunde gedacht, die zweite zum Dank für die 21 Salutschüsse, welcher der Gouverneur zu unserer Begrüßung vom Fort aus abfeuern ließ.

Das Festmachen der Maschine bei dem heftigen Wind erforderte einige Zeit, dann erst konnten wir unser Tankboot längsseits nehmen und die üblichen offiziellen Formalitäten erledigen. Der Gouverneur ließ uns auf 20 Uhr zum Diner bitten und das 58te Infanterieregiment anschließend zu einem Offiziersabend, der leider verregnet wurde.

Das Palais des Gouverneurs ist mitten in der alten (etwa 115000 Einwohner zählend) Stadt in einem »La Fortaleza« genannten Gebäude, das 1529 erbaut wurde. Ein herrlicher Garten läßt die Vorderfront mit der engen Einfahrt vergessen. Die Räume sind durch wertvolle Bilder und eine Auswahl ausgesucht schöner Gobelins, welche der Gouverneur selbst von seinen Reisen in Tibet, China und Japan mitgebracht hat, eigenartig stimmungsvoll, und das erste Abendessen, welches wir ohne Alkohol, nur mit Eiswasser zu uns nehmen, denn die Insel gehört zu USA, wird für uns durch die interessanten Gespräche mit dem weit gereisten Hausherrn zu einem interessanten Erlebnis.

Sonst sehen wir leider nicht viel von der Stadt, da wir nach Tisch zum Casino des 58ten Infanterieregiments fahren, wo uns das Offizierscorps mit seinen Damen erwartet. Ein Gewitterregen zwingt uns in das Haus, wo bei einer Fruchtbowle ein Tänzchen gemacht wird, nachdem wir, in langer Reihe aufgestellt, alle Damen und Herren, die an uns vorbeidefillierten, vorgestellt bekamen. – So gemütlich es hier auch ist, so sinken wir doch fast um vor Müdigkeit und dürfen denn auch bald in unser Hotel zurück, da wir am nächsten Morgen um 4 Uhr Wekken angesetzt haben.

Flug: Porto Rico, San Juan – Antilla, Cuba.
21. August 1931

Um 5 Uhr ist alles an Bord. Wir werfen ab und rollen, um die Motoren anzuwärmen, etwas vor die Bucht hinaus, treffen da aber eine so strake Dünung, daß wir wieder zurück in den Schutz des Forts flüchten.

6.47 Uhr starten wir gegen Land. Wir überfliegen die schmale Landzunge, nehmen etwas Höhe, um in einer Kurve über die Stadt zu gelangen, drehen eine Abschiedsrunde und nehmen unser heutiges Tageswerk auf.

In Cuba ist Revolution, was uns weiter nicht mehr wundert, denn Do X hat die Revolution sowohl in Spanien wie auch in portugiesischem Gebiet miterlebt und, da wir ja keine Politik zu machen haben, sind wir ohne Sorge. Die Insel Porto Rico ist etwa 100 Meilen lang, so daß wir fast immer in Sicht der Berge, die zum Teil über 3000 Meter hoch sind, fliegen. Um 8 Uhr kommt St. Domingo in Sicht, wir nähern uns wieder der Küste und stellen das gleiche Landschaftsbild fest wie auf Porto Rico. Auf Porto Plata frischt der Wind aus östlicher Richtung bis auf 10 m/sek. auf. Die Landschaft ist überaus abwechselnd, immer wieder tauchen kleine Siedlungen auf, meist sind es aber Einzelhäuser, versteckt am Uferwald gebaut, doch fliegen wir jetzt zu hoch, um alles genau zu unterscheiden, außerdem entfernen wir uns etwas von der Küste, um an Haiti vorbei direkten Kurs vorbei an Antilla-Cuba, unserem heutigen Ziel, zu halten. Es ist wieder sehr heiß geworden und Mrs. Adams hat sich ihren Schlafan-

zug, der durch seine Farbenpracht allgemeine Freude erregt, angezogen.
Die Insel Cuba kommt in Sicht und bald darauf auch ein Begrüßungsflugzeug, das uns ein Stück weit begleitet, um sich dann mit kühner Kurve plötzlich zu verabschieden.
12.57 Uhr landen wir in der großen Bucht vor dem kleinen Städtchen Antilla und machen an unserer Boje fest. Auch dieser Flug ist ohne jede Störung vor sich gegangen; hier ist einer der besten Häfen für Seeflugzeuge, den wir angetroffen haben.Unser Benzin ist auch zur Stelle, nur müssen wir uns erst ganz energisch gegen die vielen Boote erwehren, die unseren braven Do X gefährden. Der Bürgermeister erwartet uns zwar mit seiner Musikkapelle an Land, aber bevor nicht alles geregelt ist, können wir nicht von Bord. Wir lassen ihm dies ausrichten und so langsam gelingt es ihm scheinbar, der Begeisterung seiner Bürger Zügel anzulegen. Wir finden ein für das kleine Städtchen mit seinen 4000 Einwohnern ganz nettes Hotel mit allerdings schon amerikanischen Preisen. Wir werden auf alle möglichen Plantagen eingeladen, müssen aber leider alles abschlagen, da wir mit Habana telefonieren und die Ankunft in Miami vorbereiten müssen.
Abends um 20 Uhr erwartet uns der geduldige Bürgermeister mit seinen Stadträten im Rathaus und wir werden bei unserem Erscheinen von der Kapelle mit dem Deutschlandlied und dem Marsch »Unter dem Doppeladler« überrascht. Die Leute haben sich aus Habana Noten besorgt und drei Wochen lang geübt und spielen die Stücke wirklich gut. – Dann, bei einer feierlichen Ansprache, wird ein Glas Sekt getrunken. Wir danken mit herzlichen Worten für die so überraschende freundliche Aufnahme (der Bürgermeister hatte den heutigen Tag als Feiertag erklärt) und verabschieden uns, um noch eine halbe Stunde unten das Promenadekonzert mitanzuhören. Abends sendet der Bürgermeister noch ein offizielles Schreiben, in dem er im Namen der Stadt seinen Dank für unser Kommen ausspricht. Der deutsche Konsularagent, namens Bolschwig, ein hier ansässiger Deutscher, ist uns behilflich, unsere verschiedenen Vorbereitungen für morgen zu erledigen und froh legen wir uns schlafen, denn morgen werden wir ja in den Vereinigten Staaten von Nordamerika sein.
Zum Dank für seine Bemühungen hinterlassen wir Herrn Bolschwig die Alkohol-Bestände unserer Bar, denn wir wollen bei den amerikanischen Zollbehörden keine unnötigen Schwierigkeiten haben. Nur zwei Flaschen Cognac bleiben als »Medizin« an Bord.

Flug: Antilla, Cuba – Miami USA, Florida.
22. August 1931
Programmäßig starten wir um 7.05 Uhr. Wir müssen wieder gegen Land starten und in weiter Kurve über die grünen Zuckerplantagen und Wälder ausholen, um auf Kurs zu kommen, den wir um 7.12 Uhr aufnehemen. 9.30 haben wir das letzte Land überflogen; das Wetter ist gut, erst gegen 10 Uhr passieren wir leichte Regenböen, dann fliegen wir längs und über riesige Bänke, die der Exuma-Insel vorgelagert sind. Das Wasser ist kristallklar und nur wenige Meter tief. Außer einigen Fischerbooten ist weit und breit kein Lebewesen zu sehen. Um 10.34 Uhr sehen wir Orange Bay quer an Backbord und versuchsweise fliegen wir einige Minuten nur mit den sechs hinteren Motoren. Gegen 11 Uhr sehen wir in der Ferne Land auftauchen und um 11.30 Uhr sind wir in Schrt von Miami, dessen Hochbauten das flache Land überragen. Wir haben unsere Landung auf 12 Uhr angesagt und fliegen daher eine halbe Stunde über Miami, Palm Beach und die Küste, um punkt 12 Uhr zu landen.
Sofort kommen die Küstenwachboote gegen Alkoholschmuggel und verhindern daß irgend ein Fahrzeug anlegt, bevor die Zolluntersuchung erledigt ist. Unsere Freunde von der Vacuum kommen mit Polizei, Arzt und Behörden an Bord, so daß wir sofort alles Wichtige besprechen können und beschließen, zwei Tage in Miami zu bleiben. – Große Sorgen macht uns eine Motorjacht, die mit übereifrigen Filmleuten besetzt, dicht hinter uns Anker wirft und beim Schwojen unser Leitwerk derart gefährdet, daß wir eine Wache nach hinten zur Abwehr sencen müssen. Endlich ist ihre Neugier befriedigt und sie verschwinden landwärts. Wir sollen unseren Liegeplatz verändern, um in die Nähe der Pan-Air-Station zu gehen und bekommen einen Lotsen an Bord, um dorthin zu rollen. Leider hatten uns die Leute aber schlecht beraten, denn das Wasser war dort so niedrig, daß wir zweimal auf Grund kamen und endlich weit draußen vor Anker gehen mußten.
Als wir endlich an Land kommen, wird uns ein überaus herzlicher Empfang zuteil, sowohl seitens der Stadt wie auch von den zahlreichen herbeigeeilten Deutschen. Immer wieder werden wir gefilmt und aufgenommen, denn Amerika will Bilder sehen.

Do X fliegt über Miami.

Fabelhaft organisiert ist dieser ganze Empfang, man sieht, daß die Stadt Miami über eine ungewöhnlich geschickte, großzügige Verwaltung verfügt. Wir werden in den guten Hotels der Stadt als Gäste einquartiert und sind am Abend im Alcazar die Gäste der Stadt beim Essen, das in stimmungsvollem Saale stattfindet und bei dem die Tischreden uns erkennen lassen, daß unser Do X hier längst kein Fremdling mehr ist. Gute, ehrlich gemeinte Worte gedenken des Schöpfers unseres stolzen Schiffes und wieder einmal bedauern wir, Dr. Dornier nicht mit uns zu haben. Die Amerikaner sehen in unserem Flug und dessen zäher Durchführung den Willen Deutschlands zur friedlichen Mitarbeit an der Wiedergenesung der Welt und empfangen uns als gern gesehene Boten unserer Heimat, deren schweres Ringen man jetzt erst hier zu begreifen beginnt. Der Ausklang ist immer wieder, daß ein Volk, das solche Zeugen seiner Tüchtigkeit in die Welt hinaus senden kann, nicht untergehen darf und kann.

Am nächsten Tag wird Do X besichtigt, abends erhalten wir eine Einladung des deutschen Clubs, um anschließend in dem »deutschen Haus« die dort Versammelten anderer deutscher Vereine zu begrüßen. Bei froher Geselligkeit wird der Abend beschlossen. Am anderen Tag werden uns die Anlagen der Stadt, das künstliche und kunstvoll gemauerte Freibad, die Flughäfen und die Parkanlagen, nicht zu vergessen die Villa von »Al Capone«, dem Schmugglerkönig gezeigt, während ununterbrochen der Besucherschwarm sich in unseren Do X ergießt. Als wir abends nachkontrollierten, waren insgesamt etwa 4000 Personen an Bord gewesen.

Es wird uns berichtet, daß die vielen Flugzeuge, die uns beim Empfang begrüßt hatten und zum Teil mit Filmleuten neben uns zu fliegen versucht hatten, nicht schnell genug gewesen seien, um mitzukommen.

Nach herzlichem Abschied machen wir am 24. August abends alles klar, um am 25. nach Charleston weiterzufliegen, wie es in unserem Programm festgelegt ist.

Flug: Miami – Charleston.
25. August 1931

Wir haben verschiedene Fluggäste aus Miami eingeladen mitzufliegen und starten um 7.15 Uhr, fliegen die Küste aufwärts, die keine besonderen Reize hat, überfliegen um 10.34 Uhr Jacksonville und um 11.50 Uhr die Stadt Savannah und landen 12.41 Uhr in Charleston. Der Hafen ist gut, wir machen am Floß der Vacuum Oil Co. fest und können sofort mit Tanken beginnen. Mittags sind wir Gäste des Rotary-Clubs und hier, dem Sammelpunkt von Männern aus allen Berufen, wird uns wiederum klar, daß man Do X als Boten der Verständigung der Völker auffaßt und warme Grüße gehen an unsere Heimat.

Den Abend verbringen wir im deutschen Schützenverein, der auch die große Tanzdiele Charlestons in seinen Clubräumen untergebracht hat. Charleston ist Fabrikstadt, mit dem Haupt-Baumwollanbau im Hinterland, doch hier, wie überall, klagt alles über die schlechten Zeiten.

Flug: Charleston – Norfolk.
26. August 1931

Um 7 Uhr sind wir klar zum Starten. Wir haben 20 Passagiere an Bord, lauter Gäste, denen wir Do X im Fluge zeigen wollen. Marineflieger, Luftverkehrsleute und prominente Männer von Charleston.

Als die Motoren schon angewärmt sind und wir zum Start fertig machen, entdeckt Fischer auf seinem letzten Inspektionsgang ganz hinten im Heck versteckt zwei blinde Passagiere, junge Burschen, die sich gestern abend bei der Besichtigung eingeschlichen haben und mit Proviant und Wasserflaschen versehen ganz gemütlich ein Lager auf den harten Spanten bezogen haben. Sie sind sehr enttäuscht, sich entdeckt zu sehen, werden sofort auf den Stummel hinausgenommen und sehen etwas ängstlich den nun kommenden Ereignissen entgegen. Wahrscheinlich dachten sie, daß wir sie bei Entdeckung ins Wasser werfen würden, denn ihre Mienen hellen sich sichtlich auf, als sie sehen, daß wir wieder auf Land zusteuern und den Schnellbooten Signal geben, nochmal längsseits zu kommen. Sehr geschickt steuert uns ein kleines Schnellboot an, kommt längs des Backbordstummels und ehe die beiden Verbrecher so recht wissen, was ihnen geschieht, sind sie schon ausgebootet und wir drehen nach der mächtigen Brücke zu, unter deren Hauptbogen wir durchstarten wollen. Hoffentlich ist dem Schlepper, welcher sich davor gelegt hatte, die Aufnahme gelungen, denn nach Passieren der Brücke sind wir um 7.10 Uhr schon in der Luft, umkreisen die Stadt und gehen auf Kurs. Das Wetter ist gut, die Sicht ebenfalls und unsere Gäste, welche wir, soweit sie vom Fach sind, nach

D-1929

Über der Skyline von New York.

Do X passiert die Freiheitsstatue.

oben nehmen, sind begeistert. – Gegen 10 Uhr passieren wir Cap Hatteras, sehen die vielen gestrandeten Schiffe am Strand und freuen uns, ungeschoren um diese Wetterecke zu kommen. Die Gegend wird immer reizvoller und alle Köpfe sind an den Fenstern. Zwischendurch serviert Steward Krause belegte Brötchen, die mit Tee, Kaffee, Ginger Bier oder Wasser hinuntergespült werden müssen, denn unseren Alkohol-Vorrat haben wir ja in Cuba gelassen.
Um 11.25 Uhr kommt Norfolk in Sicht und wir machen eine weite Runde über die Stadt, den Hafen und das gegenüberliegende Newport News, ehe wir 11.55 Uhr vor der Marineflugstation landen. Unsere Boje ist ausgelegt, ein Schnellboot kommt sofort längsseits und freudig wird Freund Schildhauer von seinen alten Kameraden begrüßt, denn hier war er mehrere Jahre als Flieger bei der Versuchsabteilung tätig.
Er arrangiert dann auch sofort die Einladungen für den nächsten Tag und nachdem wir unseren Betriebsstoff und die anderen Vorbereitungen für den nächsten Tag geordnet haben, fahren wir an Land zu dem uns bezeichneten Hotel. Wie immer gibt es da eine Menge zu telefonieren und zu telegraphieren, um die Ankunft am nächsten Ort, diesmal ja New York, unserem vorläufigen Ziel, vorzubereiten. Abends gibt uns die Stadt und die Handelskammer ein Essen, dem alle wichtigen Persönlichkeiten beiwohnen und nach dem Essen, bei dem unser Freund

Umringt von Booten, Schiffen und Wasserflugzeugen liegt die Do X vor der Battery im New Yorker Hafen; im Vordergrund Tausende von Schaulustigen.

Postkarte mit Sonderstempeln zum Atlantikflug der Do X.

Do X vor der imposanten Skyline von Manhattan (S.182/183).

D-1929

DORNIER

Empfang der Do X-Besatzung an der Battery.

Norman, der Publizitätsmanager von Miami, der mit uns gekommen ist, eine Lanze für unser deutsches Flugwesen gebrochen hat, nimmt uns der schwedische Konsul zu einer Fahrt durch den schönen Abend zu seinem Landhaus, wo wir am Wasser, in überaus stimmungsvoller Umgebung, ein paar ruhige Stunden genießen.

Flug: Norfolk – New York.
27.August 1931

Zu diesem letzten Flug unserer Route können wir erst gegen 8 Uhr starten, da wir noch auf zwei wichtige Gäste von auswärts warten müssen, die im letzten Moment noch mit einem Schnellboot längsseits kommen. Heute haben wir 51 Passagiere, viele Marineflieger, Herren von den Luftverkehrs-Gesellschaften etc. Abwechselnd holen wir sie nach oben, um sie an das Doppelsteuer zu setzen und es macht sichtlich Eindruck , daß man diese große Maschine, fünf Meter über dem Wasser am Strand entlang fliegend mit dem Trimmausgleich ohne Steuer fliegen kann. Clausbruch nimmt immer wieder Hände und Füße von der Steuerung und läßt Do X alleine fliegen. Einige Personalböen, die wir unten konstatieren, kommen von allzukühnen Versuchen unserer Freunde am Doppelsteuer, trotz der niedrigen Höhe die Wendigkeit des Flugschiffes zu erproben.
Es ist wie ein ununterbrochener Triumphzug den Badestrand entlang. Tausende und Tausende von Menschen stehen am Ufer und winken und rufen, lachen und freuen sich. Ein Begleitflugzeug nach dem anderen kommt, fliegt ein Stück mit, verschwindet, um von dem nächsten abgelöst zu werden. 10.16 Uhr passieren wir Atlantic-City. Die Menschen, die unten im Badeanzug den schönsten Tag an der See genießen, schauen voll Neid zu uns herauf, wir möchten jetzt aber mit keinem tauschen, so stolz sind wir alle auf unseren Do X.
Um 11.10 Uhr sind wir über New York, umfliegen die Freiheitsstatue, dann geht es den Hudson aufwärts bis zur Hudson-Brücke, in weitem Bogen zurück über die Stadt, vorbei an den Wolkenkratzern.
Dächer und Straßen sind schwarz von Menschen, die Sirenen der Dampfer dringen bis

Vor der City Hall begrüßt der Oberbürgermeister von New York die Besatzung.

Empfang der Do X-Besatzung bei US-Präsident Hoover im Weißen Haus

zu uns hinauf, trotz unser 12 Motoren. Am Hafen stehen Tausende und winken und warten auf die Landung.
Um 11.30 Uhr landen wir vor der Battery, werfen Anker und booten uns zum Empfang aus, da wir dann sofort wieder nach unserem Liegeplatz, dem Glenn-Curtiss Airfield starten wollen. Der Empfang durch den stellvertretenden zweiten Bürgermeister und die Behörden ist sehr herzlich, der deutsche Konsul Schwarz ist erschienen, zahlreiche Presseleute und der Rundfunk, Film, Fotografen, kurz der ganze Apparat. Um 14.34 Uhr starten wir wieder mit 40 Passagieren, durchwegs Pressevertretern, East River aufwärts zu unserem Liegeplatz, den wir nach kurzer Runde über die Stadt um 14.50 Uhr erreichen.

Programm für die Reise nach Washington D.C.

Mittwoch, 2. September 1931

New York Zeit	8.00 Uhr	Abfahrt vom Hotel
	9.00 Uhr	Abfahrt von Teterboro Airport
Washington Zeit	10.00 Uhr	Ankunft Hoover Field Washington D.C. Empfangnahme durch Hr. Wiener
	12.00 Uhr	Empfang bei der deutschen Botschaft
	12.30 Uhr	Empfang bei President Hoover im Weißen Haus
	15.30 Uhr	Abfahrt Washington Hoover Field
New York Zeit	6.30 Uhr	Ankunft Teterboro Airport
	8.00 Uhr	(Nur für die Herren Dornier und Berner) Natl. Broadcasting Studio, 711 5thAve

NB. Auf der Hinfahrt wird Herr Schildhauer in Camden abgeholt werden.

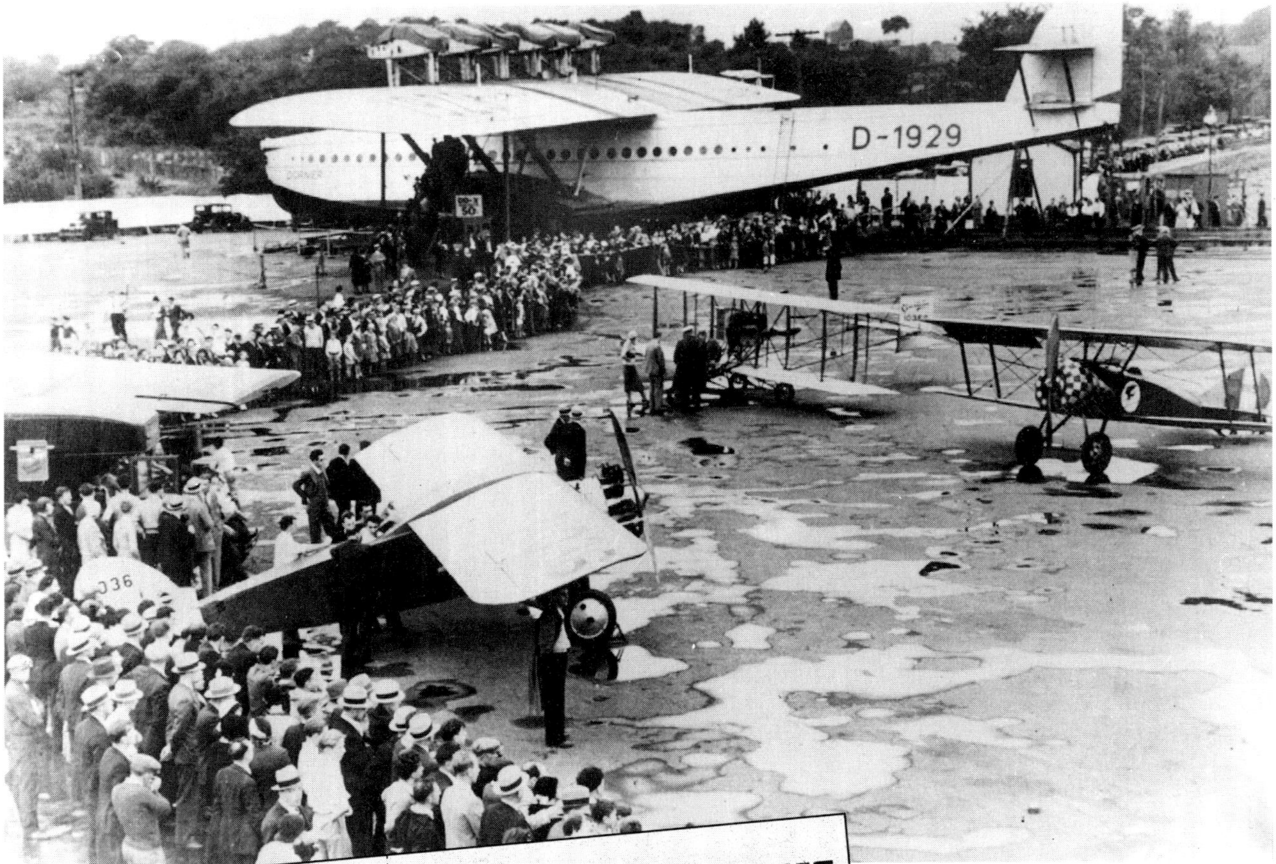

FERRY
TICKET
TO
DO-X
GUEST
TICKET
No. 479
Void If Detached

GUEST
TICKET
DO-X
INSPECTION
TRIP
No. 479
Void If Detached

DO-X GUEST TICKET
GLENN-CURTISS AIRPORT
NORTH BEACH, QUEENS, NEW YORK CITY
The Dornier Company of Friedrichshafen, Germany, takes pleasure in inviting you to inspect the DO-X. This pass is not transferable and will be forfeited if presented by other than the undersigned.

SIGNED

Zur Besichtigung freigegeben: Do X auf der Werft der Curtiss-Werke bei New York.

Eintrittskarte für die Besichtigung der Do X in New York.

Der Hafen hier ist vorzüglich, ruhiges Wasser, gute Startmöglichkeiten und gute Boje, leider ist der Platz etwas weit abgelegen und die Curtissleute freuen sich sichtlich, durch unseren Do X endlich einmal ihren Flugplatz und Flughafen so richtig bekannt machen zu können, denn Tausende und Abertausende strömen die nächsten Tage heraus, um Do X zu sehen, und der Flugplatz hat noch niemals ein so gutes Geschäft gemacht, wie jetzt mit all den Eintrittsgeldern. Wir fahren zu unserem Hotel, dem Sherry Netherland in der 5th Avenue, dessen Leiter uns eingeladen hat, dort zu wohnen. Der Leiter, Herr Voit, ein Badenser aus Durlach, ist in jeder Weise besorgt um unser Wohlergehen, und wir sind ihm vielen Dank schuldig für alle Mühe, die er sich wegen uns macht. Unsere Zimmer sind zum Teil im 30. Stock gelegen, wo einem erst so richtig zum Bewußtseien kommt, wie schön diese Wolkenkratzer im Form und Aufbau sind. Dazu haben wir das Glück, ein ganz herrliches Wetter zu bekommen und so setzen wir nach dem offiziellen Empfang am Freitag im Rathaus für Montag einige Rundflüge mit geladenen Gästen an. Der erste Flug mit 48 Flugsachverständigen wird um 10 Uhr ausgeführt, der zweite mit 73 Passagieren anschließend um 11 Uhr. Beide Flüge führen im weiten Bogen über New York City, Hudson, Freiheitsstatue und zurück nach North-Beach. Beim zweiten Flug waren prominente Bankleute, Rechtsanwälte und Geschäftsleute der Stadt an Bord und es wäre interessant, feststellen zu können, wieviel Millionen Dollar wir heute spazieren geflogen haben und wieviele unserer Gäste das erste Mal in einem Flugzeug saßen.
Wir konnten nämlich immer wieder feststellen, daß Menschen, die sonst noch nie den Fuß in ein Luftfahrzeug gesetzt hatten, stets ohne Bedenken mit unserem Do X ihren Erstlingsflug machten.

USA-EINSATZ DER Do X GESCHEITERT

Die technische Pionierleistung Claude Dorniers bei Entwicklung und Bau des Flugschiffes Do X wurde von der Fachwelt im In- und Ausland gewürdigt. So wurde A. Platz, Chefkonstrukteur von Fokker nach einem Flug mit der Do X in der niederländischen Presse mit den Worten zitiert: »Ich bin außerordentlich begeistert über das ganze Boot, sowohl was das technische Ganze als auch die Details und die Ausstattung betrifft. Das Ziel, das sich der Konstrukteur gesteckt hat, nämlich die Beförderung einer großen Zahl von Passagieren, wurde bei der Do X erreicht. Man sieht sofort, daß das ganze Flugboot von einem einzigen Kopf geschaffen wurde, ohne daß andere und der Besteller mit-konstruiert haben«.

Inspiriert von der Vision, daß große Flugschiffe den Luftverkehr revolutionieren könnten, schloß der amerikanische Konzern General Motors Corporation im Jahr 1929 einen Lizenzvertrag mit Dornier. In New York wurde Anfang 1930 als Tochterunternehmen die Dornier Company of America gegründet. Es war geplant, die Do X in den USA zu bauen und im Luftverkehr einzusetzen. In einer Broschüre dieses Unternehmens heißt es, General Motors habe sich nach einer gründlichen Untersuchung aller in Frage kommenden Flugzeugfirmen für Dornier entschieden: »Dornier ist außergewöhnlich erfolgreich, weil man sich bei jedem seiner Schritte sicher sein kann. Nichts bleibt dem Zufall überlassen«. Aus dieser Zusammenarbeit versprach sich Dornier andererseits den Zugang zu den großen Ressourcen von General Motors bei Forschung und Entwicklung, Produktion, Einkauf und Finanzierung. Nach Ansicht der amerikanischen Partnerfirma bot die Do X eine »extreme Flexibilität« bei Strecken von wenigen hundert bis zu 2500 Kilometern. Mit 100 Passagieren in einer luxuriös ausgestatteten Kabine könnten Flüge von rund 1600 Kilometern durchgeführt werden.

Anfang 1930 stieß Captain Clarence H. Schildhauer, ein erfahrener Flugboot-Pilot der US Navy zur Dornier Company of America. Als Repräsentant von General Motors wurde er von Claude Dornier in die Besatzung der Do X aufgenommen. Er nahm als Pilot an den Flügen von Friedrichshafen bis Las Palmas und von Rio de Janeiro nach New York teil.

Später wurde Clarence H. Schildhauer Flugbetriebsleiter der PanAmerican für die mit amerikanischen Flugbooten beflogenen Atlantik- und Pazifikstrekken. Er schrieb später: »Die Zeit als Besatzungsmitglied der Do X war für mich unschätzbar wichtig bei der Expansion der Übersee-Operationen der PanAmerican mit Flugbooten und auch später ab 1941 beim US Naval Air Transport Service«.

Die hoffnungsvollen Pläne von General Motors, die Do X in den USA zu bauen und einzusetzen, kamen aber nie zum Tragen Wegen der beginnenden Weltwirtschaftskrise stoppte General Motors Mitte 1931 alle Pläne, in den Flugzeugbau einzusteigen und kündigte deshalb auch den Lizenzvertrag mit Dornier. Die nicht unerhebliche Summe, die Claude Dornier aus diesem Vertrag erhalten hatte, ermöglichte ihm jedoch, die noch von der Luftschiffbau Zeppelin gehaltenen Anteile der Dornier Metallbauten zu übernehmen. Der Geschäftsführer von Zeppelin, Dr. Hugo Eckener, sagte damals zu Claude Dornier: »Billig kriegen Sie das Werk nicht, das kostet Sie eine Stange Gold«. Nachdem diese Transaktion abgeschlossen war, schrieb Claude Dornier: »Ich war alleiniger Gesellschafter geworden. Eine Flut von Reibungen und Unannehmlichkeiten war beseitigt. Auf mir allein lag jetzt die Verantwortung für das Werk«.

Den Fehlschlag, die Do X im amerikanischen Luftverkehr einzusetzen, beurteilte Fritz Hammer, Direktor der brasilianischen Fluggesellschaft Condor-Syndikat, später wie folgt:

»Es ist als besonders tragisch zu bezeichnen, daß nach Abschluß aller mühevollen Vorarbeiten der praktische Beweis für die Wirtschaftlichkeit solcher Typen bisher nicht angetreten werden konnte, weil in Amerika die Gesetzgebung dagegen war. Der Versuch, das Schiff an eine amerikanische Gesellschaft zu verchartern, um den regelmäßigen Verkehr zwischen Miami auf Florida und Nassau auf den Bermudas aufzunehmen, schlug ebenfalls fehl, jedoch nur infolge der Tatsache, daß in den Staaten die Haftpflichtgesetzgebung den Gesellschaften eine so hohe Verantwortung aufbürdet, daß man das Risiko für ein Flugschiff, das über 80 Passagiere befördern kann, nicht zu tragen imstande war«.

ZURÜCK NACH EUROPA

New York – Neufundland

(von Frau A. Strassmann, dem einzigen Fluggast über den Nordatlantik)

New York, den 14. Mai 1932.
Stapellauf. Alle Mann an Bord. 5.20 Uhr. Wir sind auf der Schräge. Ein leiser Anstoß. Wir gleiten auf dem eingeschmierten Schlitten – ein Zischen: wir sind im Wasser. Motoren werden in Gang gesetzt. Bojenmanöver exerziert. Dann die Stimme des Kapitäns Christiansen: »Klar zum ersten Probeflug!« Alle Motoren brummen. Los von der Boje, wir drehen in Gegenwind. Vollgas. 35 Sekunden Startdauer, wir schweben.
Sonntag, den 15. Mai 1932
Mittags ein langer Probeflug. Vier Stunden in der Luft. Nichts, aber auch nichts hat sich herausgestellt. Keinerlei Beanspruchung durch das achtmonatige Aufliegen.
Montag, den 16. Mai 1932.
Wir machen zwei eindrucksvolle Passagierflüge. Einen mit 104, den andern mit 88 Gästen über New York, unter der größten Begeisterung der New Yorker.
Dienstag, den 17. Mai 1932.
Technische Vorbereitungen, die Maschine ist klar.
Mittwoch, den 18. Mai 1932.
Der Proviant ist morgens an Bord gekommen. Begeisterte Amerikaner deutscher Abkunft haben alles gestiftet. Die Schlüssel zur Küche sind in meiner Tasche. 5 Thermosflaschen mit heißem Tee und Kaffee, und unser Gepäck, 10 kg pro Mann, waren an Bord gebracht. Ich flitze unbemerkt an Bord. Angstgefühl steigt auf. Wird mich doch nicht etwa im letzten Augenblick irgendwer von Bord holen? Unser aller Vertrauen in Schiff und Besatzung ist restlos. Wir freuen uns und rollen für die Nacht auf unsern Startplatz, 15 Meilen außerhalb New Yorks.

Briefstempel für die Luftpost von USA nach Europa

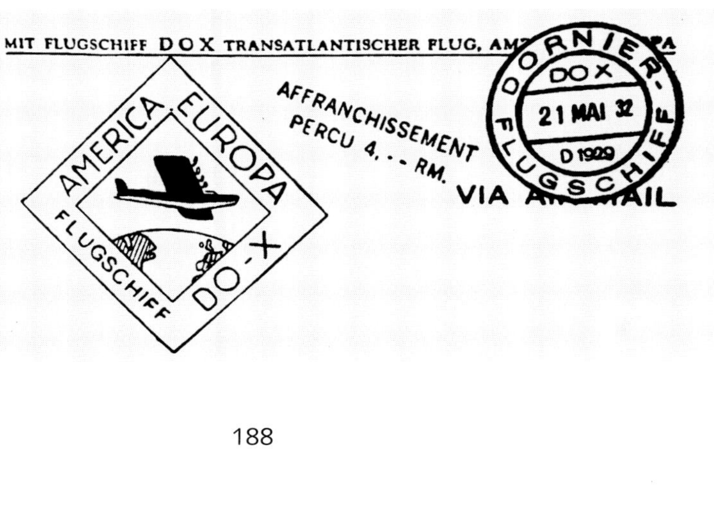

Donnerstag, den 19. Mai 1932.
Wecken 2.15 Uhr. Mondlicht. 3.30 Uhr Anker gelichtet. Ein Motor nach dem andern läuft. Abbremsen, Bullaugen, Türen dicht. 5 Uhr. Vollgas. Auf zur ersten Etappe. Gewicht: 53 Tonnen, Start 58 Sekunden. Unsere Flughöhe 10 m. 5.45 Uhr. Die Außentemperatur fällt beträchtlich. 9.15 Uhr passieren wir einen Schoner. Eine halbe Stunde später taucht Nova-Scotia auf. Menschen winken vom Lande, vom Wasser. Fern der Heimat »Do X D. 1929« ein deutsches Schiff. Ein herrliches Gefühl. Das Schiff liegt ruhig wie ein Brett. Keinerlei Vibration. Außentemperatur 7°. Durchschnittsgeschwindigkeit 160 km. An Bord alles munter und vergnügt. Appetit allerseits erschütternd gut. Es ist kalt, trotz Sonne. 4 Uhr. Neufundland in Sicht. Wir steigen. Kahle Berge ragen kegelförmig auf. Tiefeinschneidende Fjorde. Kleine Ortschaften. Hochgelegene Seen zwischen den Bergen. Es erinnert an Norwegen. 15 km geht es über dieses weltfremde Land. Nach 12 1/2stündigem Fluge landen wir in Dildo in der Trinidad Bay. Wir scheitern an der Schwerfälligkeit der Neufundländer und bekommen keinen Brennstoff vor Dunkelheit. Volle 24 Stunden müssen wir verlieren und warten, weil es Menschen gibt, die den Begriff »Zeit« nicht kennen.
Es ist hundekalt, um 0°. Gott segne den Erfinder des Klepper-Schlafsacks, denn wir schlafen herrlich.
Freitag, den 20. Mai 1932.
4.30 Uhr Wecken. Kaffee holen an Land. Endlich kommt das ersehnte Benzin. Flugklar – starten. Wir fliegen – über Harbour Grace – in einer halben Stunde nach Holyrood, einem kleinen Ort am Ende der Conception Bay, unserem Tankplatze. 27 000 Liter Benzin werden an Bord genommen und Neufundländische Post abgenommen. Ich klebe zur Abwechslung Briefmarken auf. In schwerem Seegang und Wind wird das Boot mit 3 Schiffsankern vertäut. Wir pumpen immer noch Benzin. Die Wetterberichte lauten ganz ordentlich. 4 Stunden Schlaf.

Neufundland – Azoren

Sonnabend, den 21. Mai 1932.
»Rrrrrreise, Rrrrrreise, Rrrrrreise«, das ist »Krischans« – des Kommandanten Christiansens – »Wecken« an Bord: Do X.
3.30 Uhr. Im Schiff halbe Dunkelheit. Ich steige vorsichtig über noch schlafende Kameraden. Mein Ehrgeiz ist, Kaffee und Brote zu servieren, wenn sie aufstehen. Es gibt au-

Treibstoffübernahme auf Neufundland vor dem Flug über den Nordatlantik.

ßerdem kondensierte Milch, Zucker, Butterbrot, Speck und zur Feier des bevorstehenden Fluges pro Mann ein hart gekochtes Ei. Das Frühstück wird in kameradschaftlicher Gemeinsamkeit eingenommen. Der erste Motor läuft. Es ist 5 Uhr, der Himmel ist bedeckt, das Schiff ist schwer wie noch nie, annähernd 56 Tonnen. Es wird heller, Morgenröte steigt über eine ganze Wolkenwand. Es herrscht keinerlei Aufregung oder Nervosität. Wir sind alle ruhig, jeder geht seinem Dienst nach wie bei jedem bisherigen Start. 5.30 Uhr. Wir rollen aus der Bucht. Der Kapitän geht noch einmal mit wachsamem Auge durch das Schiff. Der Navigationsoffizier Niemann steht über seinen Kartentisch gebeugt. Seine Karten sind ein Meisterwerk seemännischer Navigation. Der Kurs ist genau abgesetzt und eingeschrieben. Der Sextant liegt bereit, ebenso Berechnungstabellen, Kurventafeln usw.

Am Steuer sitzt der Chefpilot. Flugkapitän Merz: es ist sein zweiter Atlantikflug auf Do X. Neben ihm der zweite Pilot Diele. Diele gilt als einer der besten von den jüngern Fliegern. Am Instrumentenbrett steht der Bordingenieur Eitel. Er kennt die Do X aus ihren allerersten Anfängen heraus. Über den Motoren wacht außer den 6 altbewährten Monteuren, Brewton, ein Ingenieur, von Curtiss. Auf dem ganzen Fluge hatten wir nicht eine einzige Fehlzündung, nicht eine Störung an 12 Motoren. Hinter dem Maschinenraum krieche ich durch eine kleine Tür zum Funkraum. Kiel, der Bordfunker, hat den Kopfhörer über dem blonden Hamburger Jungenskopf. Die ihm zur Verfügung stehende Kurz- und Langwellensende- und Empfang-Einrichtung ist mustergültig. Die Verbindung mit Europa und Amerika klappt ausgezeichnet. Wir sind aus der Conception-Bay herausgerollt. Vollgas. Jeder sieht gespannt auf die Stoppuhr. Das Boot kommt auf Stufe, jagt über das Wasser, springt von Wellenkamm zu Wellenkamm. Letzte Gischt, wir schweben ruhig in der Luft. 1 Min. 50 Sek. Startzeit. Es ist kaum vorstellbar. 6.20 Uhr Neufundlandzeit. Wir gehen sofort auf Kurs. Richtung Südost, Wind Südwest, also leichter Gegenwind.

In der Bucht im Nebel liegt St. Johns. Flughöhe 5 m. Die Sicht ist gut. Es tauchen wohl Regenböen auf, auch vereinzelte Nebelschwaden. Aber das stört uns nicht. Neufundland ist hinter uns im Dunst verschwunden. Unsere Geschwindigkeit nimmt zu. Unter uns herrscht ziemliche Dünung. An Bord ist alles vergnügt. Ich gebe der Besatzung zwar alle zwei Stunden, aber stets nicht allzuviel zu essen. Nicht als hätten wir nicht genügend Proviant an Bord, aber es ist zweifellos leichter für den Magen, geringe Mengen bei wenig Ruhe zu verarbeiten, als große Mengen quellenden Weißbrotes. Der allgemeine Gesundheitszustand ist ein guter.

Die Tatsache des Fluges über den Atlantik kommt einem durch das dauernde Beschäftigtsein gar nicht zum Bewußtsein. 3660 l Benzin werden aus Kanistern in die Tanks eingefüllt. Wer gerade nichts zu tun hat, faßt

Im Hafen von Horta auf den Azoren.

zu. Wenn man die Besatzung genauer anguckt, muß man lachen. In New York wurde stillschweigend der Schwur geschworen: Keiner rasiert sich bis Europa. Man sieht einige richtige Stromergesichter. Alles steckt in dicken Wollsweatern, denn es ist immer noch kalt.

Aber – in übertragenem Sinne: Diese Besatzung kann sich sehen lassen. Mit solchem Flugboot, solchem Führer und Besatzung, mit so verantwortungsvollen Fachleuten läßt sich in der Zukunft zweifellos ein regelmäßiger Ozeanflugverkehr bewerkstelligen. Das wird unser Flug beweisen, das ist uns allen klar.

Zum Andenken an den Nordatlantikflug wurde eine Schallplatte herausgebracht

Der Bordbetrieb nimmt seinen regelmäßigen Fortgang. Die gefürchteten Bänke von Neufundland haben wir hinter uns. 5 1/2 Stunden herrliches Wetter. Unsere Flughöhe 5 m. Das Meer ist von einer unwirklichen Bläue. Unser Umschauhalten nach Eisbergen ist erfolglos. Dafür steigen jeweils neben uns Fontänen aus dem Wasser auf. Walfische. Krischan sitzt am Fenster und sucht mit altem Seemannsblick den Horizont nach Schiffen ab. Niemann nimmt alle halbe Stunden das »Besteck«, unsere Position wird genau festgelegt. Sieben Stunden unterwegs. Wir haben noch nichts getroffen oder gesichtet. Es wird endlich warm. Nach fast 8 Stunden das erste Schiff. Ein großer Schoner. Wir halten darauf hin. Fliegen in niedriger Höhe darüber hinweg. Ein unvergeßliches Bild: Der weiße Schoner mit geblähten weißen Segeln. Die dänische Flagge ist gehißt. Ein roter Farbfleck gegen den türkisblauen Ozean und darüber unsere silberne Fläche.

Wir nähern uns den Azoren. Nach 12 Stunden fliegen wir zwischen den zwei westlichsten Azoreninseln, Corvo und Flores, hindurch. Die Navigation war schnurgerade. Es wird dunkel. Die Sonne ist untergegangen; es wird Nacht. Wir steigen. Nach 1 1/2 Stunden vor uns die Felsen der Hauptazoren. Dichte Nebelschwaden. Ab und zu ein schwaches Leuchtfeuer. Es beginnt ein Meisterwerk von Navigation und Vorsicht des Kapitäns. Er tastet sich von Leuchtfeuer zu Leuchtfeuer. Eine undurchdringliche Nebelwand verbaut den Fayal-Kanal. Wir landen

Flugstrecke von Europa über Afrika, Süd- und Nordamerika und zurück nach Europa.

bei vollkommener Dunkelheit nach einem Fluge von 14 1/2 Stunden auf offenem Atlantik. Die Landung ist wunderbar glatt. Mit zwei Motoren rollen wir in den Fayal-Kanal. Der Mond geht riesengroß über der Insel Pico auf. Das helle Licht ergießt sich in überwältigender nächtlicher Schönheit über den 3000 m steil aus dem Meer aufragenden Vulkan. Die Nebelwand hat sich aufgelöst und der Hafen von Horta blinkt mit seinen Lichtern. Wir machen an der Boje fest. Die schwere Etappe des Ozeanfluges wurde mühelos und ohne jegliche Störung zurückgelegt und bereits 5 Min. später wird mit Bunkern angefangen. Die Thermosflaschen werden mit heißem Kaffee gefüllt. Das Schiff sofort wieder klargemacht.

Azoren- Vigo – Calshot- Berlin

Sonntag, den 22. Mai 1932.

»Rrrrrreise, Rrrrrreise, Rrrrrreise«, die gewohnte Stimme »Krischans« zum Wecken. 4.30 Uhr. Das übliche Manöver. Anker hoch. Von der Boje, Motoren anwerfen. Wir starten 6.25 Uhr Hortaer Zeit direkt aus dem Hafen heraus. Kurs Vigo. Das Wetter ist herrlich. Flughöhe knapp 2 m. 11.00 Uhr. An Bord tiefer Friede. In den Kabinen werden die Gardinen angemacht, die Sessel festgeschraubt, Teppiche gelegt. Die Do X fliegt, als hätte sie nicht gestern den Nordatlantik überspannt. 6 Stunden. Der erste Frachtdampfer wird passiert. Es ist erstaunlich, wie sich der Mensch an alles gewöhnt, sogar an einen Ozeanflug. Einer nach dem andern von der Besatzung verschwindet vollbärtig im Waschraum, um nach einer halben Stunde frisch rasiert, mit schneidigem Scheitel, in frischer Wäsche wieder herauszukommen. Wir bereiten uns auf Europa vor. Die Stimmung wird unbewußt von Minute zu Minute freudiger. 3 Uhr. Die Sicht ist wunderbar. Die Zeit verfliegt. Morgen sollte eigentlich Ruhetag sein. Aber wir brauchen ihn gar nicht. Weder am Schiff, noch an den Motoren, noch an der Mannschaft merkt man eine Beanspruchung durch die letzten Tage. 4 Uhr. Land voraus. Europa. Noch ein paar Meilen die Küste nordwärts. Vor uns buchtet sich der schöne Hafen von Vigo. Die Straßen sind schwarz von Menschen. Begeistertes Winken. Unzählige Segelboote, Motorboote, sogar spanische Kriegsschiffe, zu unserer Begrüßung. Eine Ehrenrunde über dem ersten europäischen Hafen. 6.45 Uhr. Wir landen in Europa. Ein Sonnenuntergang läßt alles in schönen Farben erstrahlen. Die Stadt hat beflaggt. Wir sind glücklich und haben nur einen Gedanken: Weiter, weiter nach Deutschland.

DORNIER-FLUGSCHIFF „Do-X“

Berlin, den 26.Mai 1932.

An die
Deutsche Vacuum Oel Aktiengesellschaft,
H a m b u r g .
-.-.-.-.-.-.-.-.-.-

Nach glücklicher Durchführung der gesamten Erprobungsflüge des "Do X" Nr.1, der anschließenden Reise nach Südamerika und den Vereinigten Staaten und nach Durchführung des Rückfluges New-York / Berlin in 52 1/2 Stunden Flugzeit, möchte ich im Namen der Schiffsleitung Ihnen und der gesamten Vacuum-Organisation meinen besten Dank aussprechen. Die organisatorische Unterstützung, die Sie dem Flugunternehmen geleistet haben, die auch bei raschen Umdispositionen stets prompt durchgeführte Versorgung des Flugschiffes, waren für uns eine große Entlastung.

Die Qualität Ihrer Lieferungen war überall gleichmäßig und in jeder Weise einwandfrei. Die Leistung von " Gargoyle Mobiloel Aero H " in den 12 Curtiss-Motoren, die rund 350 Flugstunden hinter sich haben, war geradezu glänzend inbezug auf die Leistung der Maschinen, den niedrigen Oelverbrauch und den tadellosen Betriebszustand der Motoren.

Ihre Teilnahme an dem historischen Flug des Dornier "Do X" Nr.1 bedeutet eine in jeder Weise anerkennenswerte Förderung der deutschen Fliegerei.

Ich bin
mit vorzüglicher Hochachtung

Kapt. Fr. Christiansen
Do. X.

Faksimile des Briefes von Kapitän Christiansen an die Deutsche Vacuum Oel AG.

Montag, den 23. Mai 1932.
Es hat sich herausgestellt, daß kurz nach dem Start in Horta eine Möve in unsern Propeller Backbord achtern geflogen war. Ein Stück Holz war herausgesprungen, was aber auf den ruhigen Lauf des Propellers keinen Einfluß ausgeübt hatte. Der Gewichtsverlust wurde ersetzt.
Die »Cap Arcona« war morgens 150 m von uns entfernt vor Anker gegangen. Nach altem seemännischen Brauch schickte uns der Kapitän Brot und Wurst. 10.45 Uhr starten wir. Eine Abschiedsrunde über Vigo. An Cap Finisterre vorbei, quer über den Golf von Biscaya auf Englands Südküste zu. Es herrscht Nordsturm, 70 km pro Stunde. Die Biscaya tobt. Wir fliegen ruhig über den schlingernden Schiffen. Die bis zu 22° starke Abdrift des Nordsturmes war in den Kurs einkalkuliert. Steuerbord taucht die Insel d'Ouessant, Frankreichs westlicher Vorposten auf. Wir verlassen den Atlantik, der sich uns in der Biscaya noch einmal so recht in seiner vollen Stärke zum Bewußtsein gebracht hat. über den Kanal. Vor uns Start Point. Wir haben den Leuchtturm auf den Kopf getroffen. 6.30 Uhr hatten wir unsere Ankunft in Calshot (England), der Seeflugstation der Royal Air-Force, angekündigt. Es ist 6.15 Uhr. Eine Ehrenrunde über Southampton. Wir haben die Nachricht erhalten, daß Dr. Dornier seinem Schiff und seiner Besatzung zur Begrüßung nach England entgegengeeilt ist. Die Parole, daß es morgen früh weitergehen soll, nach Deutschland, nach Berlin, wird freudig begrüßt. Trotz Landurlaubs, verbringe ich die letzte Nacht an Bord des Flugschiffes.

Dienstag, den 24. Mai 1932.
Morgens um 9 Uhr werden Herr und Frau Dr. Dornier mit einem dreifachen von Herzen kommenden »Hipp Hipp Hurra!« auf der Do X von uns empfangen. Trotz schlechter Wetternachrichten wird gestartet. Der Kapi-

Begeisterter Empfang der Do X auf dem Müggelsee bei Berlin.

tän weiß, was er seinem Schiff zumuten kann. Kurz vor dem Start während des Rollens erscheint längsseit ein Schnellboot der Royal Air-Force. Man hatte aus Versehen eine unserer Thermosflaschen an Land behalten. Als sein Versuch, längsseit zu kommen, nicht gelingt, läßt es sich kurz entschlossen in unser Sogwasser zurückgleiten und schießt mit Volldampf auf den Stummel herauf. Diese Widerstandsfähigkeit unseres Bootes war selbst für uns eine Überraschung. 10.15 Uhr starten wir. Durch Regen und Nebel geht es quer über den Kanal. Mittags tauchen die Molen von Hoek van Holland auf, wir fliegen dicht an der Küste. Langsam klärt es sich auf. Nur die Nordsee rollt noch mit graugrünen Wogen. Wir erreichen das Feuerschiff von Terschelling. Dort liegt Deutschlands Grenze.
Wir sind über Borkum. Die Küstenbatterie schießt Salut. Wasser- und Landflugzeuge kommen uns von Norderney entgegen. Cuxhaven taucht auf und schickt ein Torpedoboot zu unserer Begrüßung. Elbe 1. Blankenese. Über Hamburg. Erst jetzt wird es mir klar, es geht wirklich nach Berlin! Elbe aufwärts. Havelberg und endlich Brandenburg. Jeder Kilometer unter uns bringt für mich neues Wiedersehen. Werder, Potsdam, die Havel. Die Spree geht es entlang, nach Treptow. Vor uns glänzt der Müggelsee. Riesig ist die winkende Menge, die die Ufer schwarz umsäumt. Weit über Erwarten groß die Zahl der Boote aller Art, die sich zu unserer Begrüßung eingefunden hatte.
Eine Runde um den Müggelsee, dann die gewohnte glatte Landung. Türen auf, und wir hören den Reichsverkehrsminister uns sagen, wie das Lied von deutschem Fleiß und deutschem Können, das unsere Propeller rund um den Atlantik trugen, nun auch in der Heimat Widerhall gefunden hat, daß die Heimat stolz ist auf Do X, das erste deutsche Flugschiff.

DER DEUTSCHLANDFLUG 1932

In Deutschland war die erfolgreiche Rundreise des Flugschiffes Do X über mehrere Kontinente von der Öffentlichkeit natürlich mit größtem Interesse verfolgt worden. So wurde die Maschine überall bejubelt, als sie von Berlin aus auf dem Rückflug zum Bodensee nahezu 30 deutsche Städte besuchte. Die Do X wasserte auf Flüssen, Seen und in Ost- und Nordseehäfen, führte viele Rundflüge durch und wurde an den Liegeplätzen für Hunderttausende zur Besichtigung freigegeben.

Mittelalter und Neuzeit – Do X passiert den Kölner Dom (S. 194).

Do X wassert an der Hohenzollern-Brücke in Köln am 21. September 1932.

Besichtigung am Dampfersteg des Müggelsees in Berlin.

Im Hafen von Königsberg, 30. Juni bis 6. Juli 1932.

Do X im Hafen von Stralsund, 18. Juli 1932.

Flug über Danzig am 6. bis 13. Juli 1932.

An der inneren Kaianlage im Stralsunder Hafen.

Do X bei Wartungsarbeiten im Trokkendock von Travemünde 22. bis 26. Juli 1932.

Luftaufnahme der Do X im Trockendock von Travemünde.

Im Flug vor Travemünde, begleitet von vier Heinkel-Wasserflugzeugen (S. 199 oben).

Besichtigung im Hafen von Travemünde (S. 199 unten).

D-1929

Vor Wyk auf Föhr, dem Heimatort Kapitän Christiansens, 1. bis 5. August 1932).

Do X in Hamburg beim Alsterpavillon.

Öffentliche Besichtigung in Hamburg.

Do X in Flensburg am 30. Juli bis 8. August 1932.

Flug der Do X von Hamburg nach Duisburg am 6. September 1932.

Do X macht in Duisburg fest (6. bis 13. September 1932).

Zwischen Rheinschiffen im Duisburger Hafen.

Wasserung auf dem Rhein in Koblenz, 3. bis 8. Oktober 1932.

Sonderstempel des Südfunks.

Do X auf dem Zürichsee (2. bis 14. November 1932).

DO-X
LUFT HANSA
D-1929

ZWEITER EUROPAFLUG ABGEBROCHEN

Nach dem Deutschlandflug von 1932 sollte die Do X ab Frühjahr 1933 wieder auf Tournee gehen. Als Flugroute war die Strecke donauabwärts bis nach Istanbul vorgesehen. Auf diesem Flug trug die Do X nun erstmals den Schriftzug der Lufthansa. Nach den ersten Stationen am Starnberger See und am Chiemsee gab es aber bei der Wasserung auf der Donau bei Passau eine schwere Beschädigung am Leitwerk. Nach der Reparatur wurde die Do X zum Bodensee zurückgeflogen, der zweite Europaflug mußte abgebrochen werden. Der letzte Flug führte die Do X schließlich nach Berlin, wo sie im großen Verkehrsmuseum am Lehrter Bahnhof als Hauptattraktion ausgestellt wurde. Durch die Bombenangriffe im Zweiten Weltkrieg wurde dieses legendäre Flugschiff weitgehend zerstört.

Auf dem Starnberger See; Do X bei den Vorbereitungen für den zweiten Europaflug; zu beachten der für die geplante Nahost-Reise vorgesehene Lufthansa-Schriftzug (Frühjahr 1933).

Start vom Bodensee (S. 206/207)

Die öffentliche Begeisterung über das technische Meisterwerk Do X hatte sich beim Deutschlandflug des Jahres 1932 beeindruckend gezeigt. Die neuen Machthaber des Dritten Reiches wollten dieses Schaustück deutscher Technik deshalb auch in den Dienst ihrer Propaganda stellen und planten eine neuen Europaflug. In der Zeitschrift »Luftreise« war im Mai 1933 folgende Meldung zu lesen: »Auf Weisung des Reichskommissariats für die Luftfahrt ging das größte Flugschiff der Welt, die 12-motorige Dornier Do X, in den Betrieb der Luft Hansa über. Die Do X wird in diesem Sommer einen Europaflug unternehmen«. Die Do X erhielt nun auch erstmals die Lufthansa-Bemalung. Die Lufthansa war allerdings nie Eigentümer des Flugschiffs, sondern sie sollte lediglich die von der Regierung geplanten und finanzierten Flüge organisieren und durchführen. Aus diesem Betrieb hatte die Lufthansa noch finanzielle Ansprüche an das Reich die ab 1933 regelmäßig in der Bilanz der Lufthansa auftauchten. So stand 1933 unter dem Stichwort »Betriebskonto Do X« eine Forderung in Höhe von 22229,18 Mark mit der Bemerkung in der Bilanz: »Diese Forderung resultiert aus der Beschaffung eines Reservemotors und verschiedener Ersatzteile für das reichseigene Flugschiff Do X.

D-1929

DO-X
LUFT HANSA

Do X im Hafen von Prien am Chiemsee.

Bildfolge der Bruchlandung auf der Donau bei Passau (Seite 209).

Kostenübernahme durch RLM ist schriftlich zugesagt«. Diese Zahlung verzögerte sich um Jahre, denn noch 1935 tauchte die Forderung in der Jahresrechnung der Lufthansa auf. Ob sie vom RLM je beglichen wurde, ist nicht bekannt.

Für den Sommer 1933 war ein umfangreiches Programm vorgesehen. So schrieb die »Luftreise« von einer Route, »die vom Bodensee aus über den Starnberger See bei München, Passau die Donau abwärts nach Wien und Budapest führen soll. Anschließend ist ein Flug in die Schweiz vorgesehen. Sodann wird der 12-motorige Riese den Rhein abwärts nach Essen fliegen und von dort wahrscheinlich den skandinavischen Ländern und den Ostseestaaten eine Besuch abstatten. Nach einem Flug über Ostpreußen und Danzig wird die Do X in Berlin-Wannsee landen. Von Berlin aus führt die Route über die Elbe zum Rhein und dann rheinaufwärts über Worms, Karlsruhe zurück nach Friedrichshafen, wo die Landung im Herbst erfolgen dürfte«. Als Begründung für diese neuerliche Tour quer durch Deutschland wird folgendes angeführt: »Das weltbekannte Flugschiff erfreute sich im vorigen Jahre so starken allgemeinen Interesses und die Einladungen vieler Städte waren so zahlreich eingelaufen, daß ein solches umfangreiches Programm unmöglich durchgeführt werden konnte. Deshalb wird das Flugschiff Do X nunmehr im Dienste der Luft Hansa all den Orten seinen Besuch machen, welche im vorigen Jahr vergeblich darauf warteten«. Die Do X stand wieder unter dem Kommando von Kapitän Friedrich Christiansen, erster Pilot war Flugkapitän Horst Merz.

Diese Tour begann zunächst planmäßig mit der ersten Etappe von Friedrichshafen zum Starnberger See. Dort wurde die Do X auch von Adolf Hitler besichtigt. Nach der nächsten Station im Hafen von Prien am Chiemsee flog die Do X weiter zum Kachlet-Stausee bei Passau. Dort endete der zweite Europaflug aber völlig unerwartet. Bei der Landung auf der Donau setzte Horst Merz das Flugschiff mit einem viel zu großen Anstellwinkel auf: Das Heck bekam Wasserberührung und das ganze Leitwerk wurde abgerissen. Horst Merz gab als Grund für diesen Bruch an, er habe gegen die untergehende Sonne landen müssen, so daß durch deren starke Spiegelung im Wasser die Höhe vor dem Aufsetzen nicht mehr genau abzuschätzen gewesen sei.

Die »Interavia« schrieb über diesen Unfall: »Bei dem geplanten Europarundflug des Do X hat das Flugschiff bei der ersten Etappe durch eine harte Landung in Passau Beschädigungen erlitten. Obwohl diese nicht als schwerwiegend bezichnet werden, wird die Reparatur aus Mangel an Einrichtungen zum Docken des Flugschiffes in Passau zwei Monate in Anspruch nehmen. Der Rundflug wird daher für dieses Jahr nur nach Wien, Budapest und der Schweiz durchgeführt«. Dazu kam es aber nicht.

D-1929

D-1929

Das abgerissene Heck wurde in Passau repariert.

Do X mit Lufthansa-Kranich am Heck

Nach der Reparatur des Leitwerks wurde die Do X zurück zum Bodensee überführt, und Jahr 1934 machte sie sich ein letztes Mal auf die Reise – zum Müggelsee in Berlin, wo sie demontiert und in die Luftfahrtsammlung am Lehrter Bahnhof gebracht wurde. Dort wurde dieses Flugschiff für viele Jahre zur Hauptattraktion. Als im Zweiten Weltkrieg die Bombenangriffe auf Berlin begannen, konnten die meisten Flugzeuge der Luftfahrtsammlung ausgelagert und in Sicherheit gebracht werden. Die Do X war dafür aber zu groß. Sie wurde im Bombenhagel weitgehend zerstört, und nach Kriegsende besorg-

Demontiert, vom Müggelsee auf dem Wasserweg nach Berlin ins Luftfahrtmuseum.

Do X-Rumpf beim Straßentransport ins Berliner Luftfahrtmuseum am Lehrter Bahnhof (im Hintergrund Dornier Merkur).

Do X ausgestellt in der großen Halle des Museums am Lehrter Bahnhof.

Nach der Zerstörung in der ehemaligen Luftfahrtsammlung Berlin, aufgenommen im Dezember 1946.

Von einem Bagger wurden 1980 einige Blechteile aus der Donau geholt, die bei der Bruchlandung im Mai 1933 abgerissen und versunken waren.

ten Schrotthändler und Souvenierjäger den Rest. Es soll in Berlin Schrebergärten gegeben haben, deren Zäune aus Flügelrippen der Do X bestanden, und einige Propeller wurden zu Lampen für Bierkneipen umfunktioniert. So endete das legendäre Flugschiff Do X ziemlich ruhmlos in den Trümmern von Berlin.

Zurück zur Donau: Bei Ausbaggerungsarbeiten im Sommer 1980 tauchten aus dem Wasser unvermutet einige große, verbeulte Blechstücke auf. Es waren Teile des Hecks, das bei der harten Landung im Mai 1933 abgerissen war. Dies waren die letzten Relikte dieses legendären Flugschiffs.

Do X2 UND Do X3 FÜR ITALIEN

Wenig bekannt ist die Tatsache, daß das italienische Luftfahrtministerium im Jahr 1931 zwei Do X in Auftrag gegeben hat. Die beiden mit Do X2 und X3 bezeichneten Maschinen wurden mit Fiat-Motoren ausgerüstet und sollten für Transportzwecke eingesetzt werden. Nach zwei italienischen Fliegerhelden wurden sie »Umberto Maddalena« (Do X2) und »Alessandro Guidoni« (Do X3) genannt. In aufsehenerregenden Alpenüberquerungen wurden die Do X2 am 28. August 1931 und die Do X3 am 22. April 1932 vom Bodensee nach Genua-Spezia überführt. Die Do X2 »Umberto Maddalena« führte noch 1931 einen Italienrundflug durch, bei dem sie erneut ihre Fähigkeit unter Beweis stellte, sowohl in kleinen Häfen, als auch im offenen Meer problemlos starten und landen zu können. Über die Einsatzjahre und das endgültige Schicksal der beiden italienischen Do X liegen keine konkreten Informationen vor. Sie wurden Mitte der dreißiger Jahre vermutlich verschrottet.

Das Dornier-Flugschiff Do X2, »Umberto Maddalena« und sein Italienrundflug

Das auf der Dornierwerft in Altenrhein für Italien erbaute Flugschiff Do X2 machte am 16. Mai 1931 seinen Erstlingsflug. Nach insgesamt 14 am Bodensee ausgeführten Flügen wurde am 28. August 1931 die Ablieferung an Italien vollzogen.
Dieser Überführungsflug des ersten Flugschiffes vom Bodensee nach Genua-Spezia hat allgemein Aufsehen erregt, – da die Alpen und der Splügenpaß in 3200 m Höhe überflogen wurden. Die Flugzeit Bodensee – Genua betrug 2 Stunden 30 Minuten. In Spezia wurde Do X2 offiziell durch Italien übernommen und der neuen Besatzung übergeben. Letztere nahm schon an den Flügen am Bodensee teil und war daher bald mit dem Flugschiff, das auf den Namen des gefallenen italienischen Lufthelden »Umberto Maddalena« getauft wurde, vertraut, und so innig damit verwachsen, daß die Mannschaft ihr ständiges Quartier an Bord aufschlug. Der Kommandant, der Atlantikflieger Major Agnesi, ein energischer Sizilianer, übernahm zusammen mit dem ersten Piloten Kapitän Ravazzoni und dem dritten Offizier, Kapitän Altomare, die Leitung des Flugschiffes. Zwei Tage nach der Ankunft in Spezia nahm der »Umberto Maddalena« an der großen Luftparade vor dem König teil, wobei die Do X2 die Glanznummer darstellte und Gelegenheit hatte, den italienischen Luftminister Italo Balbo und 24 hohe italienische Persönlichkeiten auf dem Luftwege an den Ort der Feierlichkeit zu bringen. Die Schauflüge der Do X2 über dem Kratersee »di Bracciano« und über Rom begeisterten die Bevölkerung der italienischen Hauptstadt.

Die »italienischen« Do X wurden mit Fiat-Motoren von je 610 PS ausgerüstet; in den voll verkleideten Triebwerksstützen waren die Kühler mit verstellbaren Kühlluftöffnungen untergebracht.

Do X2 überquerte im August 1931 die Alpen (S. 214).

Do X2 vor der Werft in Altenrhein am Bodensee (S. 216/217)

Do X2 »Umberto Maddalena« (I-REDI), das erste der beiden für Italien bestimmten Flugschiffe bei der Erprobung.

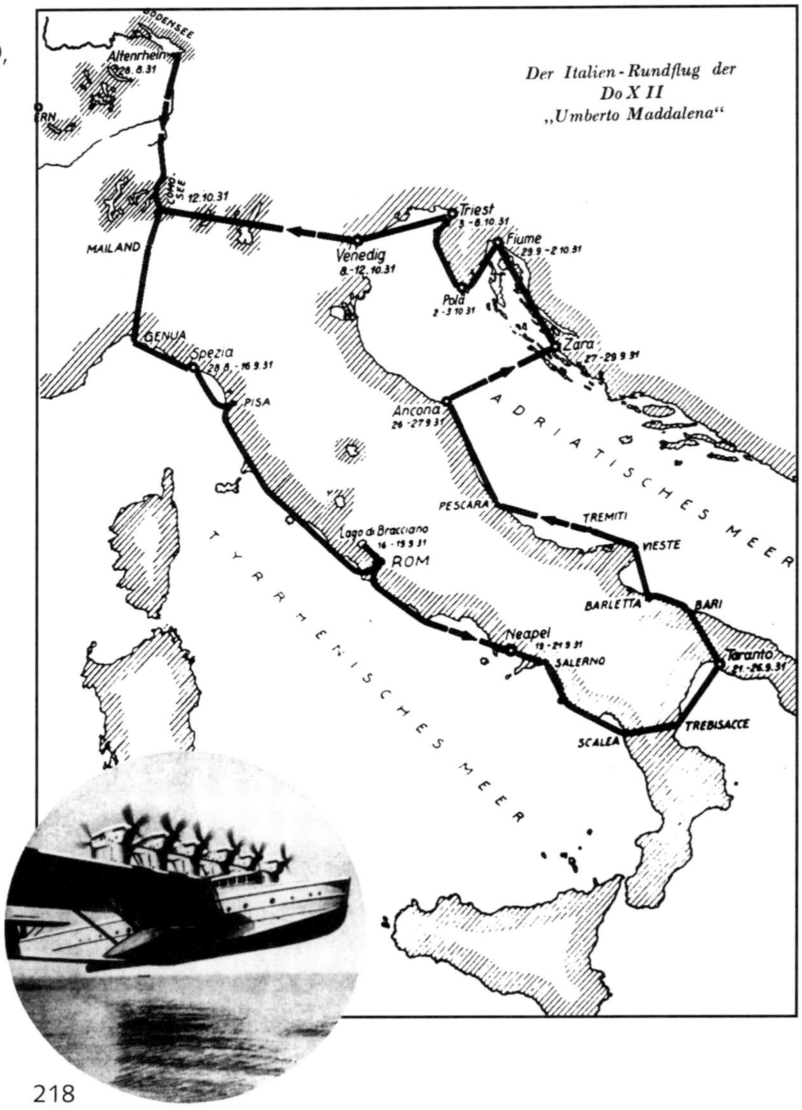

Do X3 »Alessandro Guidoni« (I-ABBN).

Do X2 über Rom (16. bis 19. September 1931).

Do X 2 - Überführung über die Alpen nach Spezia

Die eingeklammerten Werte für reine Flugzeit und Geschwindigkeit über Grund erscheinen unwahrscheinlich, es wurde daher nur mit 20 min Umweg von Andeer aus gerechnet. Die hohe Geschw.ü.Grund von 181 km/h erklärt sich durch den Rückenwind, daher auch der geringe Km-Verbrauch von 6,8 kg/km. Tatsächlich wurde aber bis Chur eine Geschw.ü.Grund von 192 km/h ermittelt.

Die Navigation machte keine Schwierigkeiten, jedoch zeigte die Erfahrung, daß mit der Do X solche Alpenflüge nur bei einwandfreiem Wetter und guter Fernsicht angetreten werden dürfen, da das Wenden mit dem, praktisch in Gipfelhöhe fliegenden Flugschiffes zwischen den teils höheren Berggipfeln kritisch ist.

Die aus den Barogrammen ersichtlichen Fallböen waren sehr unangenehm, da sie wie bereits angeführt stets starken Höhenverlust mit sich brachten und Wagner am Steuer sehr beanspruchten, was vor den Italienischen Fluggästen nicht zu verbergen war. Darüber wird genannter persönlich berichten. Wagner und die ganze Besatzung haben ihr Bestes geleistet, insbesondere auch Russ und Stangneth. Die Maschinenanlage u.s.w. waren in bester Ordnung und konnten von diesen stets klar gemeldet werden, was zur ruhigen Stimmung an Bord beitrug. Ab Genova liefen zwei Motoren unruhig und wurden daher stark gedrosselt,- es handelte sich aber, wie später festgestellt wurde nur um Kerzenstörungen.

Über Erfahrungen für einen folgenden Alpenflug mit Do X3 soll an anderer Stelle berichtet werden.

Der Ordnung wegen wiederhole ich die an L.Z. und Radio-Genova gegebene Standortmeldung, die ich wegen des italienischen Funkers lieber in italienischer Sprache aufgab, und die Sie den Flug sicherlich gut verfolgen ließen.

1) Aufgegeben: um 9.10
„Decollagio alle ore 9.03 stop giriamo sul lago per circa un ora stop indicheremo ora in cui lasceremo lago et ci metteremo in rotta, Do X 2"
2) 10.12 „ore 10.08 lasciamo lago di Costanza quota 2700 m dal punto „Rheinmündung" in rotta verso Spluga, Do X 2"
3) 10.20 „10.17 Feldkirch", Do X 2"
4) 10.45 „alle ore 10.45 invertiamo rotta sopra Andeer per guadagnare quota, attuale 3000 m tempo buono aria mossa, Do X 2"
5) 11.22 „ore 11.20 Spluga", Do X 2"
6) 11.34 „ore 11.30 Lago di Como quota 3200 velocita 190 km, Do X 2"
7) 11.40 „(Wetteranfrage die von Genua binnen 10 min beantwortet wurde und uns zeigte, daß die Verbindung mit Radio in Ordnung.)
8) 11.55 „ore 11.53 venti km ponente di Milano, Do X 2"
9) 12.08 „ore 12.06 in quotoa 2600 m sul Po, Do X 2"
10) 12.32 „ore 12.30 sopra Genova, Do X 2"
11) 12.55 „per doktor Dornier Frhfbod: Lago die Constanza a Genova tempo di volo netto 2 ore 02 min, alle 13 saremo Spezia Do X 2".

Wir empfingen eine weitere Wettermeldung vom L.Z. über Chur und eine weitere aus Genova,- und sandten an Fiat Turin über der Po-Ebene Glückwünsche für das gute Funktionieren der Motoren bei der Alpen überquerung.

[Unterschrift]

Verteiler:
1 Mal Herr Dr. Dornier
1 Mal D.M.B. (mit beschrieb. Originalbarogr. zur Auswertung und bitte Kopie für die anderen Berichte anfertigen lassen und beiheften).
1 Mal Doflug

Faksimile des Do X2-Überführungsberichts.

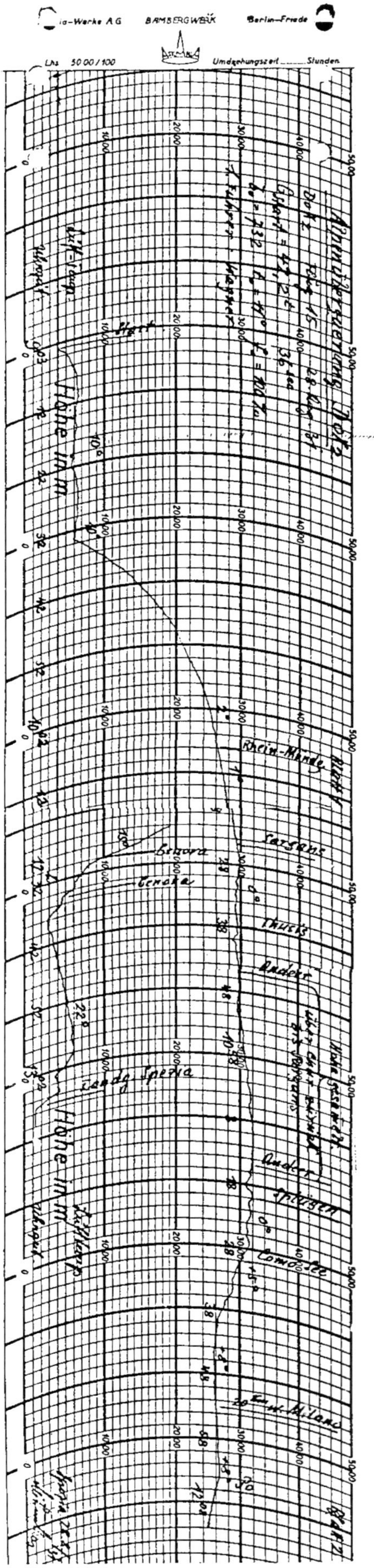

Barogramm der Alpenüberquerung der Do X2 am 28. August 1931.

B E R I C H T

Überführung der Do X 3 über die Alpen nach Spezia

1) Vorbereitungen:

Das Flugschiff Do X 3 hat bekanntlich Ende März 1932 die Abnahmeflüge mit Erfolg beendet und führte am 14.4.1932 den letzten Flug (Flug 10) am Bodensee aus, um die FT-Station und die gesamte Motorenanlage usw. im Fluge nochmals zu erproben.

Am 22.4.1932 lauteten die Wettermeldungen im allgemeinen günstig und die Überführung der Do X 3 wurde sofort angesetzt. Wie bekannt mußte dieser Flug wegen Lecken eines Vergaserschwimmers aufgegeben werden, da diese Störung schon beim Rollen bemerkt wurde. Außerdem trat so schnell schlechtes Wetter ein, daß der Splügen $^1/_2$ Stunde später dichtes Schneegestöber meldete.

2) Überführung

Do X 3, Flug 11, am 13.5.1932.

Gewicht: am Wagen 41.013 kg mit 5000 kg gewogenem Brennstoff.

Besatzung: 11 Mann, die gleiche wie bei Do X 2,

Fluggäste: 6 Personen und zwar Direktor Keppeler, Kommandant Donatelli, Kapitän Ravazzoni, Generalkonsul Ferrata, Fiatmechaniker Maccagnio und ein Radiotelegrafist von Marconi.

Die Wettermeldungen wurden gar nicht abgewartet, da schon um 4 Uhr früh bestes Wetter festgestellt wurde, obgleich am Vorabend die Stationen München und Zürich angaben, daß für den heutigen Morgen durchaus keine Gelegenheit wäre, die Do X über die Alpen zu bringen.

7 Uhr Barometerstand 728
Temperatur +8°
Wind 0
See 0
Nebel

8.20 ab Wagen
8.30 Beginn des Anlassens
8.35 laufen aller Motoren
8.52 Start bei Windstille, diesig, Fluggewicht ca. 40,8t, in 32 sec.

Zeit	Instrumente Höhe	Luft	Vkm/h	n/min	G ca.t	Brenn-stoff ca.t	Strecke km	Position	FT
8.52	400	+8°	140	1850	40,8	4,8	-	(Start) Altenrhein	(1)
9.00	1400	+12°	155	2000			-	Friedrichshafen	-
9.08	2000	+9°	150	2000			0	Bodensee verlassen	(2)
9.30	3000	+1°	150	2000		4,1	-	Chur	(3)
9.45	3200	+3°	160	2000	39,4	3,4	120	Splügen	(4)
10.00	3000	+4°	160	2000			-	Bellagio	(5)
10.15	1400	+16°	160	1950			-	Milano	(6)
10.30	2000	+10°	160	2000		2,7	-	Pavia	(7)
10.57	2000	+14°	180	1900		2,0	370	Genua	(8)
11.25	200	+22°	180	1900			460	Spezia	(9)
11.30					37,6	1,6	-	(Landung) Spezia	(10)

Strecke	Flugzeit	Kilometer	Geschwindigkeit
Bodensee (Südufer) bis Genua	2 h 5′	370	177 km/h
Genua - Spezia	28 min	90	193 km/h
Bodensee (Südufer) bis Spezia	2 h 33′	460	180 km/h

Betriebsstoffverbrauch:

von 8.52 - 11.30 (2 h 38 min) 3,2 t Brennstoff oder 1216 kg/h oder

Brennstoffverbrauch: = 6,76 kg/km
Schmierstoffverbrauch: ca. 24 kg/h, also Brennstoff + Schmierstoffverbrauch
Betriebstoffverbrauch: 6,90 kg/km

Flughöhe:

Der Splügen wurde (wie mit Do X 2) in 3200 m Höhe überflogen, jedoch stellte diese Höhe für die Do X 3 nicht die praktische Gipfelhöhe dar, was sich beim Fliegen durch die Alpen sehr angenehm bemerkbar machte wegen des zur Verfügung stehenden Leistungsüberschusses. - (Dieser Leistungsüberschuß fehlte bei Do X 2 im August 1931, was auch deswegen sehr unangenehm war, da sehr böiges Wetter am Splügen angetroffen wurde).

Wetterlage:

Die Wetterlage war vom Bodensee bis nach Spezia gut, die Sicht durchwegs ausreichend, die Luft außerordentlich ruhig, sodaß wir praktisch keinerlei Böen erhielten.

Temperaturen: Die Lufttemperatur fiel in Chur auf +1° im Schatten (sie betrug bei Do X 2 im August vorigen Jahres über dem Splügen 0°).

Drehzahlen: Lag durch die etwas fettere und günstigere Einregulierung der Fiatmotoren ein wenig höher als bei Do X 2 im Steigen. Ab 2400 m wurde die Höhenkorrektur eingeschaltet.

Motoren: liefen ausgezeichnet, die gesamte Anlage funktionierte zur vollsten Zufriedenheit. Ab Genua vibrierte der Motor BB III achtern stark und es wurde dieser daher abgestellt. In Spezia wurde festgestellt, daß der Vergaserschwimmer defekt war.

Fluggewicht: mit 39,4 t wurde der Splügen überflogen, also praktisch mit dem gleichen Gewicht wie mit der Do X 2 im August 1931. Die Landung in Spezia erfolgte mit einem Fluggewicht von 37,6 t.

Brennstoff: Der Verbrauch ist aus obiger Aufstellung zu entnehmen, liegt um eine Kleinigkeit höher als bei Do X 2 (6,9 statt 6,8kg/km) und deckt sich sehr gut mit den bisher anstellten Messungen.

Flugzeit: diese ist aus der obigen Tabelle zu entnehmen, ebenso die

Fluggeschwindigkeit: Dieses Mal wurde nach dem Start direkt nach Friedrichshafen geflogen, von dort über das Südufer des Bodensees (zwischen Arbon und Rorschach) mit direktem Kurs auf Chur und ohne Runden über den Splügen, Mailand und Genua nahezu direkter Kurs nach Spezia gehalten.

Die Fluggzeit vom Südufer des Bodensees bis Spezia betrug 2 h 33′, die mittlere Geschwindigkeit 180 km/h. Bei Do X 2 wurden bekanntlich verschiedene Runden geflogen, die bei der Ermittlung der Flugzeiten und Fluggeschwindigkeiten allerdings in Abzug gebracht worden sind. Die so ermittelte Flugzeit und Fluggeschwindigkeit deckt sich praktisch genau mit der der Do X 3 (2h 32! und 181 km/h).
Das Flugschiff wurde am nächsten Tage dem CAI und sofort weiter an das Italienische Luftministerium übergeben und von diesem übernommen.

Der Ordnung halber werden nachfolgend die während des Fluges aufgegebenen Funksprüche an D 900 (Luftschiffbau Zeppelin) in deutscher Sprache und an Radio Genua der gleiche Text in italienischer Sprache, aufgeführt:

1) „Start 8 Uhr 52 Do X"

2) „Verlassen Bodensee 9.08 in 2000 m Höhe Do X"

3) „Über Chur in 3000 m um 9.30 Do X"

4) „Um 9.45 in 3200 m über Splügen passiert Grüsse Do X"

5) „Um 10 Uhr Bellagio in 3000 m passiert"

6) „Um 10.15 in 1000 m über Milano"

7) „10 Uhr 30 über Pavia Do X"

8) „Per D 900 via Radio Genova o via Zurigo um 10.57 Küste erreicht über Genova Do X"

9) „per D 900 werden um circa 11 Uhr 30 Spezia landen Do X"

10) „per D 900 per Doktor Dornier Do X 11 Uhr 30 Spezia glatt gelandet, Glückwünsche und Grüße Do X Besatzung Wagner, Keppeler, Mitterwallner"

Manzell, den 25. Mai 1932
TV.-v.M./Schä.

Bekommt: G: KL: TL: GAw: TY: TF: TP:
H. Wagner (TF) DMB, Bln.: Doflug:

Vor Anker in Venedig (8. bis 12. Oktober 1931).

Umringt von Booten und Gondeln in Venedig.

Der Italienrundflug hatte den Zweck, die Vorführung der Do X 2 vor dem italienischen Volk mit der Erprobung, wie sich das Flugschiff in den Häfen des Königreiches bewegt und bewährt, zu verbinden. Der Flugweg führte von Spezia über Rom nach Neapel, Tarent, Ancona, Zara, Fiume, Pola und Triest, Venedig, über Land nach dem Comersee (um auch der Mailänder Bevölkerung Gelegenheit zu bieten, ihren »Umberto Maddalena« besichtigen zu können) – und über Genua zurück nach dem Heimathafen Spezia.
Der Rundflug glich einem Triumphzug und bedeutete in jedem Hafen eine nationale Feier. Die Italiener feierten ihren Umberto Maddalena als Nationalhelden, sie feierten ihren »Umberto Maddalena« als technisches Meisterwerk und als Einheit ihrer faszistischen Luftflotte.

Großes Aufsehen erregte in italienischen Fachkreisen, daß die Do X 2 in den relativ kleinen Häfen von Neapel, Tarent, Fiume, Pola, Venedig und Genua, teilweise mit erheblichem Seitenwind, ebensogut starten und landen konnte, wie im offenen Meer bei Seegang und Dünung vor den Häfen von Ancona und Triest .
Sehr angenehm fiel es den Fachleuten an Bord und an Land auf, daß das Flugschiff, dank seiner ausgezeichneten Wendigkeit auf dem Wasser, überall – selbst in den Miniaturhäfen, wie Ancona und Zara – mit eigener Kraft das Ein- und Auslaufen und das Bojen- und Ankermanöver immer »auf Anhieb« ausführte. Die einwandfreie Durchführung der oft schwierigen Starts und Landungen, das gute Manövrieren in schmalen Gewässern und die ruhige, erfahrene Führung des Flugschiffes auf allen Flugetappen ist den Qualitäten der Besatzung zuguteszuschreiben. Dieses Lob spricht aber auch für das Flugschiff, das sich mit wenig Übung gut und leicht führen läßt.
Die an Bord mitgenommenen Fiat-Motoren-Ersatzteile brauchten nicht angetastet zu werden. Es waren keinerlei Ersatz- oder Reparaturteile für das Flugschiff und dessen umfangreiche Anlagen an Bord vorhanden. Fremde Hilfe wurde nie in Anspruch genommen. Ohne Schutzvorrichtungen haben viele tausendmal Motorboote und Ruderboote an den Stummeln an- und abgelegt, unzählige Male die Stiele und den Schiffskörper wenig »sanft« behandelt; über 100000 Personen wurden im Verlauf des Italien-Rundfluges zur Besichtigung des Flugschiffes von oben bis unten und von vorn nach hinten – an Bord gebracht.

Do X2 auf dem Comer See am 12. Oktober 1931

Die beiden Do X für Italien trugen am Bug ein geflügeltes Rutenbündel (Fasces).

Do X2 in langsamer Fahrt auf dem Wasser.

Vor Anker in Genua-Spezia: Do X2 (vorne) und X3.

Do X2 (im Hintergrund) und X3 vor Anker; am Bug der Do X3, »Alessandro Guidoni« ist zwischen den beiden großen Bullaugen das runde Symbol des italienischen Faschismus (Rutenbündel) erkennbar.

Do X2 im Hafen von Fiume

Do X3 bei der Landung

Einzige Flugaufnahme der beiden für Italien gebauten Do X2 und X3.

Modell des 145 t Flugschiffs Do 214.

Projekt Do 20

PROJEKTE NACH DER Do X

Die Do X blieb nur eine Episode in der Luftfahrtgeschichte. Zwar hatte die große Expedition des Flugschiffs bis nach Süd- und Nordamerika gezeigt, daß der Einsatz eines solch großen Flugzeugs auch in entlegenen Regionen der Welt ohne große Schwierigkeiten möglich war, aber der Luftverkehr litt unter den großen wirtschaftlichen Problemen dieser Jahre, und das Passagieraufkommen wäre für ein Flugzeug dieser Größe wohl noch nicht ausreichend gewesen. Die Do X war, was ihre Dimensionen und Transportkapazitäten betraf, ihrer Zeit weit voraus. Aber wie einige spätere Projekte zeigten, blieb Claude Dornier davon überzeugt, daß großen Flugschiffen im Ozeanverkehr die Zukunft gehören würde.

Flugschiff-Projekt Do 20

Als Weiterentwicklung der Do X wurde im Jahr 1936 die Do 20 entworfen. Auf den ersten Blick dem berühmten Vorbild sehr ähnlich, sollte dieses neue Flugschiff aber einige wichtige Verbesserungen bieten. Die Unterwasserform und die Anordnung der Flossenstummel blieben zwar unverändert, aber die Bootsform wurde aerodynamisch wesentlich günstiger gestaltet. Die nur noch zweifach abgestrebten Tragflächen hatten den gleichen rechteckigen Grundriß, aber die Spannweite wurde um einen Meter auf 49 Meter verlängert, die Flügelfläche stieg damit auf 450 Quadratmeter. Das Leergewicht lag bei 29,5 Tonnen, das Fluggewicht sollte 56 Tonnen betragen.

Die wichtigste Neuerung betraf aber die Triebwerksanlage, da inzwischen sehr viel leistungsfähigere Motoren verfügbar waren. Acht Dieselmotoren mit je 800 bis 1000 PS sollten völlig im Flügel eingebaut werden und über Getriebe und Fernwellen vier Luftschrauben großen Durchmessers antreiben. Mit diesen Verbesserungen waren gegenüber der Do X erheblich höhere Leistungen zu erwarten. Die Höchstgeschwindigkeit wurde mit 340 km/h errechnet, die maximale Reichweite sollte 5000 km betragen. Das Passagierdeck sollte in Luxusausführung mit großen Aufenthaltsräumen und mit Schlafkabinen 12 bis 16 Passagiere aufnehmen, in einfacherer Ausführung jedoch rund 60 Passagieren Platz bieten.

Ein Modell der Do 20 wurde 1936 auf der »Internationalen Luftfahrtausstellung in Stockholm« (ILIS) gezeigt, aber die Lufthansa konnte sich nicht zu einem Entwicklungsauftrag entschließen.

Flugschiff-Projekt Do 214

Für die Entwicklung eines Großraum-Flugschiffes, wesentlich größer und auch mehr als doppelt so schnell wie die in der ganzen Welt von den Fachleuten als Spitzenleistung anerkannte Do X, konnte Prof. Claude Dornier im Jahre 1938 die Deutsche Lufthansa und das Luftfahrtministerium interessieren. Das projektierte Riesen-Flugschiff, ein vollkommen freitragender Schulterdecker mit acht 4000-PS-Triebwerken wiederum in Tandemanordnung, sollte im Passagierdienst über den Nordatlantik eingesetzt werden.

Der Weg zum Flugschiff Do214 führte über das Projekt DoP93. Dieses Flugschiff-Projekt war das Ergebnis langjähriger Entwicklungsarbeiten und der Dornier-Erfahrungen beim Bau von Flugbooten verschiedenster Größen. So wie in früheren Jahren aus den Erfahrungen beim Bau einer Libelle, eines Wals, eines Superwals die Do X entstand, so resultierte das Flugschiff-Projekt Do P 93, bzw. Do 214, aus dem Ergebnis einer systematischen Weiterentwicklung einer Do 18, Do 24 und Do 26. Dieses neue Flugschiff, die Do P 93 sollte mit einem Abfluggewicht von 100 t etwa 36 Fluggäste bei einer Reisegeschwindigkeit von 400 km/h über Entfernungen von mehr als 6000 km befördern, das heißt das Flugschiff hätte beispielsweise die Strecke Lissabon – New York im Non-Stop-Flug zurücklegen können. Für die Pas-

Die Gö 8, ein maßstabsgerecht verkleinertes Modell der Do 214, wurde als Segelflugzeug erprobt.

Die Do 214 hätte 40 Fluggäste mit größtem Komfort über den Atlantik fliegen können.

sagiere war die äußerst denkbare Bequemlichkeit vorgesehen. Die Passagierkabinen, Speise- und Aufenthaltsräume sollten sehr geräumig sein und bestens ausgestattet werden. Eine Variante des Flugschiffs für den Einsatz auf kürzeren Distanzen, bei der keine Schlafkabinen erforderlich gewesen wären, sah eine Kapazität von 100 Flugreisenden vor.

Im Juni 1939 waren die Projektarbeiten im wesentlichen abgeschlossen. Mit der Deutschen Lufthansa war die zweckmäßigste Raumaufteilung für das Großraum-Flugschiff, nun Do 214 bezeichnet, festgelegt worden. Die Versuche im Wind- und Wasserschleppkanal waren beendet. In diesem Stadium konnte Prof. Dornier mit seinen Mitarbeitern den ersten Erfolg verbuchen; er erhielt den zusagenden Vorentscheid für den Bau der Do 214.

Nun waren eingehende Untersuchungen notwendig, um Eignung des Flugschiffrumpfes im Wasser und in der Luft zu erproben, denn die bisherigen Flossenstummel der Dornier-Flugboote waren durch neuartige Wülste ersetzt. Dazu wurde ein motorloses Modell, die Gö 8, im verkleinerten Maßstab 1:5 gebaut. Die Gö 8 war von Ulrich Hütter konstruiert und bei Schempp-Hirth in Göppingen gebaut worden. Das Flugmodell bestand ganz aus Holz, die Rumpfspitze hatte eine eingestraakte Vollsichthaube, die den Führersitz der einsitzigen Maschine verschloß. Dieses fliegende Modell mit 12 m Spannweite wurde, von einem Motorboot geschleppt, zahlreichen Wassertests unterzogen. Die Testflüge wurden von Hanna Reitsch durchgeführt. Nach diesen Versuchsflügen kam die Gö 8 zur Versuchsanstalt nach Göttingen, die die aerodynamischen Eigenschaften eingehend untersuchte. Im Sommer 1939 begannen bei Dornier die Konstruktionsarbeiten am Bootskörper, im Herbst liefen die Arbeiten zu einer Attrappe an. 1941 kritisierte das Reichsluftfahrtministerium die Bindung von Arbeitskräften an einem zivilen Objekt. Das Flugschiff Do 214 mußte für den militärischen Einsatz umkonstruiert werden. Es entstanden fünf Varianten:

1. als Truppentransporter (Do P 192-07) für den Transport einer kompletten militärischen Einheit, mit einem Gesamtgewicht von 28000 kg, mit einer Reichweite von 2500 km und einer Fluggeschwindigkeit von 395 km/h; als reiner Truppentransporter konnten 320 Offiziere und Mannschaften an Bord genommen werden;
2. als Sanitätsflugzeug (Do P 192-08) zum Transport von 93 Schwerverwundeten und 100 Leichtverletzten für eine Flugstrecke von 3550 km; die Fluggeschwindigkeit lag bei 400 km/h;

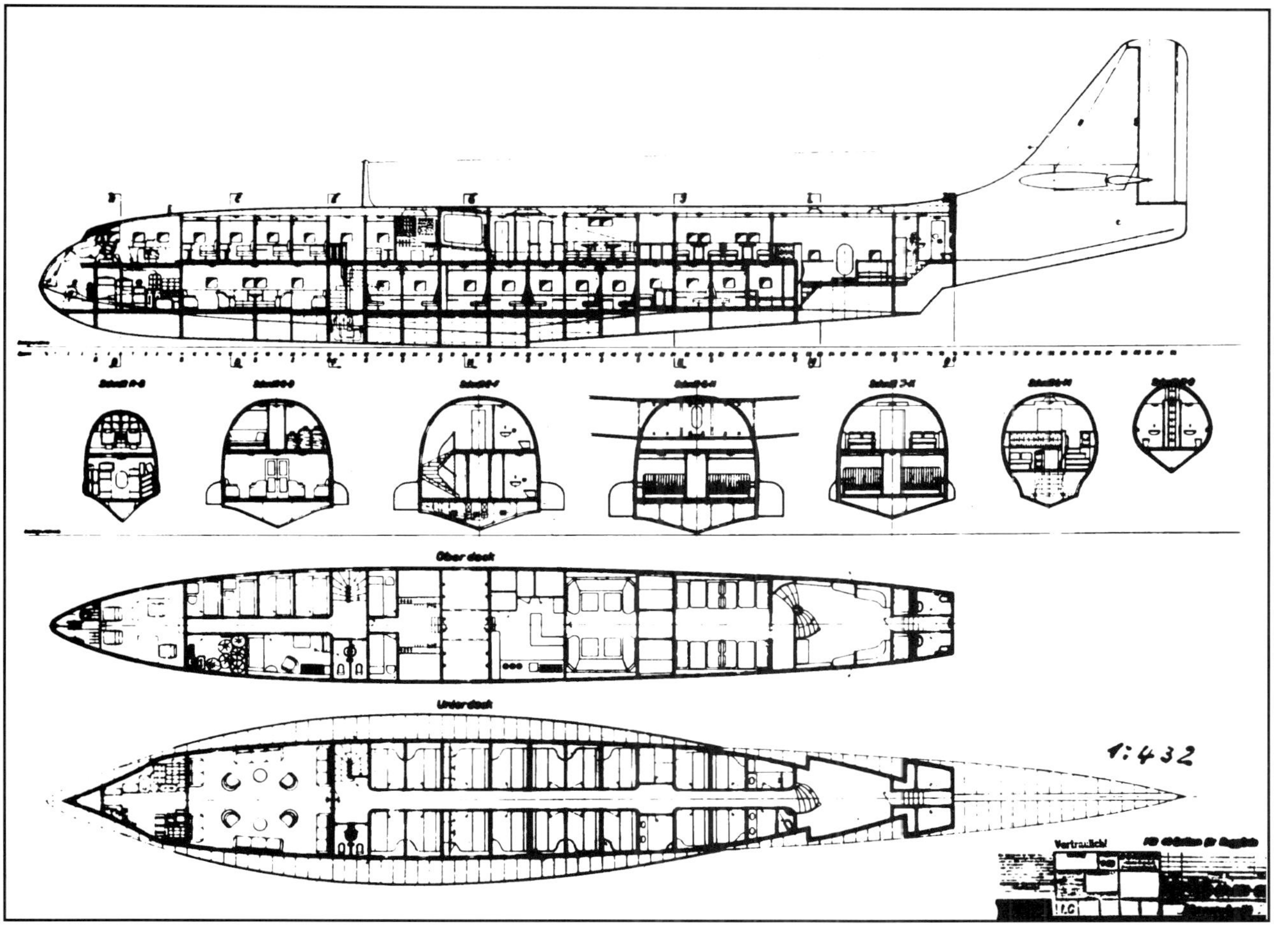

Längsschnitt / Querschnitt / Aufteilung des Ober- und Unterdecks der Zivil-Version der Do 214.

3. als Lastentransporter (Do P 192-03) für den Transport gemischter Lasten mit einem Gesamtgewicht von 31 000kg für eine Flugstrecke von 2250 km bei einer Geschwindigkeit von 390 km/h;
4. als Treibstofftransporter (Do P 192- 06) mit den gleichen Daten wie beim Lastentransporter und
5. als Minenleger (Do P 192-05) zum Transport von Minen bis zu 25000 kg Gewicht, auf einer Flugstrecke von 2400 km und 390 km/h Geschwindigkeit,
6. und als U-Boot-Versorger (Do P 192-04).

Bedingt durch die Kriegslage konnten diese Projektvorschläge nicht mehr verwirklicht werden, und im Jahr 1943 mußten die Arbeiten eingestellt werden. Die bereits gefertigten Spanten wurden verschrottet.

Die Do 214, ein hochseefähiges Flugschiff in Ganzmetallbauweise, war als freitragender Schulterdecker mit organisch aus dem Rumpf herauswachsendem Flügel konstruiert. Im Flügel waren links und rechts des Rumpfes je zwei Tandem-Gondeln eingebaut, in welchen die acht Triebwerke, von innen zugänglich, untergebracht waren. Die seitlich des Rumpfes angeordneten Wülste dienten zur Erhöhung der Stabilität im Wasser. Das Rumpfinnere war durch einen Zwischenboden in Ober- und Unterdeck mit je ca. 2,1 m lichter Höhe unterteilt. Den Festigkeitsberechnungen für das Flugschiff waren die Bau- und Festigkeitsvorschriften des DLA vom Dezember 1936 und eine mit dem Reichsluftfahrtministerium getroffene Sondervereinbarung zu Grunde gelegt. Diese entsprachen bei einem Abfluggewicht von 145 t den Beanspruchungen der Gruppe F 3. Hinsichtlich der Seefestigkeit genügte die Do 214 bei einem Gewicht von 145 t der Seebeanspruchungsgruppe 1.

Der Rumpf der Do 214 war in Schalenbauweise ausgeführt. Die 92 Spanten und Längsverbände bildeten zusammen mit der Beplankung aus Duralplat den statischen Verband des Bootskörpers. Die Spanten und Längsverbände bestanden je nach Beanspruchung aus gezogenen Duralplatprofilen oder aus gepreßten Duralprofilen. Der Bootsboden war zweistufig ausgeführt. Die erste

Technische Daten
(Do 214-Zivilversion Projekt vom 10. Juli 1942)

Besatzung	12 Mann
Fluggäste	40 Personen
Triebwerk	8 DB 613 C-Motoren mit Fernwelle
Startleistung bei 2700 U/min je	4000 PS
Spannweite	60,00 m
Länge	51,60 m
Höhe	14,30 m
Fläche Tragwerk	500 qm
Fluggewicht	145 t
Höchstgeschwindigkeit	490 km/h
größte Höhe des Bootes	6,50 m
größte Breite des Bootes ohne Wülste	5,60 m
größte Breite des Bootes mit Wülste	8,00 m

Stufe war als belüftete Querstufe bei Spant 39 angeordnet, die zweite in einer Schneide auslaufende Stufe befand sich bei Spant 74. Ein Teil der Spanten war als Schottwände ausgebildet, so daß das Boot in wasserdichte Abteilungen unterteilt wurde. Das Boot war durch einen Zwischenboden in Ober- und Unterdeck aufgeteilt, diese wiederum waren durch Querwände in mehrere Räume unterteilt. Der Boden des Unterdecks diente gleichzeitig als Horizontalschott. Die längs des Bootes angebrachten Wülste waren als selbständige Bauteile stumpf am Bootsboden befestigt, so daß sie bei Beschädigungen ausgewechselt werden konnten, ohne daß Eingriffe am Boot selbst nötig wurden. Der in Oberdeck und Unterdeck unterteilte Do 214 Flugbootrumpf zeigte laut der letzten Version aus dem Jahr 1941 folgende Raumaufteilung für die zivile Version auf: Oberdeck - Cockpit, Funk- und Navigationsraum, Aufenthaltsräume für die Besatzung, Post- und Frachtraum, Toilettenräume, Maschinenzentrale mit Durchstieg zu den Motorgondeln, elektrische Küche und Anrichte, Speiseräume für die Fluggäste und eine Halle mit Treppenabgang zum Unterdeck mit Bugraum, Gesellschaftsraum, Kabinen für 40 Fluggäste, Toilettenräume und eine Halle mit Treppenaufgang zum Oberdeck.
Das ganze Flugschiff sollte schall- und wärmeisoliert und mit Frisch- und Warmluft-Belüftung versehen werden.
Die Raumaufteilung der Do 214-Militär richtete sich nach den verschiedenen Einsatzzwecken. Bei einigen Varianten war das Rumpfvorderteil bis Spant 4 seitlich wegklappbar projektiert, so daß das Beladen des Unterdecks mit LKW, Zugmaschinen und Motorrädern auf eigener Achse geschehen konnte. Für diese Öffnung war eine lichte Breite von 2,40 m und eine lichte Höhe von 2,00 m geplant, ebenso für die Durchgänge durch die Querwände im Unterdeck. Für das Einbringen kleiner Lasten war im hinteren Laderaum über dem Wulst eine Ladeluke mit einem Lichtmaß von 1,5x 1,2 m vorgesehen. Das Oberdeck war bei allen Einsatzfällen für die Aufnahme von Offizieren und Mannschaften bestimmt. Das freitragende Tragwerk hatte trapezförmigen Grundriß und bestand aus drei Teilen: dem mit dem Boot fest verbundenen Mittelstück und den beiden

Do 214 Militär-version

abnehmbaren Flügelenden von je etwa 5,5 m Länge. An den Flügelenden waren abnehmbare Endschwimmer mit einem Luftraum von ca. 1000 Liter vorgesehen. Das Flügelmittelstück wurde von oben in das Boot eingesetzt.
Der statische Verband des Tragwerks bestand aus Kastenholm, Querriegeln und Duralplatbehäutung. Im Bereich der Motorgondeln war der Flügel begehbar ausgeführt. Der Kastenholm war als Laufgang ausgebildet, mit Durchstiegen zu den Motorengondeln. Als Flügelprofil wurde NACA 230 gewählt, mit nach der Holmhöhe veränderter Dicke. Die Do 214 war mit einem einkieligen Seiten-Leitwerk in Ganzmetallbauweise projektiert. Der über der Höhenflosse befindliche Teil des Seitenleitwerks war abnehmbar zum Einsetzen des durchgehenden Höhenleitwerks. Die freitragende Höhenflosse war V- förmig. Die beiden Höhenruderhälften waren untereinander verbunden. Hilfsruder waren am Quer-, Höhen- und Seitenruder vorgesehen. Die Landeklappen waren als Spreizklappen (ohne Ausgleich) ausgebildet. Die mit Hilfsruder ausgestatteten Querruder waren als Spaltruder im Flügelprofil angeordnet. Jedes Querruder bestand aus drei torsionssteif verbundenen Teilen, wogegen beim rechten und linken Querruder keine Verbindungen untereinander vorgesehen waren.
Die Querrudernasen sollten eine elektrische Enteisungsanlage, die Seitenflossennase und Höhenflossennase eine Warmluftheizung mit einem Kärcher-Gerät erhalten.
Die Steuerung des Flugschiffs war als elektrische Fernsteuerung geplant. Die Betätigung der elektrischen Geber erfolgte durch die als Doppelsteuerung in üblicher Form angeordneten Handräder und Fußpedale. Für den Fall des Versagens der elektrischen Steuerung war im Cockpit eine Hand-Notsteuerung eingebaut, die sich in diesem Fall selbsttätig einschaltete. Die Fernsteuerung war gleichzeitig als staudruck- und beschleunigungsempfindliche Sicherheitssteuerung für das Höhenruder ausgebildet. Für die Steuerung des Flugschiffs war außerdem eineVollautomatik vorgesehen, die auf die gleichen Rudermaschinen wirkte.
Die Steuerung der Querruder sollte direkt erfolgen, für jede Ruderhälfte waren drei Rudermaschinen vorgesehen, die auf eine Stoßstange arbeiten würden, von der aus je eine Stoßstange zu den drei Ruderteilen führte. Die Hilfsruder waren mechanisch mit dem Hauptruder gekoppelt. Die Verstellung von Querruder und Landeklappe als Start- bzw. Landehilfe sollte gemeinsam erfolgen. Höhen- und Seitensteuerung waren als Hilfsrudersteuerung ausgebildet. Die Rudermaschinen für Querruder, Höhen- und Seitensteuerung, die während des Fluges zugänglich waren, sollten bei Ausfall von je einer Rudermaschine ein Weitersteuern mit den restlichen Maschinen ermöglichen.
Die Triebwerke waren in 4 Tandemgondeln links und rechts des Rumpfes im Flügel eingebaut. Die hinteren Triebwerke konnten für Start und Landung nach oben geschwenkt werden. Die Einzelmotoren hatten getrennten Schmierstoff- und Kühlstoff-Kreislauf, so daß bei Ausfall eines Einzelmotors die Luftschraube durch den anderen Motor weiter angetrieben wurde. Die Motorgondeln waren gegen den Flügel abgeschottet. Die gesamte Triebwerküberwachung und Fein-Einstellung der Motoren erfolgte in der Maschi-

Besatzung Do 214

zivil – 12 Mann	milit. – 15 Mann
1 Kommandant	1 Kommandant
1 Pilot	1 Pilot
1 Copilot	1 Copilot
2 Funker	1 Funker
1 Maschinen-Ing.	1 Funker-Schütze
3 Bordwarte	2 Maschinisten
2 Stewards	8 Schützen
1 Koch	

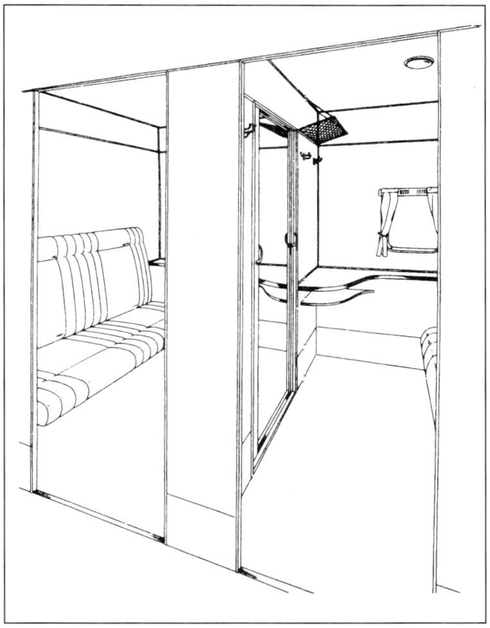

Die Do 214 sollte für den Transatlantikverkehr mit Passagier-Schlafkabinen im Unterdeck für 40 Personen ausgerüstet werden. Diese konnten für den Flug am Tag in Reisekabinen verändert werden.

Der Gesellschaftsraum im Unterdeck des Flugschiffs Do 214 war äußerst großzügig projektiert und sollte luxuriös wie auf einem Ozeandampfer ausgestattet werden.

Eine Halle mit Treppenaufgängen sollten das Ober- und Unterdeck miteinander verbinden.

nenzentrale durch die Bordwarte. Für die Do 214 waren anfangs DB 606 oder Jumo 218-Triebwerke geplant, bei den späteren Projekten ging man auf die Motoren DB 613 A (3500 PS Startleistung) und DB 613 B (4000 PS Startleistung) beziehungsweise DB 613 C (4000 PS Startleistung) über.
Als Luftschrauben fanden 8 vierflügelige VDM-Verstellschrauben mit einem Durchmesser von 5,0 m für die Zug- beziehungsweise 4,6 m für die Druckschrauben Verwendung. Die Luftschrauben wurden über Fernwellen angetrieben. Enteisungsanlage sollte eingebaut werden. Für die Aufnahme des Kraftstoffs sollte das Bootsunterteil zwischen den Spanten 20 bis 23 und 26 bis 45 benzindicht genietet werden. Durch Einziehen von weiteren Querschotten und zwei Längsschotten wurden 21 Kraftstoffbehälter mit einem Gesamt-Rauminhalt von 68500 Liter und einem Gesamt-Nutzinhalt von 66000 Liter geschaffen. Jeder Kraftstoffraum war durch ein Mannloch zugänglich. Die vor und hinter den Kraftstoffbehältern befindlichen Räume zwischen Spant 17 bis 20 und 45 bis 48 sowie der Raum zwischen Spant 23 bis 26 sollten als Reserveschotte dichtgenietet werden, um Überfluten des Unterwasserschiffes bei Bruch der Kraftstoff-Endschotten zu vermeiden. Die Kraftstoffanlage war so ausgeführt, daß die Entnahme gleichzeitig aus allen Bootsbehältern erfolgte. Nach Bedarf konnte jedoch jeder einzelne Behälter abgeschaltet werden. Das Auftanken des Kraftstoffs erfolgte vom rechten Wulst aus. In den beiden Flügelhälften war je ein Kraftstoffentnahmebehälter mit etwa 750 Liter Nutzraum gelagert, von denen aus die Mo-

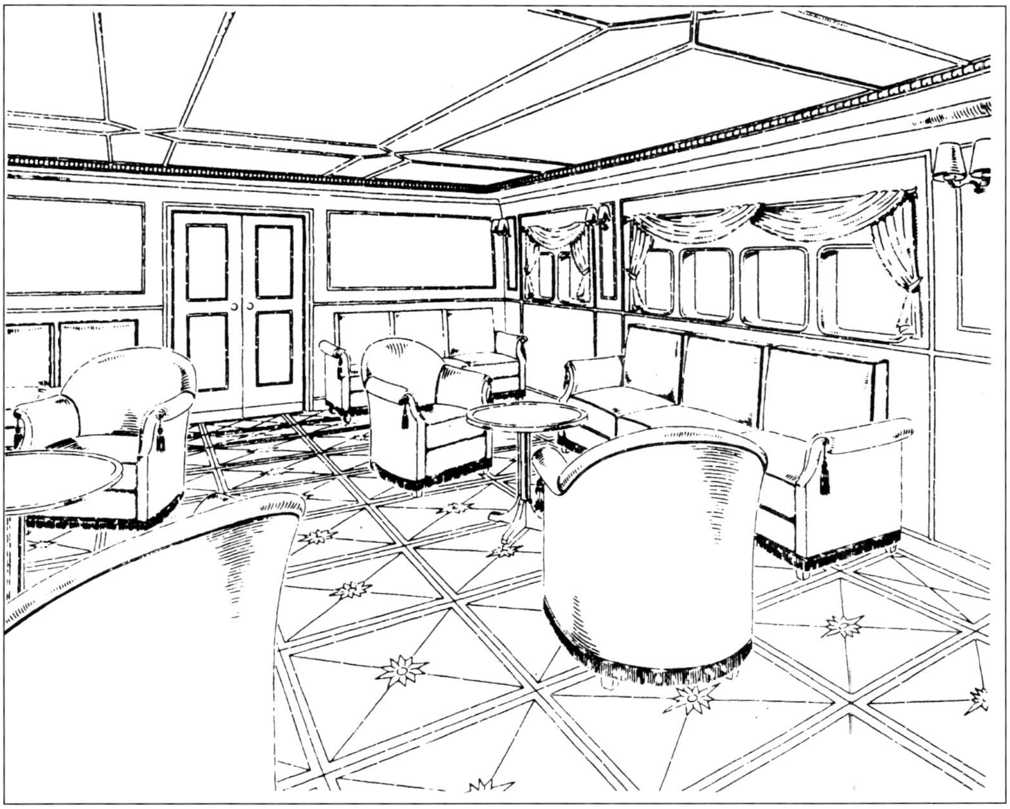

Die Halle war in architektonisch sehr ansprechendem Stil entworfen (Blick in den unteren Teil der Verbindungshalle).

toren versorgt werden sollten. Das Nachfüllen der Entnahmebehälter von den Bootsbehältern sollte automatisch durch eingebaute Füllhöhenbegrenzer geregelt werden. Die Schmierung der Motoren erfolgte für jeden Einzelmotor in einem gesonderten Öl-Kreislauf. Die Schmierstoffanlage war in den beiden Flügelteilen eingebaut. Die Schmierstoffkühler für Motor und Getriebe der Zugmotoren waren an den Stirnseiten der vorderen Motorgondeln angeordnet; für die Druckmotoren befanden sich die Schmierstoffkühler an der Flügelunterseite zwischen den hinteren Motorgondeln. Die beiden Flügel-Vorratsbehälter faßten je 930 Liter Schmierstoff.
Die DB 613-Motoren waren mit Wasserkühlung ausgestattet. Die Wasserkühler waren, wie die Ölkühler, für die Zugmotoren an den Stirnseiten der vorderen Gondeln, für die Druckmotoren an der Flügelunterseite zwischen den hinteren Gondeln angeordnet. Das eingebaute Heizungssystem gestattete außerdem die Belüftung mit Frischluft. Sämtliche Räume waren mit Warmluftheizung versehen.
Für die Warmluftheizung waren Kärcher-Geräte angeordnet. Wie erwähnt, mußten 1943 die Arbeiten auf Weisung des Reichs-

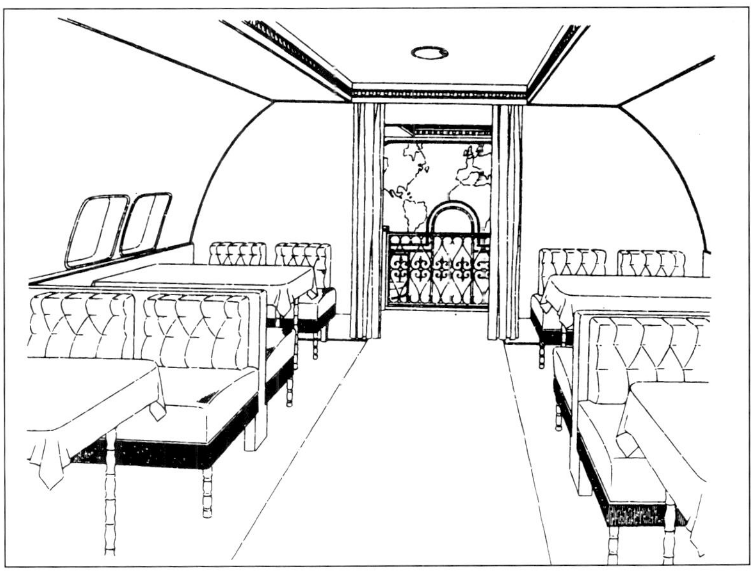

Der Speisesaal der Do 214 im Oberdeck sollte über 40 Fluggäste gleichzeitig aufnehmen können. Eine Küche mit Elektroinstallation und eine separate Anrichte waren geplant.

luftfahrtministeriums infolge der ungünstigen Kriegslage eingestellt werden. Dies war das Ende des Flugschiffes Do 214, für das als ideales Triebwerk bei Junkers und BMW Propeller-Turbinen in Entwicklung standen. Diese Ausführung der Do 214 wäre prädestiniert gewesen, einen neuen Höhepunkt der erfolgreichen Flugboot-Flugschiff-Baureihe bei Dornier zu bilden.

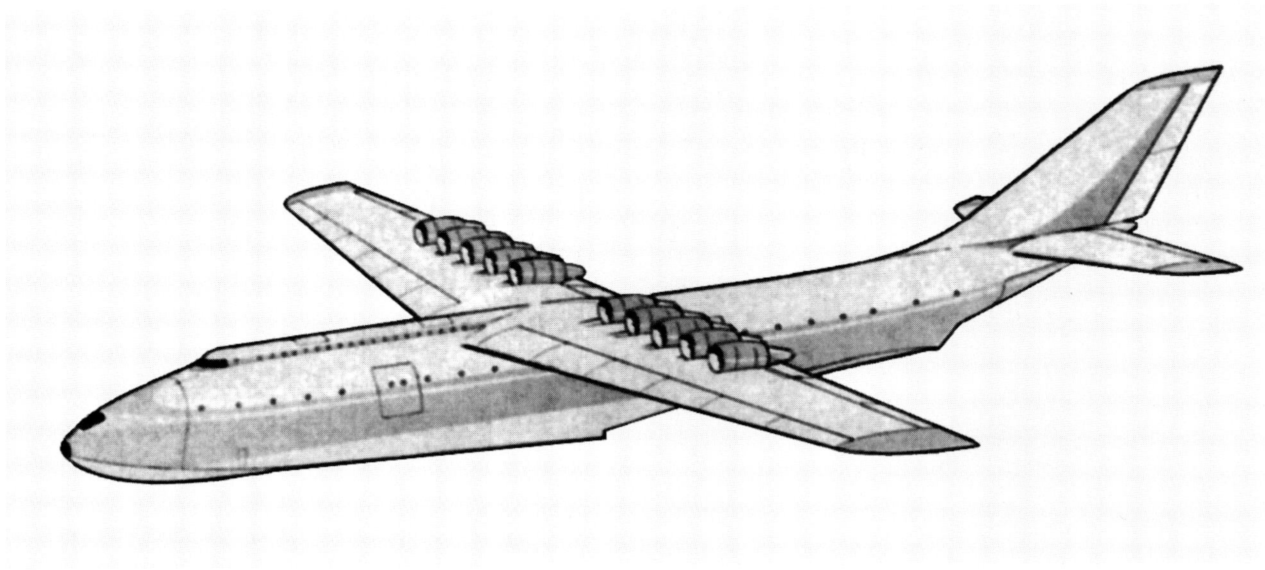

Ein 1000 t-Flugschiff für den Frachtverkehr wäre – nach einem Vorschlag von C. Dornier jr. – eine weit in die Zukunft reichende gemeinsame Aufgabe der europäischen Luftfahrtindustrie

DAS LETZTE FLUGSCHIFF-PROJEKT VON DORNIER – DER 1000-TONNER

Claude Dornier hatte fest daran geglaubt, daß die Ozeane nur mit großen Flugbooten für den Flugverkehr erschlossen werden könnten. Aber die Entwicklung verlief anders. Die Landflugzeuge wurden immer leistungsfähiger und übertrafen schon Ende der dreißiger Jahre die Flugboote. Auch die Zuverlässigkeit der Motoren wurde besser, so daß man nicht mehr mit Notlandungen auf See rechnen mußte. Und im Gegensatz zur Pionierzeit, als die Flugboote noch den Vorteil hatten, fast jede Wasserfläche für Start und Landung nutzen zu können, gab es später immer mehr Flugplätze für Landflugzeuge. Die Flugboote wurden auf einige wenige Spezialaufgaben zurückgedrängt, auf die Waldbrandbekämpfung und Seenotrettung.

Ganz ging die Idee, große Flugboote zu entwickeln, aber nie unter. Claudius Dornier jr., der älteste Sohn von Prof. Claude Dornier, schlug in einem Vortrag, den er Ende 1974 in Paris hielt, die europäische Entwicklung eines Riesen-Flugschiffes mit 1000 Tonnen Fluggewicht für den weltweiten Luftfrachttransport vor. Mit einem solchen Giganten könnten die Frachtraten deutlich gesenkt werden, weil mit wachsender Größe eines Flugzeugs die Betriebskosten sinken und die Produktivität ansteigt. Auf den Flughäfen könnten Frachter dieser Größe aber kaum noch abgefertigt werden, also bietet sich, wie Claudius Dornier damals argumentierte, das Flugschiff an, weil es in großen Seehäfen mit ihren leistungsfähigen Container-Terminals problemlos operieren könne.

Die Spannweite und Länge des 1000-Tonners (für den es noch keine Typenbezeichnung gab) sollte bei rund 100 m liegen. Ähnlich wie die Do 214 waren zur Stabilisierung auf dem Wasser zwei seitliche Wülste vorgesehen. Zehn große Fantriebwerke, über dem Flügel angeordnet ähnlich wie bei der Do X, sollten diesem Riesenfrachter eine Reisegeschwindigkeit von 820 km/h in rund 9000 m Höhe ermöglichen. Bei Start und Landung hätten die Abgasstrahlen über der Hinterkante des Flügels zur Steigerung des Auftriebs den Coanda-Effekt nutzen können.

Der Frachtraum mit 60 m Länge, 10 m Breite und 6 m Höhe sollte mehr als 50 Container (Querschnitt 8 x 8 ft, Länge 20 ft) aufneh-

Technische Daten

Spannweite	108 m
Länge	105,5 m
Höhe	24,4 m
Flügelfläche	1.300 m²
Frachtraum	
Länge	62 m
Breite	8 m
Höhe	5,7 m
Volumen	2.812 m³
Startgewicht	1.000 t
max. Nutzlast	400 t
Startstrecke	2.860 m
Landestrecke	1.850 m
Reisegeschwindigkeit	807 km/h
Reichweite mit 400 t Nutzlast	6500 km

men können. Auf eine Druckbelüftung dieses Laderaums sollte aus Kostengründen verzichtet werden. Für die Besatzung und druckempfindliche Ladung war ein Oberdeck mit Druckkabine vorgesehen, das allein schon dem Kabinenvolumen einer Boeing 727 entsprach. Zur Be- und Entladung waren ein großer Klappbug, eine Heckklappe und zusätzliche seitliche Ladetore vorgesehen. Der 1000-Tonner hätte 320 Tonnen Fracht über 7000 km oder 200 Tonnen über 10 000 km befördern können. Mit diesem Spezial-Flugschiff wären Betriebskosten möglich gewesen, die noch um ein Drittel unter denen des Boeing 747 Jumbo-Jet gelegen hätten. Das Bundesforschungsministerium hatte 1978 die Studienarbeiten für ein solches Riesen-Flugschiff gefördert, aber für die Finanzierung eines Entwicklungsprogramms dieser Größenordnung fehlten die Mittel.

Deshalb schlug Claudius Dornier jr. Ende 1982 der NATO die Entwicklung einer militärischen Variante vor. Ein großes Transport-Flugschiff hätte, so argumentierte er, große Vorteile bei der Krisenbewältigung. Denn der Einsatz alliierter Truppen bei regionalen Konflikten erfordert zur schnellen Verlegung von Truppen und Material enorme Transportkapazitäten. Für Landflugzeuge müßten aber Genehmigungen zur Benutzung von Flugplätzen eingeholt werden, während ein Flugschiff ungehindert in internationalen Gewässern landen könnte, um dann an Stränden die Ladung abzusetzen. Auch dieses Projekt wurde nicht weiterverfolgt.

Diese beiden Vorschläge für riesige Transport-Flugschiffe waren die vorläufig letzten Nachfahren der Do X. Auch heute ist nicht absehbar, ob Flugboote jemals wieder eine größere Rolle im zivilen oder militärischen Lufttransport spielen werden.

Dr. Claudius Dornier jr. mit dem Modell des Amphibiums »Seastar«.

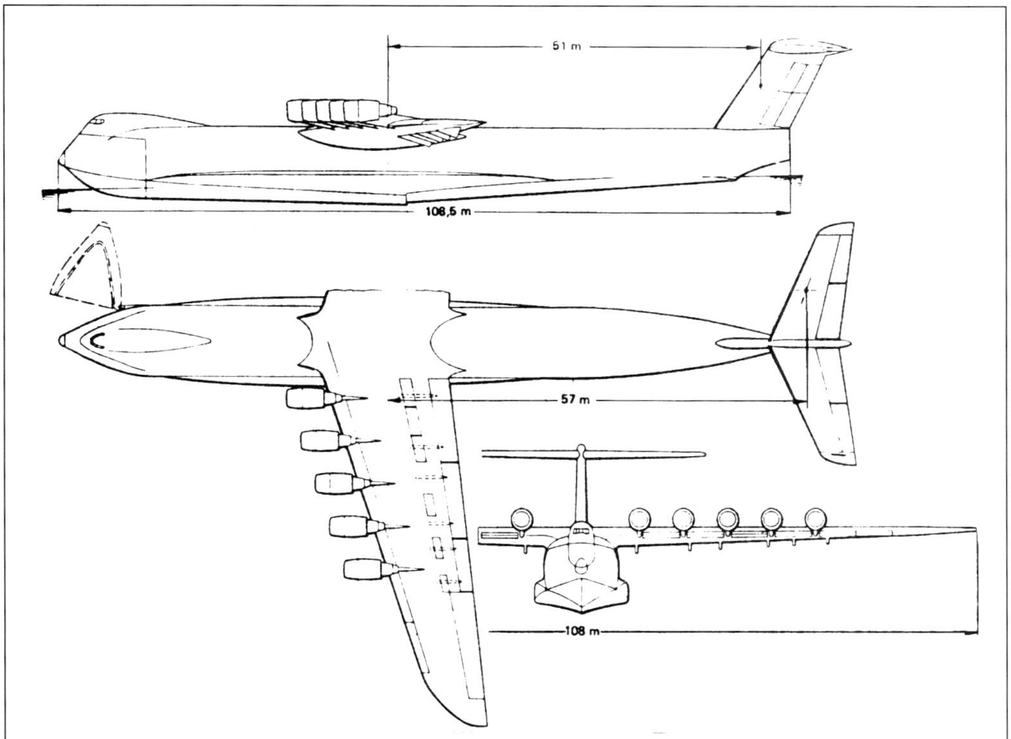

Dreiseitenansicht einer möglichen Auslegung eines 1000 t-Flugschiffes für 350 bis 400 t Fracht.

ANHANG

DIE BEDEUTUNG DES FLUGSCHIFFES FÜR DEN ZUKÜNFTIGEN TRANSPORT VON PERSONEN ÜBER SEE

(von Dr. h. c. Claudius Dornier)

Vielen wird es klar sein, daß Flugzeuge, welche den Ozean überqueren sollen, »Seeflugzeuge« sein müssen, d. h. Fahrzeuge, die mit einem Boot oder mit Schwimmern versehen sind, damit sie vom Wasser starten und sich wieder auf das Wasser niederlassen können. Diese Ansicht, die ich selbst unbedingt vertrete, ist jedoch heute noch nicht Gemeingut aller, an der Entwicklung des Überseeluftverkehrs Interessierten. Es gibt immer noch viele Leute, welche glauben, das zukünftige »Ozeanflugzeug« würde ein mit Rädern versehenes Flugzeug, ein sogenanntes Landflugzeug sein. Man läßt sich hierbei von dem Gedanken leiten, daß ein Landflugzeug infolge seines im allgemeinen relativ geringeren Gewichtes immer einen etwas größeren Aktionsradius hat, als das entsprechende Seeflugzeug. Der zu einer Ozeanüberquerung mit genügender Nutzlast und Sicherheit erforderliche Aktionsradius ist aber heute, auch bei Landflugzeugen, noch lange nicht vorhanden. Der derzeitige Aktionsbereich aller Flugzeuge, auch der Landflugzeuge, ist, wie schon erwähnt, noch zu gering, um Wirtschaftlichkeit auf großen Überseestrecken zu gewährleisten.
Wir fragen uns, welche Möglichkeiten gegeben sind, um den Aktionsradius beziehungsweise die Leistung der großen Flugboote zu steigern. Die hauptsächlichsten Maßnahmen hierfür sind: Verringerung des Baugewichtes, aerodynamische Verfeinerung, Verringerung des spezifischen Betriebsmittelverbrauches, Erhöhung der Startleistung das heißt des abzuhebenden Gewichtes. Eine wesentliche Herabsetzung des Rüstgewichtes ohne Verringerung der Bausicherheit erscheint sehr schwierig, solange man mit den derzeitigen Baustoffen arbeiten muß. Durch Verwendung von trapez- oder dreieckförmigen Flügelumrissen, Unterbringung von Lasten im Flügel, sowie weitere Verfeinerung der statischen Ausbildung des Flügels, sind Möglichkeiten vorhanden, bei annähernd gleichen Gewichten das Seitenverhältnis und die tragende Fläche zu erhöhen. Weitere Einsparungen am Gewichte des Flügels und des Leitwerks lassen sich erzielen durch Verwendung von Profilen mit sehr geringer Druckpunktwanderung. Einsparungen am Gewichte der Bootskörper erscheinen möglich, falls es gelingt, die Betriebsmittel in einer Art Doppelboden unterzubringen, da hierdurch eine erhebliche Verringerung der Beanspruchung der Bootsverbände bei Start und Landung erreicht würde, außerdem durch Verringerung der Landegeschwindigkeit durch Klappen, geteilte Flügel und dergleichen.
Der praktisch heute vorhandene spezifische Betriebsmittelverbrauch liegt zwischen 230 und 250 g/PS/h. Mit Dieselmotoren sind in neuester Zeit Verbräuche von 160 bis 180 g/PS/h erzielt worden. Es erscheint möglich, in nicht zu ferner Zeit durch Verwendung von Schwerölmotoren Verbesserungen der Flugleistungen zu erzielen. Man wird aber vorläufig den geringeren Betriebsmittelverbrauch durch ein höheres Triebwerksgewicht erkaufen müssen, so daß ein Gewinn erst auf Strecken, welche mindestens 6 bis 10 Stunden Flugzeit überschreiten, erzielt werden wird.
Aerodynamische Verfeinerung ist möglich durch Wahl noch besserer und möglichst druckpunktfester Profile, Verbesserung des Seitenverhältnisses, Fernantrieb, Abbau der Kühlwiderstände, Verringerung der Schraubenkreisbelastungen, Einbau eines »Freilaufes« zwischen Propeller und Nabe, um bei abnehmendem Fluggewichte Motoren abschalten zu können ohne erhöhten Leistungsverlust durch stillstehende oder den Motor mitdrehende Propeller und Verbesserungen des Bootsbeiwertes. Nehmen wir an,

daß im »Idealfalle« eine Verringerung des Rüstgewichtes um 20 Prozent möglich wäre. Gehen wir ferner davon aus, daß der Betriebsmittelverbrauch pro PS/Std., der heute etwa 250 g beträgt, auf 175 g zu senken wäre. Führen wir in unsere Betrachtungen ferner noch die aerodynamische Verfeinerung in der Weise ein, daß wir eine Steigerung der Geschwindigkeit von 20 Prozent annehmen, so kommt man, unter Annahme einer ohne Zwischenlandung durchzufliegenden Strecke von 4000 km zu dem Ergebnis, daß die zahlende Last des Flugbootes Wal 175 kg betragen würde gegenüber 3660 kg beim Flugschiffe. Der Verbrauch an Betriebsmitteln bezogen auf je 100 kg Nutzlast würde beim Wal 1600 kg betragen, beim Flugschiffe nur 490 kg.

Diese Vergleichswerte zeigen besonders anschaulich, daß nur von der Vergrößerung der Abmessungen die Erreichung wirtschaftlicher Bedingungen im Fernverkehr über See erhofft werden kann. Während unter den gemachten Voraussetzungen der Besatzungsanteil an 100 kg Nutzlast beim Wal 230 kg beträgt, ist er beim Flugschiffe auf 33 kg gesunken. Beim Wal wären für die Beförderung von 100 kg Nutzlast 630 PS notwendig, beim Flugschiffe nur 180 PS. Die Anschaffungskosten von Zelle zuzüglich Motoren betragen beim Flugschiffe die Hälfte des für den Wal nötigen Betrages.

Diese Zahlenwerte sind nicht absolute Größen, aber ihr Verhältnis zueinander steht im wesentlichen fest.

Man hat in den letzten Jahren oft in Frage gestellt, ob sich die Aufwendungen an Geld und Arbeit, welche für die Entwicklung des Flugschiffes gemacht werden, rechtfertigen lassen. Man hat insbesondere immer wieder darauf hingewiesen, daß das Flugschiff der Zeit und den Bedürfnissen vorauseile.

Das Luftmeer über dem Lande ist im letzten Jahrzehnt durch das Flugzeug erobert worden. Der viel größere Luftraum über den Meeren ist heute noch von Luftfahrzeugen schwerer als Luft, unbesiegt. Er kann, soweit nicht Fahrzeuge leichter als Luft in Frage kommen, wirtschaftlich nur erschlossen werden durch das Flugschiff. In dieser Tatsache liegt auch die Rechtfertigung für bisherige und zukünftige Anstrengungen, Flugschiffe zu gestalten und zu entwickeln.

Verkehrsmäßig haben die mit großer Bravour durchgeführten Überquerungen des Ozeans mit Landflugzeugen nichts zu bedeuten, denn bei allen diesen Versuchen sind die Maschinen stets so überlastet worden, daß sie auch nicht annähernd den Anforderungen an Bau- und Betriebssicherheit entsprechen, welche man im Interesse einer geregelten Durchführung des Verkehrs stellen muß. Eine einseitige, weitere Steigerung des Aktionsradius der Landflugzeuge gegenüber dem Seeflugzeug ist nicht anzunehmen. Die Spitzengeschwindigkeit der Seeflugzeuge liegt sogar heute über derjenigen der Landflugzeuge.

Jede neue aerodynamische oder statische Verbesserung und jeder Fortschritt im Bau der Motoren kommt dem Seeflugzeuge genauso zugute wie dem Landflugzeug.

Die Verfechter des Landflugzeuges als Typus des endgültigen Ozeanflugzeuges führen des weiteren an, daß es hochseefähige Flugzeuge doch nicht gäbe, so daß es besser sei, mit dem Gedanken einer Seelandung sich gar nicht abzugeben. Dem muß man entgegenhalten, daß eine Reihe von Seeflugzeugen bewiesen hat, daß Landung und vieltagelanges Treiben in hoher See möglich sind. Leider ist auch leicht nachzuweisen, daß unvorhergesehene Landungen niemals ganz zu vermeiden sein werden. Was aber dann mit dem Landflugzeuge? Wohl ist es vorgekommen, daß havarierte Landflugzeuge tagelang, getragen von ihren leeren Betriebsmittelbehältern oder Luftsäcken, auf dem Meer herumtrieben und schließlich gerettet wurden; die Lage der Besatzung an Bord eines derartigen Flugzeuges kann aber mit derjenigen der Besatzung eines gut gebauten Seeflugzeuges nicht verglichen werden. Nach meiner Ansicht wird sich auf die Dauer jegliches Bestreben, Ozeane mit Landflugzeugen zu überqueren, als abwegig erweisen.

Die Ozeane gehören dem Seeflugzeuge

Wie wird das Seeflugzeug für große Fahrt aussehen? Auch hier ist immer noch eine große Verschiedenheit der Ansichten festzustellen. Zwar hat der Bootsgedanke, den ich stets vertreten habe, in den letzten Jahren erhebliche Fortschritte gemacht, aber trotzdem gibt es noch eine große Anzahl von Anhängern der Zweischwimmer-Flugzeuge und des sogenannten Doppelbootes, das letzten Endes auch nichts anderes ist, als ein mit zwei Schwimmern versehenes Flugzeug. Die Verfechter des Zweischwimmer-Systems bzw. des Doppelbootes begründen ihre Vorliebe für diese Anordnung mit der großen Querstabilität, welche hierbei auf dem Wasser erreicht werden kann. Die Erfahrung hat

aber gelehrt, daß man Flugboote mit einem zentralen Bootskörper bauen kann, welche in allen, im normalen Betriebe von Seeflugzeugen auftretenden Fällen ausreichende Stabilitätseigenschaften haben. Die Stabilität über einen gewissen Wert hinaus zu steigern, ist aber nicht nötig, sondern im Gegenteil unerwünscht. Zwei Schwimmer und ein Rumpf, oder zwei Boote, werden immer schwerer als ein Boot und haben stets mehr Widerstand. Außerdem ist ihre Herstellung teurer.
Der statische Vorteil der Lastverteilung auf eine größere Breite der Spannweite, welchen das Doppelboot bei flüchtiger Betrachtung erwarten läßt, tritt in Wirklichkeit nicht ein, weil die im Falle der Landung bzw. des Startes auftretenden erhöhten Beanspruchungen ihn mehr als ausgleichen.
»Das Seeflugzeug für große Fahrt wird ein Flugzeug mit zentralem Boote, ein sogenanntes Flugboot sein.«
Maßgebend für die Wahl der in Frage kommenden Flugzeuge werden die Wirtschaftlichkeit und die Sicherheit sein.

Wirtschaftlichkeit

Die Besatzung eines Fahrzeuges, welches sich Tausende von Kilometern auf See hinauswagen soll und 20 und mehr Stunden in der Luft bleibt, wird sich stets aus mindestens 6 Köpfen zusammensetzen: 2 Führern, 2 Mann für Funkdienst und Navigation und 2 Monteuren. Dies ist das absolute Minimum. Daß dieser Aufwand an Personal nicht gemacht werden kann, um 2 oder 3 Fluggäste zu befördern, liegt klar auf der Hand. Erhöht man die Passagierzahl auf das Zehnfache, so wird sich die Besatzung kaum verdoppeln. Die Kosten der Besatzung pro Passagier werden also etwa $^1/_5$ betragen.
Gleiche Betrachtungen lassen sich anstellen in Bezug auf Betriebsmittelverbrauch und Amortisation des fliegenden Gerätes. Stets ergibt sich, daß Wirtschaftlichkeit nur möglich ist, wenn die Kosten auf eine größere Anzahl von Passagieren umgelegt werden können. Die erforderliche Mindestzahl von Passagieren, nämlich etwa 20 bis 30, ergibt aber, sobald die Flugdauer 10 und mehr Stunden übersteigt, beinahe zwangsläufig die Dimensionen der heutigen Flugschiffe, wenn für die Fluggäste der nötige Komfort und die erforderlichen Sicherheitseinrichtungen vorhanden sein sollen.
Das Vorhandensein dieses Komforts und der nötigen Sicherheitsvorkehrungen ist aber die Vorbedingung für die Erzielung einer vernünftigen Frequenz.
Eine gute Frequenz ist aber wiederum die Voraussetzung jeglichen wirtschaftlichen Verkehrs, woraus wir folgern, daß Lufttransporte von Personen über weite Seestrecken nur durch Verwendung von Flugschiffen erreichbar sein werden.

Sicherheit

Die Sicherheit auf See erfordert Reservedeplacement, Freibord, Schutz für die Propeller, Schutz des Leitwerks, einwandfreien Nachrichtendienst, Platz für bequeme Durchführung der Navigation, genügende Unterkunftsräume für den nicht Wache habenden Teil der Besatzung, Möglichkeit der Mitnahme und des bequemen Aussetzens von Rettungsbooten. Die Sicherheit in der Luft erfordert weitestgehende Wartbarkeit aller Teile, d. h. unter anderem Begehbarkeit von Flügel und Boot an allen wichtigen Stellen, Lagerung der Betriebsmittel in großem Abstand von den Motoren. Aus diesen Forderungen ergeben sich wiederum zwangsläufig Abmessungen, wie sie heute in der Do X verkörpert sind. Man kann sich eben nicht mit einer Nußschale auf den Ozean hinauswagen. Die beiden Bilder, Abb. 1 und 2 zeigen das Flugschiff »Umberto Maddalena« sowie das Flugboot Wal D 2069 in gleichem Seegange langsam rollend. Versetzen wir uns im Geiste gleicherweise an Bord der beiden Fahrzeuge. Beim Wal hören wir als Passagiere die Wellen gegen die Bordwände donnern, leichte Brecher kommen dann und wann über Deck und klatschen gegen die Bullaugen. Die Besatzung ist schon nach kurzer Zeit durchnäßt. Das Schaukeln des Bootes hat schon einige der Fluggäste erbleichen lassen. Auf dem Flugschiff ist man sozusagen »distanziert« vom Seegange. Man erblickt wohl niedliche kleine Wellen, die manchmal an den Stummeln lecken, das ist alles. Ich übertreibe nicht, wenn ich sage, daß psychologisch der Seegang für die an Bord des Flugschiffes sich Befindlichen auf die Hälfte zusammenschrumpft. So wichtig dieses Gefühl der Sicherheit, das nur die Vergrößerung geben kann, ist, noch viel wichtiger ist natürlich die effektive Erhöhung der Sicherheit, welche im Gefolge der Vergrößerung erreicht wird.

Liste der Starts und Flüge der Do X1 (D-1929) vom 12. Juli 1929 bis 14. November 1932.

Starts und Flüge des Dornier-Flugschiffs Do X 1 D-1929
1. Erprobung am Bodensee mit Jupiter-Motoren

	Tag	Strecke	km	Stdn.	km/Stde.	kg
1.	12.7.1929	Start			150	35360
2.		Start				
3.		Start				
4.	15.7.	Flug	6	0.02.25		35172
5.		Flug	8	0.03.12		
6.		Flug	22.5	0.09		
7.	16.7.	Start				
8.	17.7.	Flug	52.5	0.21		
9.		Flug	47.5	0.19		34629
10.		Flug	17.5	0.07		35545
11.		Flug	30	0.12		
12.	23.7.	Flug	55	0.22		41049
13.		Start				45000
14.		Start				
15.		Flug	70	0.28		40435
16.	24.7.	Flug	12.5	0.05		45103
17.		Flug	57.5	0.23		
18.	25.7	Flug	12.5	0.05		48842
19.		Flug	22.5	0.09		
20.		Flug	27.5	0.11		
21.	26.7.	Start				48000
22.		Flug	30	0.12		
23.		Flug	6	0.02.30		
24.	5.8.	Flug	35	0.14		37800
25.	6.8.	Flug	270	1.48		40400
26.		Flug				
27.		Flug				
28.	7. 8.	Flug	22.5	0.09		37000
29.	7.8.	Flug	15	0.06	150	
30.	8.8.	Flug	65	0.26		36500
31.	20.8.	Flug	190	1.16		
32.	21.8.	Flug	130	0.52		40000
33.	22.8.	Flug	117.5	0.47		40000
34.		Flug	132.5	0.53		
35.	23.8.	Start				48700
36.		Start				
37.		Flug	35	0.14		
38.		Flug	87.5	0.35		42700
39.		Flug	67.5	0.27		
40.	28.8.	Flug	77.6	0.31		40380
41.	29.8.	Flug	62.5	0.25		40100
42.	30.8.	Flug	100	0.40		45000
43.	4.9.	Flug	30	0.12		35536
44.		Flug	35	0.14		
45.		Flug	27.5	0.11		
46.	13.9.	Flug	67.5	0.27		36000
47.		Flug	75	0.30		38000
48.		Flug	30	0.12		
49.		Flug	50	0.20		
50.	19.9.	Flug	105	0.42		35500
51.		Flug	45	0.18		

	Tag	Strecke	km	Stdn.	km/Stde.	kg
52.	23.9.1929	Flug	125	0.50		
53.	30.9.	Flug	90	0.36		36360
54.		Start				
55.		Flug	92.5	0.37		38229
56.	1.10.	Flug	75	0.30		37154
57.		Flug	22.5	0.09		
58.		Flug	30	0.12		
59.	7.10.	Flug	92.5	0.37		36780
60.		Flug	80	0.32		34624
61.	14.10.	Flug	125	0.50		37394
62.		Start				49377
63.		Start				
64.		Start				
65.	16.10.	Start			150	51227
66.		Start				
67.		Start				
68.	17.10.	Flug	62.5	0.25		46290
69.		Flug	60	0.24		40000
70.	21.10.	Flug	100	0.40		44768
71.	9.11.	Flug	115	0.46		35621
72.	13.11.	Start				48500
73.		Flug	27.5	0.11		
74.	16.11.	Flug	45	0.18		48360
75.		Flug	67.5	0.27		
76.		Flug	17.5	0.07		
77.	17.11.	Flug	95	0.38		43150
78.	18.11.	Flug	95	0.38		48360
79.		Flug	32.5	0.13		
80.	9.12.	Flug	52.5	0.21		42300
81.	10.12.	Flug	70	0.28		40972
82.	11.12.	Flug	112.5	0.45		39965
83.		Flug	107.5	0.43		45468
84.	14.12.	Flug	17.5	0.07		45122
85.		Flug	212.5	1.25		
86.	17.12.	Flug	47.5	0.19		40700
87.		Flug	47.5	0.19		
88.	23.12.	Flug	55	0.22		42028
89.		Flug	77,5	0.31		44676
90.	14.1. 1930	Flug	75	0.30		38424
91.	15.1.	Flug	122.5	0.49		45327
92.	17.1.	Flug	102.5	0.41		45145
93.	27.1.	Start				40258
94.		Flug	37.5	0.15		
95.	1.2.	Flug	80	0.32		40200
96.		Flug	20	0.08		39500
97.	10.2.	Flug	120	0.48		45125
98.	11.2.	Flug	105	0.42		45210
99.		Flug	20	0.08		
100.	14.2.	Flug	37.5	0.15		50198
101.		Flug				
102.	14.2.	Start				51991
103.		Start				
		Gesamt:	**5320**	**35.28**		

Starts und Flüge des Dornier-Flugschiffs Do X 1 D-1929 mit Curtiss-Motoren

	Tag	Strecke	km	Stdn.	km/Stde.	kg
104.	4.8.1930	Start			170	40000
105.		Start				
106.	5.8.	Start				39990
107.		Flug	17	0.08		
108.		Start				
109.	6.8.	Flug	25	0.09		40160
110.		Flug	79	0.28		
111.	7.8.	Flug	34	0.12		45260
112.		Flug	110	0.39		45000
113.	9.8.	Flug	57	0.20		39200
114.		Flug	201	1.11		38800
115.		Flug	178	1.03		
116.	11.8.	Flug	150	0.53		40860
117.	14.8.	Flug	59	0.21		39600
118.	27.8.	Flug	74	0.26		40800
119.		Flug	57	0.20		40300
120.		Flug	51	0.18		
121.	28.8.	Flug	79	0.28		
122.	29.8.	Flug	130	0.46		48000
123.	25.9.	Flug	17	0.06		
124.	26.9.	Flug	178	1.03		
125.		Flug	28	0.10		
126.		Flug	59	0.21		
127.		Flug	25	0.09		
128.	27.9.	Flug	153	0.54		
129.	29.9.	Flug	51	0.18		47300
130.		Flug	71	0.25		
131.		Flug	819	4.49		
132.	13.10.	Flug	136	0.48		
133.		Flug	90	0.32		
134.	14.10.	Flug	360	2.07		
135.		Flug	232	1.22		
136.	27.10.	Flug	144	0.51	170	40500
137.	27.10.	Flug	153	0.54		
138.	28.10.	Flug	79	0.28		46290
139.		Flug	601	3.32		
140.	31.10.	Flug	133	0.47		42400
		Gesamt	**4630**	**27.18**		

2. Europa-Vorführungsflüge

	Tag	Strecke	km	Stdn.	km/Stde.	kg
141.	5.11.30	Altenrhein – Amsterdam	768	5.05	154	45800
142.	7.11.	Rundflug	142	50		42500
143.	10.11.	Amsterdam – Calshot	554	3.51	144	46000
144.	12.11.	Rundflug	96	34		44000
145.		Rundflug	37	13		43000
146.	14.11.	Calshot Les Barges	756	5.16	142	47800
147.	15.11.	La Rochelle – Bordeaux	152	1.01	152	39000
148.	17.11.	Blaye – Bordeaux	34	12		45000
149.		Rundflug	54	19		44600
150.		nach Pouillac	133	40		41300
151.	20.11.	Blaye – Santander	474	3.37	132	48600
152.	23.11.	Santander- La Coruna	426	2.41	161	44300
153.	27.11.	La Coruna- Lissabon	619	4.00	154	47400

Aufenthalt in Lissabon wegen Zerstörung der linken Tragflächenbespannung durch Feuer.

154.	24.1.1931	Flug	190	1.07		39000
155.	25.1.	Flug	394	2.19		49600
156.	26.1.	Flug	195	1.10		
157.	27.1.	Start				52000
158.	28.1.	Start				54170
		Gesamt	**5024**	**32.55**		

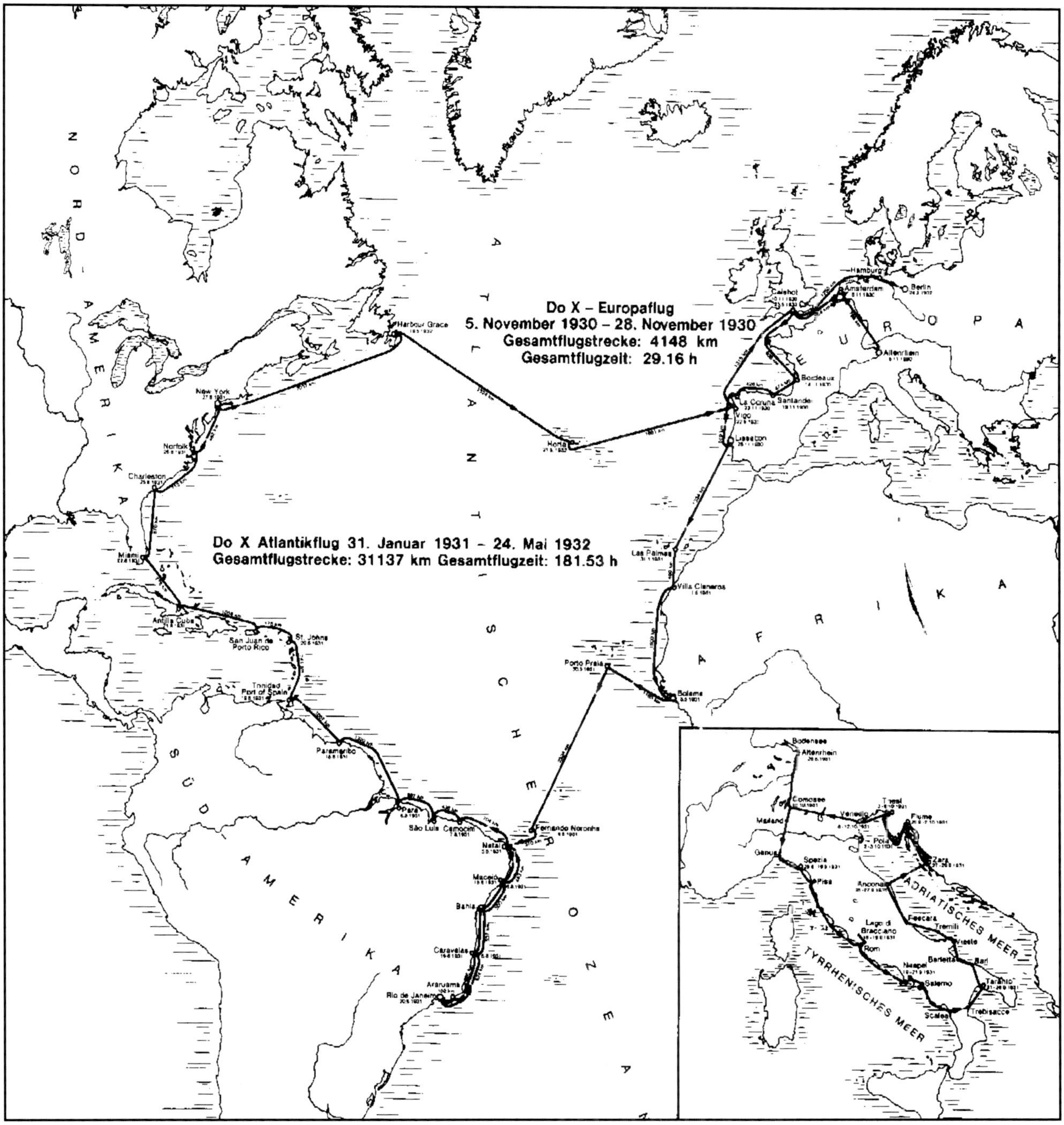

Streckenpläne: Europaflug, Atlantikflug, Italienrundflug.

3. Erprobung in West-Afrika

	Tag	Strecke	km	Stdn.	km/Stde.	kg
159.	31.1.1931	Lissabon – Las Palmas	1334	6.58	191	51250

Aufenthalt wegen Reparaturarbeiten

	Tag	Strecke	km	Stdn.	km/Stde.	kg
160.	30.4.	Probeflüge	162	0.50		38500
161.	1.5.	Gandobucht Villa Cisneros	490	2.40	163	40800
162.	3.5.	Villa Cisneros – Bolama	1500	8.18	180	50000
	7.–29.5.	21 Starts				

Erprobung und Startversuche mit Abfluggewichten von 52 bis 55,5 to. in tropischen Gewässern.

		Gesamt:	**3486**	**18.46**		

4. Überführungsflug Bolama – Kap Verden – Rio de Janeiro

	Tag	Strecke	km	Stdn.	km/Stde.	kg
163.	30.5.1931	Bolama – Porto Praia	1163	6.57	167.5	45825
164.	4.6.	Porto Praia Fern. Noronha –	2324	13.13	176	52375
165.	5.6.	Fern. Noronha – Natal	370	2.20	159	39600
166.	18.6.	Natal – Maceio	453	2.53	159	42800
167.		Maceio – Bahla	500	2.66	172	41900
168.	19.6.	Bahia – Caravellas	537	3.25	157	43700
169.		Caravellas – Araruama	695	3.52	178	44900
170.	20.6.	Araruama (Cabo Faio)– Rio de Janeiro	102	0.47	130	41300

Zwecks Einhaltung der Ankunftszeit wurde stark gedrosselt geflogen

	Tag	Strecke	km	Stdn.	km/Stde.	kg
171.	21.6.	Rundflug	45	0.16	170	43600
172.		Rundflug	77	0.27		
173.	28.7.	Flug	122	0.43		41200
174.	3.8.	Rundflug	74	0.26		42750
175.		Rundflug	110	0.39		
		Gesamt	**6672**	**38.53**		

5. Flug. Rio de Janeiro – New York

	Tag	Strecke	km	Stdn.	km/Stde.	kg
176.	5.8.1931	Rio – Caravellas	824	4.49	174	46005
177.		Caravellas – Bahia	593	3.01	198	42700
178.	6.8.	Bahia – Maceio	482	2.54	167	
179.		Maceio – Natal	453	2.43	166	42600
180.	7.8.	Natal – Camoncim	704	4.00	176	44000
181.		Camoncim – Sao Luiz	435	2.16	189	42300
182.	8.8.	Sao Luiz – Para	667	3.36	185	45250
183.	10.8.	Flug mit 11 Motoren				43400
184.	18.8.	Probeflug	28	0.10	170	43200
185.	18.8.	Para – Paramaribo	1320	6.50	194	48100
186.	19.8.	Paramaribo – P. of Spain	1007	5.50	170	46000
187.	20.8.	P. of Spain – St. Johns	741	5.04	146	44800
188.		St. Johns – San Juan de Porto Rico	478	2.38	183	43100
189.	21.8.	San Juan – Antilla Cuba	1056	5.56	179	46800
190.	22.8.	Antilla – Miami	778	4.21	179	46300
191.	25.8.	Miami – Charleston	870	5.17	165	47900
192.	26.8.	Charleston – Norfolk	713	3.54	180	46500
193.		Norfolk – New York	482	3.02	167	48800
194.		Glenn Curtiss Airport Rundflug	45	0.16		41500
195.	1.9.	Rundflug	57	0.20		43500
196.		Rundflug	71	0.26		44400
		Gesamt:	**11804**	**67.22**		

Motorenüberholung

6. Flug: New York – Berlin

	Tag	Strecke	km	Stdn.	km/Stde.	kg
218.	14.5.1932	Start			170	40300
219.	15.5.	Start				47600
220.	16.5.	Probeflug	150	53		48200
221.		Probeflug	255	1.30		44200
222.	19.5	New York – Dildo	2037	12.09	167	52400
223.	20.5.	Flug		2		
224.		Harbour Grace – Holyrood	83	30	167	39100
225.	21.5.	Holyrood – Horta	2324	14.36	152	55500
226.	22.5.	Horta – Vigo	1861	11.21	164	51900
227.	23.5.	Vigo – Calshot	1315	7.44	170	50300
228.	24.5.	Calshot – Berlin	1250	8.07	154	50300
		Gesamt:	**9275**	**56.52**		

7. Deutschlandflug

	Tag	Strecke	km	Stdn.	km/Stde.	kg
229.	22.6.1932	Rundflug	57	20	170	42400
230.		Rundflug	43	15		
231.		Rundflug	45	16		
232.		Rundflug	77	27		
233.	23.6.	Berlin – Stettin	159	1.02	155	42300
234.	30.6.	Stettin – Königsberg	494	2.57	167	44500
235.	6.7.	Königsberg – Danzig	193	1.15	154	48000
236.	12.7.	Danzig – Zoppot }	74	27		44400
237.		Zoppot – Danzig }				
238.	13.7.	Danzig – Swinemünde	441	2.35	171	46100
239.		Swinemünde – Stralsund	269	1.38	165	46800
240.	18.7.	Stralsund – Warnemünde	122	52	141	42200
241.	22.7,	Warnemünde – Travemünde	232	1.24	167	46100
242.	26.7.	Travemünde – Holtenau	202	1.16	163	45500
243.	30.7.	Holtenau – Flensburg	191	1.10	164	44800
244.	1.8	Flensburg – Wyk	112	45	150	47500
245.	3.8.	Wyk – List	120	45	160	46900
246.	4.8.	List – Wyk	100	35	172	44200
247.	5.6.	Wyk – Norderney	270	1.42	159	40200
248.	8.8.	Norderney – Wilhelmshaven	170	1.02	165	45900
249.	8.8.	Wilhelmshaven – Blexen }	154	54	171	41300
250.		Blexen – Bremen }				
251.	12.8.	Bremen – Hamburg, Parkhafen	296	1.40	177	45200
252.	13.8.	Parkhafen – Alster	45	16		38800
253.	27.8.	Alster – Parkhafen	54	19		37900
254.	27.8.	Hamburg – Travemünde	389	2.25	160	46800
255.	5.9.	Travemünde – Altona	213	1.26	149	46000
256.	6.9.	Altona – Duisburg	635	4.26	143	42500
257.	13.9.	Duisburg – Düsseldorf	95	34	167	40300
258.	21.9.	Düsseldorf – Köln	139	51	170	42000
259.	29.9.	Köln – Bonn	139	49	170	41600
260.	3.10.	Bonn – Koblenz	119	44	163	41000
261.	8.10.	Koblenz – Frankfurt am Main	228	1.28	155	42700
262.	15.10.	Frankfurt – Wiesbaden	100	40	150	38500
	20.10.	Wiesbaden – Mainz				gerollt
263.	26.10.	Mainz – Mannheim	159	54	177	42100
264.	2.11.	Mannheim – Zürich	723	4.15	170	43400
265.	4.11.	Start (Nebel)				
266.		Rundflug	82	29		45400
267.		Rundflug	85	30		
268.		Rundflug	60	21		
269.	14.11.	Rundflug	102	36	170	42200
270.		Zürich – Altenrhein	133	47	170	42200
		Gesamt:	**7321**	**44.33**		

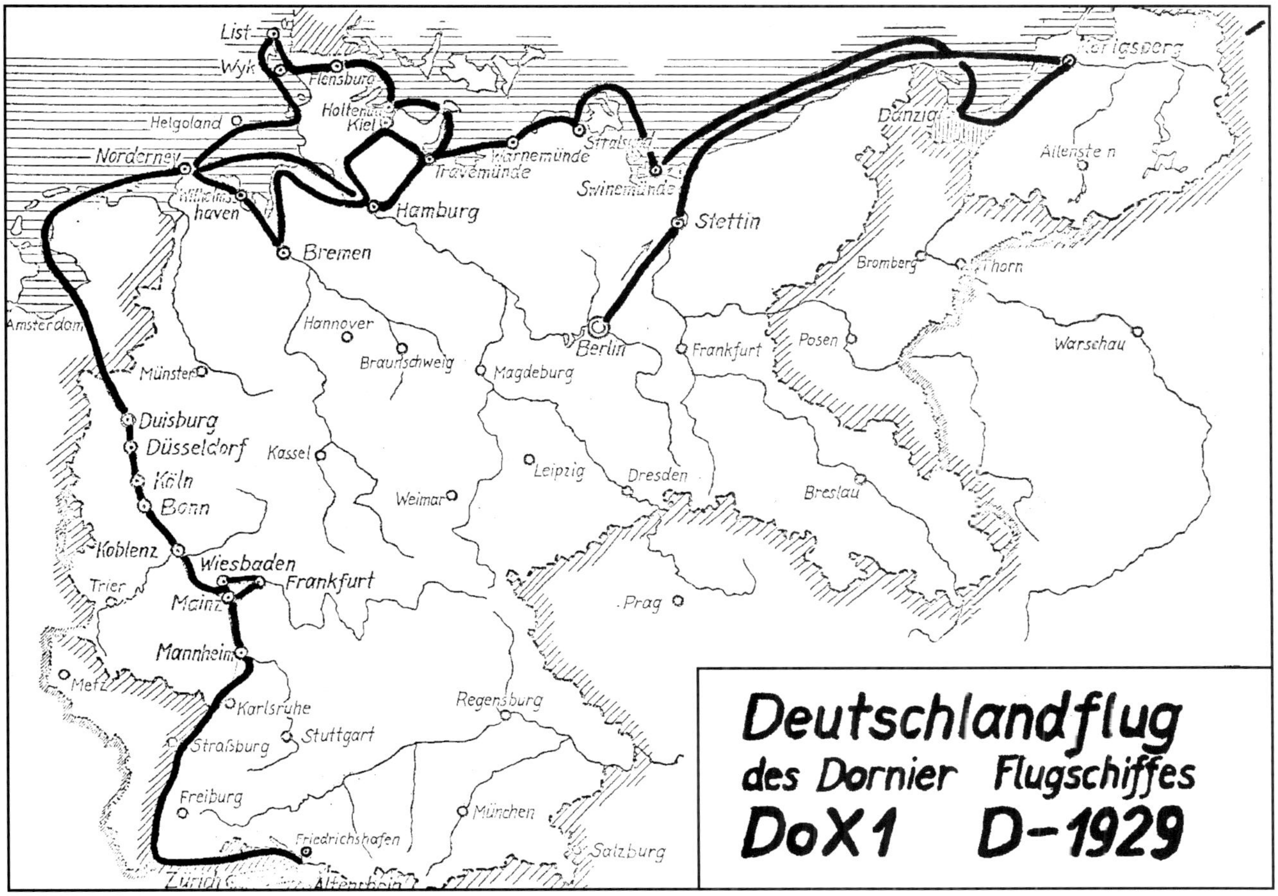
Deutschlandflug
des Dornier Flugschiffes
DoX1 D-1929
List
Wyk
Flensburg
Holtenau
Kiel
Helgoland
Norderney
Travemünde
Warnemünde
Stralsund
Swinemünde
Hamburg
Bremen
Stettin
Danzig
Allenstein
Bromberg
Thorn
Amsterdam
Hannover
Braunschweig
Magdeburg
Berlin
Frankfurt
Posen
Warschau
Münster
Duisburg
Düsseldorf
Kassel
Köln
Bonn
Leipzig
Dresden
Breslau
Weimar
Koblenz
Wiesbaden
Frankfurt
Trier
Mainz
Prag
Mannheim
Metz
Karlsruhe
Regensburg
Straßburg
Stuttgart
Freiburg
München
Friedrichshafen
Salzburg

Die Decks der Do X – mit Kommandozentrale und den Passagieraufenthaltsräumen

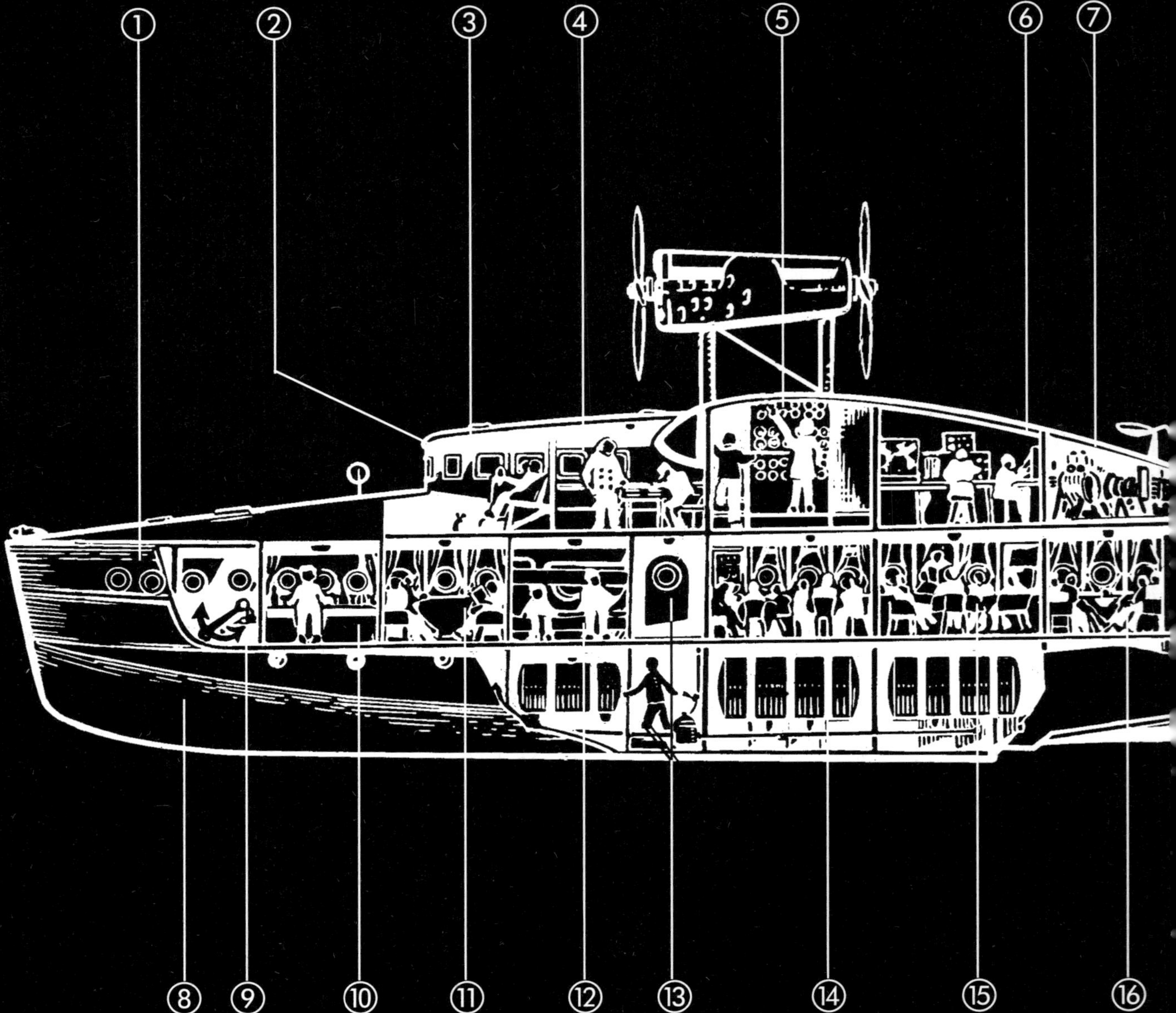